पोषण और आहार विज्ञान
NUTRITION & FOOD SCIENCE

पोषण और आहार विज्ञान

NUTRITION & FOOD SCIENCE

लेखक
डॉ0 विमलेश कुमारी

डिस्कवरी पब्लिशींग हाउस
नई दिल्ली–110 002

प्रथम संस्करणः 2006

पुनर्मुद्रणः 2022

ISBN: 978-81-8356-143-3

पोषण और आहार विज्ञान

प्रकाशकः

डिस्कवरी पब्लिशिंग हाऊस प्राइवेट लिमिटेड

4383/4B, अन्सारी रोड, दरियागंज

नई दिल्ली - 110 002

दूरभाष—+91-11-23279245, 23253475, 43596065

E-mail: discoverypublishinghouse@gmail.com

sales@discoverypublishinggroup.com

web: www.discoverypublishinggroup.com

Printed at:

Infinity Imaging Systems

Delhi

प्रस्तावना

एक स्वस्थ मनुष्य अपने लिए निर्धारित सभी लक्ष्यों को पा सकता है। स्वस्थ रहने के लिए हमारे शरीर को पोषण की आवश्यकता होती है। जिस तरह एक बस को चलाने के लिए पैट्रोल या डीजल की, रेल को चलाने के लिए कोयला, डीजल या विद्युत की, वायुयान को चलाने के लिए प्रणोदक की उचित मात्रा में आवश्यकता होती है उसी तरह मानव शरीर को बनाये रखने एवं सुचारू रूप से चलाने के लिए भोजन की आवश्यकता होती है। अब यहाँ प्रश्न यह उठता है कि किस तरह का भोजन मानव को स्वस्थ्य रखेगा। जिस तरह उत्तम प्रकार का कोयला, पेट्रोल और प्रणोदक अधिक ऊर्जा प्रदान करता है, उसी तरह से संतुलित भोजन पर्याप्त मात्रा में मानव शरीर के लिए ऊर्जा प्रदान करता है। अतः संतुलित भोजन ही मानव को स्वस्थ्य रखता है। पोषक तत्त्वों की अल्पता और अधिकता दोनों ही मानव शरीर के लिए हानिकारक हैं। अतः मानव को पोषक तत्त्वों से प्राप्त होने वाली ऊर्जा की सही सही जानकारी होनी चाहिये।

मानव जिसे भौतिक, रासायनिक एवं जैविक प्रक्रिया का एक मिश्रित पूंज माना जाता है, भोजन एवं पोषण के सम्बल पर चलता है। भोजन मानव के लिए न सिर्फ जीवित रहने के लिए आवश्यक है बल्कि उसकी क्रियाशीलता, शारीरिक वृद्धि एवं अनुरक्षण के लिए भी आवश्यक है। इसके अलावा शारीरिक और मानसिक स्वास्थ्य, प्रतिरोध शक्ति के विकास एवं पोषण स्तर के रखरखाव के लिए भी यह जरूरी है।

भारत जैसे विकासशील देशों में जहाँ तुलनात्मक रूप से निर्धनता अधिक है लोगों के साधन न्यून है। ऐसे में जरूरत होती है अपने न्यूनतम साधनों के बेहतर उपयोग की, जो पोषण व आहार से संबंधित उचित जानकारी प्राप्त कर के ही की जा सकती है। प्रस्तुत पुस्तक की रचना इस दिशा में एक सार्थक प्रयास है।

प्रस्तुत पुस्तक में पोषण, आहार, भोजन के आवश्यक तत्त्व—जल, कार्बोहाइड्रेट्स, वसा, प्रोटीन, खनिज लवण, विटामिन, खाद्य अवयवों के पारस्परिक सम्बन्ध, कुछ प्रमुख खाद्य पदार्थ, भोज्य पदार्थों के प्राकृतिक विष, पाक कला, अंकुरण और खमीरीकरण, भोजन पकाने का उनके पौष्टिक तत्वों पर प्रभाव, भोज्य पदार्थों में मिलावट, खाद्य पदार्थों का संदूषण, भोजन परिक्षण आदि विषयों पर प्रकाश निक्षेप किया गया है।

मेरा विश्वास है कि प्रस्तुत पुस्तक हर स्तर से पाठकों के लिए उपादेय होगी।

—लेखिका

अनुक्रम

1

पोषण

स्वस्थ्य रहने, बेहतर स्वास्थ्य और रोगों से बचाव में पोषण की भूमिका अहम होती है। अतः कुपोषण और न्यूनपोषण का पर्याप्त ज्ञान आवश्यक है। पोषण, वर्तमान समय में उस सक्रिय प्रक्रिया का सूचक है जिसमें खाये गये खाने का उपयोग शरीर के पोषण के लिए होता है। शब्द पोषक अथवा आहार घटक विशिष्ट रासायनिक यौगिकों जैसे—विटामिन, खनिज और ॲमीनो एसिड के लिए प्रयुक्त होता है। आहार विज्ञान पोषण के सिद्धान्तों का व्यावहारिक प्रयोग है; इसमें स्वस्थ और रोगी के लिए भोजन का नियोजन सम्मिलित है।

उत्तम पोषण

आदर्श पोषण की स्थिति सन्तुलित आहार लेने पर ही उत्पन्न होती है क्योंकि सन्तुलित आहार वह आहार होता है जिसमें भोजन के समस्त पौष्टिक तत्व मनुष्य के शरीर के अनुसार होते हैं। सही पोषण के लिये भोजन में प्रोटीन, कार्बोज. वसा, जीवन सत्व, खनिज लवण, जल का उचित मात्रा में होना उत्तम पोषण के लिये आवश्यक है। प्रत्येक व्यक्ति की उम्र, लिंग, शारीरिक क्रियाशीलता के अनुसार उसके लिये उत्तम पोषण के लिये भोजन की माँग अलग-अलग होती है।

उत्तम पोषण वह स्थिति है जहाँ कोई भी मनुष्य भोजन द्वारा अपने शरीर की आवश्यकतानुसार समस्त भोजन के पौष्टिक तत्व प्राप्त करता है। जो मनुष्य के शरीर में जाकर अपने कार्यों को पूरा करता है, मनुष्य क़ो ऊर्जा देता है, शरीर का निर्माण करता है तथा सुरक्षा प्रदान करता है।

वह व्यक्ति जिसे उत्तम पोषण प्राप्त हो रहा है, वह स्वस्थ रहता है क्योंकि उसके शरीर में बीमारियों से लड़ने की क्षमता होती है। उसकी हड्डियाँ, मांसपेशियाँ, शारीरिक रचना अर्थात् शरीर की ऊँचाई, लम्बाई, चौड़ाई उसकी उम्र के अनुसार

समानुपातिक होता है, क्योंकि उसके भोजन में वृद्धिकारक शरीर निर्माणक भोजन तत्व उचित मात्रा में होते हैं। उस व्यक्ति में कार्य करने का उत्साह, एकाग्रता बनी रहती है। उसमें शक्ति की कमी न होने के कारण स्वभाव में खुशमिजाजी तथा प्रसन्नता रहती है। त्वचा में श्लेष्मिक झिल्ली स्वस्थ रहती है। शरीर में पर्याप्त वसा की पर्त होती है क्योंकि भोजन में वसा तथा कार्बोज पर्याप्त मात्रा में होता है। भोजन में खनिज लवणों की उपयुक्त मात्रा होने के कारण अस्थियाँ, दाँत तथा बाल स्वस्थ रहते हैं। इन सबका प्रभाव यह होता है कि उस व्यक्ति को भूख सही लगती है तथा पाचन क्रिया ठीक तथा सुचारु रहती है।

उत्तम पोषण का व्यक्ति पर प्रभाव

उत्तम पोषण का व्यक्ति पर निम्नलिखित प्रभाव देखने को मिलता है–

(1) उत्तम पोषण प्राप्त करने वाले की उम्र के अनुसार उसके शरीर की लम्बाई, भार, शारीरिक रचना तथा अंगों का अनुपात होता है।

(2) उत्तम पोषण मिलने पर शरीर का गठन शारीरिक रचना का अनुपात सही रहता है। इस प्रकार शरीर का आसन भी सही स्वस्थ तथा उचित होता है। उदाहरण के लिए आदर्श पोषित आहार प्राप्त करने वाले का खड़े होने का आसन सही होगा अर्थात् यह व्यक्ति सही सीधा दोनों टाँगों पर बराबर वजन डालकर खड़ा होगा पर जिसे उचित पोषण प्राप्त नहीं होगा वह शारीरिक रूप से कमजोर होगा, वह झुककर एक टाँग पर वजन डालकर खड़ा होगा। उचित पोषण प्राप्त करने वाले व्यक्ति की बाजू, टाँगें सीधी, कन्धे खिंचे हुए तथा छाती उठी, पेट अन्दर की ओर होगा।

(3) शरीर स्वस्थ रहने पर अधिक शारीरिक श्रम कर पायेगा जिससे भूख लगेगी, पाचन-क्रिया सही रहेगी।

(4) शरीर में रोगरोधन क्षमता होगी।

(5) शारीरिक स्वास्थ्य के साथ-साथ मानसिक स्वास्थ्य भी ठीक रहेगा जिससे स्वभाव में प्रसन्नता, जिन्दादिली रहेगी।

(6) एकाग्रता की क्षमता रहेगी।

(7) उत्तम पोषित व्यक्ति की मांसपेशियाँ स्वस्थ एवं मजबूत होती हैं।

(8) शरीर में वसा की सामान्य तह होती है जिससे त्वचा चिकनी स्वस्थ दिखेगी। श्लेष्मिक झिल्ली भी स्वस्थ गुलाबी रंग लिये होगी।

(9) दाँत, मसूड़े स्वस्थ होंगे।

(10) बाल लम्बे, चिकने, चमकीले, घने होंगे।

(11) हड्डियाँ मजबूत होंगी।

(12) नेत्र दृष्टि सही, स्वस्थ नेत्र होंगे।

कुपोषण

कुपोषण वह स्थिति होती है जब खाया जाने वाला खाने भूख तो शान्त करता है किन्तु उस खाने से मिलने वाले पौष्टिक तत्व शरीर की आवश्यकता के अनुकूल नहीं होता। यह विपरीत स्थिति दो प्रकार से हो सकती है—(1) पौष्टिक तत्व आवश्यकता से कम होते हैं या (2) पौष्टिक तत्व आवश्यकता से अधिक होते हैं।

कुपोषण में भोजन के समस्त 6 पौष्टिक तत्वों में से कुछ पौष्टिक तत्वों की मात्रा शरीर की माँग से अधिक होती है तो कुछ पौष्टिक तत्वों की मात्रा आवश्यकता से कम होती है।

उदाहरण—भोजन में कार्बोज, वसा की मात्रा आवश्यकता से अधिक होने पर मनुष्य के शरीर का वजन, उसकी उम्र के अनुसार आवश्यकता से अधिक हो जाता है जो उसके लिये नुकसानदायक होता है। जीवन सत्व तथा लवणों की कमी होने से शरीर के निर्माण कार्य तथा रोगरोधन क्षमता में कमी आ जाती है।

पौष्टिक तत्वों की अधिकता तथा कमी दोनों हमारे शरीर के लिये हानिकारक हैं जब दोनों परिस्थितियाँ एक साथ होती हैं अर्थात् कुछ पौष्टिक तत्व अधिक, कुछ कम तो वह कुपोषण कहलाता है।

कई बार भोजन में पौष्टिक तत्वों की मात्रा सही होने पर भी कुपोषण की स्थिति आ जाती है क्योंकि पौष्टिक तत्व भोजन द्वारा सही मात्रा में मनुष्य के शरीर में पहुँच तो जाते हैं किन्तु शरीर में उनका अभिशोषण, चयपचय तथा संग्रह प्रक्रिया ठीक न होने के कारण पौष्टिक तत्वों का प्रयोग सही नहीं हो पाता। वे निरुपयोगी पदार्थ के साथ शरीर से बाहर निकल जाते हैं। इसके अतिरिक्त कुछ और कारण भी हैं जिनके कारण भोजन में पौष्टिक तत्व होने पर भी शरीर में उनकी कमी रहती है।

(1) प्रकृति देन स्वच्छ वायु, सूर्य का प्रकाश न मिलना।

(2) व्यायाम न करने के कारण।

(3) भोज्य पदार्थों में पाई जाने वाली अशुद्धियाँ तथा मिलावट।

(5) शारीरिक थकावट, कमजोरी के कारण भी कुपोषण को जन्म देते हैं।

अपर्याप्त पोषण

कुपोषण वह स्थिति है जहाँ कुछ पौष्टिक तत्व कम तो कुछ अधिक होते हैं। जबकि अपोषक जहाँ 2-3 या सभी पौष्टिक तत्व शरीर की आवश्यकता से कम होते हैं। प्रारम्भ में जिन पौष्टिक तत्वों की कमी होती है उनसे सम्बन्धित बीमारियों के

लक्षण दिखाई देते हैं। धीरे-धीरे इन रोगों के बढ़ने के साथ-साथ अन्य रोग भी घेर लेते हैं।

उदाहरण—लौह लवण की कमी से रक्ताल्पता की शिकायत हो जाती है अर्थात् रक्त की कमी इसके साथ ही शरीर निर्माण तथा क्रियाशीलता प्रभावित होती है। इस अपोषित भोजन के कारण ही धीरे से शरीर कमजोर होने लगता है। स्वभाव में चिड़चिड़ापन, गुस्सा, उदासी आ जाती है। धीरे-धीरे शारीरिक शक्ति तथा रोगरोधन क्षमता में कमी आ जाती है जिससे अन्य संक्रमण शीघ्र होने लगते हैं।

अत्यधिक पोषण—जब आवश्यक पौष्टिक तत्व शरीर की माँग से अधिक होते हैं। वह अत्यधिक पोषण है जिससे शरीर का वजन व मोटापा बढ़ता है।

अपोषण, कुपोषण की समस्या के कारण

(1) **गरीबी**—उन राष्ट्रों की जहाँ की यह समस्या है वहाँ की $\frac{3}{4}$ आबादी गरीबी की रेखा से नीचे अपना जीवनयापन कर रही है। उनकी समस्या भोजन, वस्त्र, आवास है। उन्हें भोजन भी प्राप्त नहीं होता जिससे इनकी भूख शान्त हो, पौष्टिक आहार का तो प्रश्न ही नहीं उठता।

(2) **अशिक्षा**—यहाँ शिक्षा से अर्थ है पोषण आहार विज्ञान की शिक्षा की कमी। गरीबी कुपोषण का एक प्रमुख कारण है पर इसके साथ ही इसका दूसरा प्रमुख कारण पोषण सम्बन्धी ज्ञान के प्रति अज्ञानता भी है। इस समस्या के शिकार लोग यह नहीं जानते कि कौन-कौन से भोज्य पदार्थ पौष्टिकता से पूर्ण हैं पर सस्ते हैं। इस ज्ञान की कमी के कारण व भोजन बनाने के सही तरीकों से भी अनभिज्ञ होते हैं।

उदाहरण—चावल पकाते समय उसका पानी फेंक देना, सब्जियों के मोटे छिलके उतारना, यह भोजन बनाने के गलत तरीके भोजन की पौष्टिकता को कम कर देते हैं।

(3) **भोज्य पदार्थों की कमी**—अर्थशास्त्र का नियम है कि जनसंख्या हमेशा गुणात्मक रूप से बढ़ती है $4 \times 4 = 16$ जबकि अन्य उत्पादन में धनात्मक वृद्धि होती है $4 + 4 = 8$। अतः जनसंख्या एवं अन्य उत्पादन के बीच में अन्तर बढ़ता जाता है। यही भोज्य पदार्थों के उत्पादन तथा जनसंख्या की वृद्धि के अन्तर के साथ होता है जिससे कृषि उत्पादन बढ़ने पर भी भोज्य पदार्थों की कमी बनी रहती है।

(4) **भोज्य पदार्थों में मिलावट**—आज धन कमाने का एक भ्रष्ट तरीका भोज्य पदार्थों में मिलावट भी है। जैसे—काली मिर्च में पपीते के बीज, हल्दी में गेरू,

गेहूँ, चावल, दाल का वजन बढ़ाने के लिए उन में उनके रंग से मिलते-जुलते कंकड़ पत्थर मिलाना। यह मिलावटयुक्त भोजन से जहाँ पौष्टिकता पर प्रभाव पड़ता है वहीं शरीर की क्रियाएँ अनियमित हो जाती हैं।

(5) भोजन सम्बन्धी गलत आदतें—हमारी भोजन सम्बन्धी आदतें हमारे शिक्षा और ज्ञान को पीछे छोड़ देती हैं। यह जानते हुए भी कि अधिक मिर्च मसाले, तला हुआ चिकनाई युक्त भोजन हमारे लिये हानिकारक होता है। अपने स्वाद तथा आदत के कारण हम उन्हें नहीं छोड़ पाते हैं। खाने का गलत समय, दो भोजन के बीच का असमान् अन्तराल भी हमारी गलत आदतों में शमिल होना है।

(6) धार्मिक और सामाजिक अन्धविश्वास—यह जानते हुये भी कि प्रोटीन प्राप्ति का सबसे अच्छा साधन मांसाहारी भोजन है। हम अपनी धार्मिक मान्यताओं के कारण उसे अपने भोजन में शामिल नहीं करते। केवल मांसाहारी ही नहीं शाकाहारी भोजन में भी हम साबुत मसूर, लहसुन अपने सामाजिक अन्धविश्वासों के कारण नहीं लेते।

2

आहार

शरीर रूपी मशीन को चलाने के लिए जिस आवश्यक ईंधन की जरूरत होती है, उसे भोजन कहते हैं। निश्चित ही स्वस्थ शरीर को अच्छे और संतुलित भोजन की जरूरत होती है, क्योंकि भोजन का प्रकार ही मानव को शारीरिक, मानसिक और सुव्यवस्थित कुशलता प्रदान करता है। इसलिए जहाँ 'भोजन' को हम ऐसी कोई भी खाने अथवा पीने वाली वस्तु जो शरीर को शक्ति देने, ठीक से बनाये रखने, नियंत्रित और व्यवस्थित करने तथा रक्षा करने और सुरक्षित रखने के काम आता है। हम तरह इस भोजन के सम्बन्ध में कह सकते हैं कि विभिन्न घटकों से निर्मित वे पदार्थ और वस्तुएँ, जो हमारे स्थूल शरीर को संचालित करती हैं, भोजन है।

आहार अर्थात् भोजन हमारे जीवन के लिए महत्वपूर्ण ही नहीं बल्कि अपरिहार्य है। सभी जीव-जन्तु अपने शरीर की आवश्यकताओं को पूरा करने के लिए आहार ग्रहण करते हैं, लेकिन मनुष्य के सन्दर्भ में भोजन का अपना विशेष ही अर्थ है।

अपने पेट की भूख को शान्त करने के लिये मनुष्य प्राकृतिक या अप्राकृतिक रूप से प्राप्त जो खाता है वह उसका भोजन होता है। यह भोजन वह अपनी आर्थिक क्षमता के अनुसार भी प्राप्त करता है अर्थात् एक व्यक्ति अपनी भूख शान्त करने के लिये भोजन के रूप में सूखी रोटी, प्याज, नमक हो सकता है या सूखे चने ब गुड़ खा कर पानी पी ले और इस प्रकार भूख शान्त होने पर कहे मैंने भोजन कर लिया है। वहीं दूसरा व्यक्ति जो आर्थिक रूप से सम्पन्न है वह उसे भोजन कहता है अर्थात् दोनों व्यक्तियों ने अपनी भूख को शान्त करने के लिये अपनी आर्थिक क्षमता के अनुसार भोजन किया पर आहार विज्ञान की भाषा में यह भूख शान्त कर सकता है पर वास्तव में यह भोजन नहीं है क्योंकि भोजन का हमारे शरीर में कुछ कार्य होता है। जो इस भोजन द्वारा पूरा नहीं होता। वह भोजन जो इन कार्यों को पूरा करता है वह सन्तुलित भोजन होता है।

सन्तुलित भोजन—यह वह भोजन है जो केवल मनुष्य की भूख ही शान्त नहीं करता बल्कि भूख शान्त करने के साथ-साथ उसका शारीरिक, मानसिक, सांवेगिक स्वास्थ्य को भी बनाये रखता है। यह वह भोजन है जो समस्त पौष्टिक तत्वों से उचित मात्रा में युक्त होता है और शरीर में जाकर भूख शान्त करने के साथ-साथ तीन प्रमुख काम भी करता है।

यह भोजन शरीर में जाकर शरीर निर्माण का काम करता है, शरीर को ऊर्जा देता है तथा बीमारियों से लड़ने की क्षमता प्रदान करता है जिससे शरीर स्वस्थ रहता है और स्वस्थ शरीर में स्वस्थ मस्तिष्क रहता है।

वह भोजन जो हमारी आदत के अनुसार तृप्ति और सन्तुष्टि, जीभ का स्वाद तो दे पर सन्तुलित न हो तो वह केवल भोजन मात्र है। जो हमें आनन्द दे, भूख शान्त करे पर कार्य करने की शक्ति न दे, शरीर के विकास में सहायक न हो और शरीर को स्वस्थ भी न रख पाये इस प्रकार का भोजन कभी-कभी स्वाद के बदलाव के लिये तो ठीक है पर यदि यह भोजन रोज-रोज किया जायेगा तो जीभ का स्वाद ठीक रहेगा, भूख शान्त हो जायेगी पर भोजन के सन्तुलित न होने का प्रभाव हमारे शारीरिक, मानसिक विकास पर पड़ेगा।

हमारे भोजन के पीछे कई सांस्कृतिक, सामाजिक कारण, हमारी आदतें भी होती हैं जिन्हें हम छोड़ नहीं सकते हैं अतः कभी-कभी अवसर विशेष पर यदि हमारा भोजन इन घटकों से प्रभावित होता है तो कोई विशेष नुकसान नहीं होता है किन्तु हमें यह ध्यान रखना चाहिये कि स्वस्थ, हृदय-पुष्ट, फुर्तीले, निरोग रहने के लिये हमें वैज्ञानिक रूप से प्रमाणित सन्तुलित भोजन लेना चाहिये।

इस प्रकार भोजन तथा सन्तुलित भोजन दोनों का अर्थ स्पष्ट हो जाता है दोनों अलग अर्थ वाले शब्द हैं।

भोजन—जो मनुष्य की भूख शान्त कर उसमें वृद्धि करे तथा आनन्द दे।

सन्तुलित भोजन—वह जो भूख शान्त करे, तृप्ति दे पर शरीर का पोषण भी करे। पोषण अर्थात् वह भोजन इतना पौष्टिक हो कि वह भोजन के तीनों कार्य शरीर निर्माण, ऊर्जा देना, सुरक्षा प्रदान करना कर सके वही सन्तुलित आहार होगा। समस्त पौष्टिक तत्व उचित मात्रा में उचित साधन से सम्मिलित हों।

भोजन के कार्य

शारीरिक कार्य—भोजन के शारीरिक कार्यों को पुनः 3 भागों में बाँटा जाता है—

शरीर में नयी कोशिकाओं का निर्माण तथा टूटी-फूटी कोशिकाओं की मरम्मत करना।

शरीर को ऊर्जा प्रदान करना—जो ऊर्जा शरीर को शक्ति देती है।

शरीर को सुरक्षा प्रदान करना अर्थात् शरीर में रोगरोधन क्षमता उत्पन्न करना जो हमें संक्रमण रोगों से बचा सके, शरीर को सुरक्षित रखे तथा शारीरिक क्रियाओं को नियंत्रित रख सके।

भोजन के ये तीनों मुख्य कार्य भोजन में उपस्थित पौष्टिक तत्वों द्वारा पूर्ण होते हैं। हमारे भोजन में उपस्थित 6 पौष्टिक तत्व इन कार्यों को पूर्ण करते हैं।

(1) **शरीर निर्माण का कार्य**—प्रोटीन, खनिज, लवण, मुख्यतः कैल्शियम, फास्फोरस, लौह, लवण और आयोडीन तथा इसके अतिरिक्त जल पौष्टिक तत्व द्वारा पूरे किये जाते हैं।

(2) **ऊर्जा देने का काम**—कार्बोज द्वारा वसा पर किया जाता है, इनकी अनुपस्थिति में यह काम प्रोटीन द्वारा किया जाता है।

(3) **सुरक्षा देने का कार्य**—शरीर को सुरक्षा प्रदान करने का काम मुख्य रूप से जीवन सत्व का होता है, इस काम में खनिज लवण, प्रोटीन, जल भी सहायता करते हैं।

सन्तुलित आहार पर प्रभाव डालने वाले अवयव

संतुलित आहार पर प्रभाव डालने वाले अवयव निम्नलिखित हैं—

(1) **आयु**—शिशु तथा बालकों को किशोर तथा प्रौढ़ व्यक्तियों की तुलना में अधिक मात्रा में पौष्टिक तत्वों की आवश्यकता होती है जिसका मुख्य कारण उनके शारीरिक विकास की गति का किशोर तथा प्रौढ़ व्यक्तियों की अपेक्षा तीव्र होना है। यदि हम शारीरिक वृद्धि का क्रम देखें तो 0-5 वर्ष तक शारीरिक वृद्धि तीव्र गति से होती है, उसके बाद शरीर के विकास की गति कुछ मन्द पड़ती है, किशोरावस्था में फिर बढ़ती है। प्रौढ़ावस्था तथा वृद्धावस्था में यह बन्द हो जाती है। बच्चों के शरीर वृद्धि के कारण शरीर निर्माण गति तीव्रता से होता है। अतः शरीर निर्माणक तत्व प्रोटीन, खनिज लवण की आवश्यकता अधिक होती है। नयी बनी कोशिकाओं में ऊर्जा संग्रह के लिये अधिक ऊर्जा उत्पादक तत्व वसा तथा कार्बोज आवश्यक होते हैं। शरीर की सुरक्षा हेतु सुरक्षात्मक तत्व जीवन सत्व भी आवश्यकता होता है। प्रौढ़ावस्था में शरीर की वृद्धि नहीं होती, पर शरीर में होने वाली टूट-फूट का पुनः निर्माण होता है। अतः उम्र बढ़ने के साथ-साथ शरीर शिथिल होता जाता है। रोगों का संक्रमण आसानी से हो जाता है अतः वृद्धावस्था में सुरक्षात्मक तत्व अधिक चाहिये होते हैं।

(2) **लिंग**—स्त्री एवं पुरुषों में ईश्वर प्रदत्त शारीरिक अन्तर ही नहीं है, उनके आकार, भार, क्रियाशीलता में भी अन्तर होता है जिसके कारण दोनों के सन्तुलित आहार में अन्तर होता है। यह देखा गया है कि 10-11 वर्ष की उम्र तक बालक-बालिकाओं की वृद्धि एक-सी होती है, उसके बाद आकार, भार, क्रियाशीलता में अन्तर आने लगता है और उसी के बाद पौष्टिक तत्वों की माँग में अन्तर आता है।

पुरुष के शरीर का भार, आकार, क्रियाशीलता होने के कारण उन्हें स्त्री की अपेक्षा अधिक ऊर्जा की आवश्यकता होती है। इन कारणों से पुरुषों के शरीर में टूट-फूट अधिक होती है, अतः शरीर निर्माणक तत्व भी अधिक चाहिये होते हैं।

अभी तक यह माना जाता है कि लौह लवण महिलाओं को अधिक चाहिये होता है किन्तु I.C.M.R. 1993 के दिये गये चार्ट से स्पष्ट है कि लौह लवण भी पुरुष को ही अधिक चाहिये क्योंकि वैज्ञानिक यह मानते हैं कि लौह लवण का मुख्य कार्य ऑक्सीजन ग्रहण करना है और ऑक्सीजन की आवश्यकता शरीर के क्षेत्रफल के अनुसार होती है। पुरुष का आकार, भार अधिक होने पर उन्हें ऑक्सीजन अधिक चाहिये। अतः उन्हें लौह, लवण भी अधिक चाहिये।

(3) **जलवायु**—ठण्डे प्रदेशों में रहने वाले मनुष्य गर्म प्रदेश में रहने वाले मनुष्य की अपेक्षा अधिक क्रियाशील होते हैं। इसके साथ ही ठण्डे प्रदेश के लोगों को अपने शरीर का ताप बढ़ाने के लिये अधिक ऊर्जा की आवश्यकता होती है। अतः उनके भोजन में उन पौष्टिक तत्वों की आवश्यकता अधिक होती है जो ऊर्जा उत्पादक होते हैं। उतनी ही मात्रा में यदि ऊर्जा उत्पादक तत्व गर्म जलवायु क्षेत्र के लोग अपने भोजन में लें तो उनका मोटापा बढ़ने लगेगा वह उनके लिये हानिकारक होगा। जबकि ठण्डे प्रदेश वालों की वह आवश्यक आवश्यकता होती है।

(4) **स्वास्थ्य**—बीमारी के दिनों में शरीर की क्रियाशीलता कम हो जाती है। अतः यह समझा जाता है कि उसे कम ऊर्जा की आवश्यकता होगी किन्तु बीमार व्यक्ति की आधारीय चयपचय-दर अधिक होने के कारण उसे अधिक ऊर्जा चाहिये होती है। उसके शरीर में स्वस्थ व्यक्ति की अपेक्षा अधिक टूट-फूट होने के कारण अधिक शरीर निर्माणक तत्व तथा अधिक सुरक्षात्मक तत्व चाहिये होते हैं किन्तु अन्तर होता है तो भोज्य पदार्थों के रूप में। जैसे-दाल के स्थान पर दाल का पानी, रोटी के स्थान पर डबलरोटी अर्थात् पाचनशक्ति कमजोर हो जाने के कारण ऐसे भोज्य पदार्थ जो सुपाच्य हों तथा उन विधि से बने हों जो भोजन को सुपाच्य बनायें।

(5) **क्रियाशीलता**—अलग-अलग प्रकार की क्रियाशीलता में शारीरिक शक्ति अलग-अलग व्यय होती है। अतः क्रियाशीता को तीन भागों में बाँटा गया है—(1) कम क्रियाशील, (2) मध्यम क्रियाशील, (3) अधिक क्रियाशील।

(6) **विशिष्ट शारीरिक अवस्था**—कुछ विशेष शारीरिक अवस्था जैसे—गर्भावस्था, धात्री अवस्था, आपरेशन के बाद तथा एक्सीडेन्ट के बाद पौष्टिक तत्वों की माँग साधारण अवस्था से बढ़ जाती है।

(7) **गर्भावस्था**—गर्भावस्था में गर्भस्थ शिशु के शरीर निर्माण हेतु अतिरिक्त पौष्टिक तत्व चाहिये होते हैं।

(8) **धात्रीवस्था**—माँ के शरीर में रोज करीब $\frac{1}{2}$ लीटर दूध का निर्माण होता है। इस दूध की पौष्टिकता हेतु अतिरिक्त पौष्टिक तत्व चाहिये होते हैं। ऑपरेशन, एक्सीडेन्ट, लम्बी बीमारी के बाद स्वस्थ होते समय शरीर की टूट-फूट की मरम्मत होती है, अतः पौष्टिक तत्व अतिरिक्त चाहिये होते हैं।

सन्तुलित आहार, भोजन में प्रोटीन, कार्बोहाइड्रेट, वसा, जल, खनिज, लवण तथा जीवन सत्व उनकी शरीर की आवश्यकतानुसार हों तभी वह व्यक्ति विशेष के लिये सन्तुलित आहार होता है। इस दिशा में पोषण वैज्ञानिकों ने अनेक सर्वे किये और उन्हीं के आधार पर विभिन्न पोषण संस्थाओं ने अलग-अलग व्यक्तियों के लिये आवश्यकता, पौष्टिक तत्वों की मात्रा उनके शरीर की माँग के अनुसार निर्धारित की है।

3

भोजन के आवश्यक तत्त्व–जल

जल मानव की मूलभूत आवश्यकता है। मानव शरीर भार का लगभग 60 प्रतिशत जल है। यह तीन उपखंडों में विभक्त है–(क) अन्तःकोशिका तरल, (ख) अन्तरालीय तरल और (ग) रक्त।

(क) अन्तःकोशिका तरल–यह शरीर के भार का लगभग 50 प्रतिशत है।

(ख) अन्तरालीय तरल–यह शरीर के भार का लगभग 15 प्रतिशत है।

(ग) रक्त–यह लगभग 5 प्रतिशत है।

बच्चों में पानी की प्रतिशत-मात्रा बड़ों की तुलना में अधिक होती है व मोटे व्यक्तियों की तुलना में कमजोर व्यक्तियों में भी पानी की मात्रा ज्यादा होती है। एक सामान्य व्यक्ति (5 किलो ग्राम वजन वाले) के शरीर में लगभग 36 लीटर पानी की मात्रा होती है।

जल के कार्य

1. पानी कोषों के अन्दर होने वाली रसायनिक प्रक्रियाओं के अन्तर्गत एक घोलक (Solvent) के रूप में काम करता है। पानी के माध्यम से ही अनेक तरह के भोज्य युक्त तत्त्व उसमें घुलकर कोषों तक पहुँचते हैं जहाँ उनका शोषण तथा उपापचय होता है। उपापचय के व्यर्थ पदार्थ (End Products) पानी में घुलकर आसानी से एक जगह से दूसरी जगह जा सकते हैं। लार तथा आमाशयिक रस (Gastric Juice) के पाचन की क्षमता भी पानी के साथ मिलने से बढ़ जाती है। रुधिर में 80 से 90 प्रतिशत पानी पाया जाता है।

2. पाचन क्रिया के लिए पानी का होना बहुत जरूरी है। अन्न की नली में भोजन का वहन पानी के माध्यम से आसानी से सम्भव हो जाता है। बेकार पदार्थों को निकालने के लिए भी पानी जरूरी है। मूत्र में 97 प्रतिशत पानी होता है व 3

प्रतिशत अन्य पदार्थ होते हैं। पानी की कमी से कब्ज होने का डर रहता है। पानी ही रुधिर के द्वारा कार्बन-डाईऑक्साइड को फेफड़ों तक पहुँचाता है।

3. शरीर के सभी पेय पदार्थों का निर्माण पानी के माध्यम से ही होता है, जैसे—रक्त, लसिका, पाचक रस, पित्त रस, पसीना, मूत्र-मल आदि।

4. निर्माणात्मक कार्यों में जल सक्रिय होता है। सभी कोषों के रस का निर्माण पानी से ही होता है। दाँतों के कोषों में 10 प्रतिशत, वसीय तन्तुओं में 20 प्रतिशत, अस्थियों में 25 प्रतिशत पानी की मात्रा रहती है।

5. आन्तरिक अंगों, जोड़ों व अंगों के मध्य भाग में यह स्नेहक (Lubricant) के रूप में कार्य करता है। कोषों को यह गीला रखता है जिससे अनेक पदार्थ कोषों तथा रूधिर नलिकाओं के अन्दर तथा बाहर सुगमतापूर्वक आ-जा सकते हैं। जोड़ों के चारों ओर उपस्थित तन्तुओं में पानी की मात्रा होने के कारण इसे साइनोवियल रस कहते हैं। अस्थियों को एक-दूसरे से रगड़ खाने से बचाता है। जब चोट या रोग हो जाते है तब यह पानी निकल जाता है, और उनमें ज्यादा दर्द भी होने लगता है।

6. शरीर के तापमान को समान रखने के लिए ने पानी बहुत जरूरी है। पानी शरीर से को पसीने के रूप में निकलता है। पानी गर्मी को शोषित करने के अलावा पूरे शरीर को विभाजित भी करता है। एक ग्राम पदार्थ को 1^0 सेन्टीग्रेड तक गर्म करने के लिए आवश्यक कैलोरी की मात्रा को विशिष्ट ताप (Specific heat) कहते हैं। पानी का विशिष्ट ताप 1^0 है, जबकि ताँबे का 0.090 और चाँदी का 0.05 होता है। पानी का विशिष्ट ताप अधिक होने के कारण ही पानी शरीर के तापमान को स्थिर रखने में सक्षम है।

7. शरीर की बाहरी आघातों से रक्षा करता है, उदाहरणस्वरूप रीढ़ की हड्डी तथा मस्तिष्क के कोमल तन्तुओं में पाया जाने वाला पानी इन कोमल अंगों को बाहरी आघातों से बचाता है। तन्तुओं में विद्यमान पानी एक गद्दी (Cushion) की तरह काम करता है।

जल-प्राप्ति के स्रोत

ठोस खाद्य पदार्थों के सेवन, पेय पदार्थों के सेवन से और कोषों में उपापचय की क्रिया द्वारा शरीर में पानी मिलता है। चाय, कॉफी, पानी, फल एवं सब्जियों के रस, शर्बत आदि के द्वारा भी पानी शरीर के अन्दर प्रवेश करता है। खाद्य पदार्थों में पानी की मात्रा अलग-अलग रूपों में पाई जाती है सेम की फली, जिसे ठोस पदार्थ माना जाता है, में भी पानी की मात्रा 92 प्रतिशत है जबकि दूध, जो कि तरल पदार्थ है, में केवल 87 प्रतिशत पानी होता है।

ऊर्जा उत्पादकों, यथा–वसा, कार्बोज तथा प्रोटीन के उपापचय की क्रिया द्वारा भी पानी मिलता है।

भोजन के ऑक्सीकरण द्वारा कार्बन, कार्बन-डाई-ऑक्साइड, पानी तथा शक्ति पैदा होते हैं।

जल के निष्कासन की व्यवस्था

1. बड़ी आँतों द्वारा मल के रूप में।
2. दूध पिलाती माँ से दूध के रूप में।
3. आँसू, नाक आदि के स्राव के रूप में।
4. गुदों से मूत्र के रूप में।
5. त्वचा से पसीने के रूप में।
6. फेफड़ों से गर्म वायु (जल-वाष्प) के रूप में।

24 घण्टों में 8 लीटर पाचन–रस शरीर में बनते हैं और उपापचय के पानी का बार-बार उपयोग किया जाता है। रुधिर के साथ लगभग 4 लीटर पानी घूमता रहता है। शरीर में स्थित पानी का पुनः परिशोधन होकर बार-बार प्रयोग में लिया जाता है।

जल सन्तुलन की प्रक्रिया

शरीर में लगातार पानी का तालमेल बनाए रखना जरूरी होता है। पानी की मात्रा एवं निकाली गई पानी की मात्रा बराबर होनी चाहिए।

पानी शरीर से अधिक से अधिक मात्रा में अधिक पसीना, दस्त, रक्त स्राव, अधिक मूत्रस्राव आदि परिस्थितियों में निष्कासित होता है। निर्जलीकरण की स्थिति में निम्नलिखित लक्षण नजर में हैं–

(1) प्यास लगना,
(2) मुँह का सूख जाना,
(3) कमजोरी,
(4) नाड़ी की तीव्र गति।

शरीर में 10 प्रतिशत तक पानी की कमी की तीव्र स्थिति है। 20 प्रतिशत कमी होने पर व्यक्ति की मृत्यु हो जाती है। 20 प्रतिशत निर्जलीकरण की स्थिति में बहिर्कोषीय रस घना हो जाता है और रसाकर्षण प्रक्रिया में प्रवृत यह अन्तः कोषीय रस को खींचता हैं, जिससे अन्तःकोषीय रस की मात्रा भी घटती जाती है, इसे अन्तःकोषीय निर्जलीकरण कहते हैं। इसमें बहुत तीव्र प्यास लगती तथा जी

मिचलाने लगता है। 15 लीटर पानी के निष्कासन पर मनुष्य की मृत्यु भी हो सकती है।

कुछ बीमारियाँ ऐसी होती हैं जिसमें रक्तवारी (Serum) के प्रोटीन के रसाकर्षण दबाव की गति में असन्तुलन पैदा हो जाता है जिससे तन्तुओं में पानी भी जाता है, इस स्थिति को सूजन (Edema) कहते हैं। पानी में असन्तुलन की स्थित उत्पन्न होने की वजह से शरीर में से निकले पानी की मात्रा की तुलना में शरीर में प्रवेश किये पानी की मात्रा से कम हो जाती है, अतः इस स्थिति में पानी का सेवन जितना हो सके कम करना चाहिए।

जल की दैनिक आवश्यकता

अन्तर्राष्ट्रीय अनुसन्धान समिति के आधार पर एक मिलीलीटर प्रति कैलोरी होनी चाहिए दूसरे शब्दों में यदि कैलोरी की माँग 2,300 कैलोरी प्रतिदिन है तो पानी भी 2,300 मिली लीटर होना चाहिए। गर्मियों में पानी का सेवन अधिक करना चाहिए। प्यास ही एक ऐसा लक्षण है जिसके आधार पर शरीर में पानी की मात्रा कम और ज्यादा होने का एहसास होता है। 6 से 8 गिलास पानी प्रतिदिन पीना चाहिए। पानी की जरूरतों को प्रभावित करने वाले निम्नलिखित कारण है–

1. वातावरण के उच्चं तापमान की वजह से अत्यधिक पसीने के आने पर प्यास भी अधिक लगती है।

2. अधिक मेहनत का काम करने पर, फुटबाल, हॉकी आदि खेलने के समय प्यास अधिक लगती है।

3. दूध पिलाने वाली माँ को पानी की अधिक आवश्यकता होती है।

4. दस्त, उल्टी आदि से भी प्यास अधिक लगती है।

भोजन के अनुसार पानी की माँग भी बढ़ती है। प्रोटीनयुक्त भोजन पचाने के लिए ज्यादा पानी की जरूरत होती है। कम पानी पीने के कारण कुछ शारीररिक एवं मानसिक लक्षण पैदा हो जाते हैं. जैसे–अशान्ति, चिड़चिड़ापन, वृद्धि की कमी, पाचन रसों के निर्माण में असंतुलन आदि। अतः भोजन करते समय भी अधिक से अधिक पानी का सेवन करना चाहिए जिससे जितनी मात्रा में भोजन ग्रहण किया है उसका पूरी तरह पाचन पानी के जरिए हो जाए। अनावश्यक पानी मूत्र द्वारा विसर्जित हो जाता है।

इलेक्ट्रोलाइट सन्तुलन

कुछ रासायनिक यौगिक पानी में विभाजित होकर कुछ अलग कण बन जाते हैं जिन्हें विद्युत-शक्ति पैदा करने वाले आयोन्स (Ions) कहते हैं। इन रासायनिक

पदार्थें को, जिनसे आयोन्स (Ions) बनते हैं, इलेक्ट्रोलाइट (Electolyte) कहते हैं। सभी अम्ल, क्षार व लवण इलेक़्ट्रोलाइट (Electrolyte) होते है। कुछ यौगिक विभाजित (Devide) नहीं होते क्योंकि वे परमाणु होते हैं, उन्हें नॉन—इलेक्ट्रोलाइट (Non-Electrolyte) कहते हैं, जैसे प्रोटीन, ग्लूकोज (Glucose), यूरिया आदि। इलेक्ट्रोलाइट (Electolyte) का हर कण विद्युत शक्ति को बहाने (Charge) का काम करता है, चाहे पोजिटिव हो या नेगेटिव (Possitive or Negative)। पोजिटिव आयोन्स को कैट-आयन्स भी कहते हैं। हमारे शरीर में निम्न प्रकार के कैट-आयोन्स (Cat-ions) हैं— सोडियम (Sodium), पोटैशियम (Potassium), कैल्शियम (Calcium), मैग्नीशियम (Magnesium) आदि। नेगेटिव आयोन्स को एन-आयोन्स (Anions) भी करते हैं, वे निम्न प्रकार के हैं। क्लोराइड (Chloride), बाइकार्बोनेट (Bicarbonate) तथा फॉस्फेट (Phosphate)। कुछ अकार्बनिक अम्ल के भी आयोन्स नेगेटिव (Negative) होते हैं। जैसे लेक्टेट (Latate), पाइरूवेट (Pyruvate) आदि। सोडियम (Sodium) ही रक्तवारी एवं अन्तःकोषीय रसों का मुख्य कैट-आयोन (Cat-ion) है और क्लोराइड (Chloride) ही इनका मुख्य एन-आयोन (An-ion) होता है। अन्तःकोषीय रसों का मुख्य-आयोजन कैट-आयोन (Cat-ion) पोटैशियम तथा मुख्य एन-आयोन (An-ion) फॉस्फेट होता है।

रसाकर्षण दबाव—यह अन्तः एवं बहिर्कोषीय रसों का एक पतला आवरण होता है। यह आवरण (Semipermeable Membrane) अलग करता है। यह आवरण शरीर के अन्दर केवल पानी को ही आने-जाने देता है और विशेष परिस्थितियों को छोड़कर सामान्यतः उसके द्वारा कोई घुलित पदार्थ (Electrolyte) न तो प्रवेश ही कर पाता है और न ही बाहर निकल पाता है। जब बाह्यकोषीय रस की सान्द्रता (घुलित पदार्थों के कारण) बढ़ जाती है तो अन्तःकोषीय रस पानी भी अधिक सान्द्रता वाले रस की तरफ तब तक बढ़ता रहेगा जब तक दोनो में समान सांद्रता नहीं हो जाती है। इस प्रक्रिया को रसाकर्षण की प्रक्रिया (Osmosis) कहते हैं। अन्तःकोषीय रसों में पोटैशियम होता है एवं बाह्य-कोषीय रस में सोडियम होता है। यदि इन इलेक्ट्रोलाइट की मात्रा में कमी या अधिकता आ जाती है तो इलेक्ट्रोलाइट (Electrolyte) का सन्तुलन गड़बड़ा जाता है।

अम्ल-क्षार सन्तुलन—सम्पूर्ण तन्तु एवं रक्त के अम्ल-क्षार सन्तुलन को बनाए रखने में इलेक्ट्रोलाइट बहुत ही महत्त्व रखता है। सामान्य उपापचय की गति के लिए अम्ल व क्षार का सन्तुलन बहुत जरूरी होता है। रक्त की प्रकृति कुछ क्षारीय होती है (PH 7.4 से 7.4)। इसकी PH को समान रखने के लिए रुधिर में कुछ

पदार्थ इस तरह के होते हैं, जिनमें कमजोर अम्ल या कमजोर क्षार और। इन अम्ल व क्षार का एक लवण होता है, इन्हें बफर्स (Buffers) कहते हैं। अम्लीय भोज्य पदार्थों को खाने से रुधिर कुछ अम्लीय हो जाता है तो ये बफर्स (Buffers) बाइ-कार्बोनेट (Bicarbonate) होता है यह कोषों से पैदा होने वाले लेक्टिक (Lactic) तथा फॉस्फोरिक अम्ल के साथ प्रतिक्रिया कार्बोनिक अम्ल (Carbonic Acid) बनाता है, जो फेफड़ों द्वारा कार्बन-डाई-ऑक्साइड के रूप में जरूरत से ज्यादा सोडियम (Sodium) एवं पोटेशियम के साथ मिलकर प्रोटीयोनेस्ट्स में बदल जाता है। शरीर में उपस्थित पेय पदार्थों में यह विद्यमान रहता है लेकिन कुछ समय व्यर्थ बाइकार्बोनेट (Bicarbonate) के रूप में बदल जाता है। तीसरा बफर (Buffer) फास्फेट होता है। यह कार्बोज, वसा एवं प्रोटीन के उपापचय से पदार्थों को फेफड़ों एवं गुर्दों द्वारा बाहर निकाल देता है।

गुर्दे हाइड्रोजन आयोन्स (Hydrogen Ions) को खून के अम्लों से अलग कर उसके स्थान पर बाइकार्बोनेट (Bicarbonate) को भेजते हैं। अतः मूत्र की प्रकृति हमेशा अम्लीय होती है। अधिक उपवास की स्थिति में ये बफर (Buffer) पदार्थ कम हो जाते हैं (PH 5.5 to 6.6)। जिससे एसिडोसिस (Acidosis) नामक रोग पैदा जो जाता है। यह रोग मधुमेह की स्थिति में भी हो सकता है।

जब ज्यादा के कारण शरीर से हाइड्रोक्लोरिक अम्ल (Hydrochloric Acid) निकल जाता है तब अल्क्लोसिस (Alkalosis) नामक रोग उत्पनन हो जाता है तथा खून बहुत ही अतः खाद्य पदार्थों में इनकी मात्रा के अनुसार इन पदार्थों को अम्लीय या क्षारीय भोजय पदार्थों के रूप में विभाजन करते हैं, उदाहरणस्वरूप फलों में खनिज लवणों की मात्रा ज्यादा होने की वजह से वे शरीर में प्रवेश कर ऑक्सीकरण करने के पश्चात् क्षारीय पदार्थों को छोड़ना के कारण इन्हें क्षारीय भोज्य पदार्थ कहते हैं। अनाज तथा मांस का आखरी पदार्थ अम्लीय होने के कारण इन्हें अम्लीय खाद्य पदार्थ माना जाता है। अतः किसी पदार्थ की अम्लीय या क्षारीय प्रकृति के अनुसार ही उनको अम्लीय या क्षारीय (Acid or Alkaline) खाद्य पदार्थ कहते हैं।

4

भोजन के पोषक तत्व—कार्बोहाइड्रेट्स

कार्बोहाइड्रेट, कार्बन हाइड्रोजन और ऑक्सीजन से बनते हैं। ये ऊर्जा के सबसे सस्ते स्रोत हैं। भारतीय भोजन में कार्बोहाइड्रेट की बहुत अधिक मात्रा रहती है; यह वांछित कैलोरी की लगभग 90 प्रतिशत होती है। संतुलित आहार में कार्बोहाइड्रेट से उपलब्ध कैलोरी कुल की 50 से 60 प्रतिशत से अधिक नहीं होना चाहिये। अधिक लेने पर कार्बोहाइड्रेट शरीर में वसा में परिवर्तित हो जाते हैं।

कार्बोहाइ्रेट के तीन मुख्य स्रोत हैं—

1. **स्टार्च**—स्टार्च मुख्य रूप से अनाज, कन्द आदि से प्राप्त होता है।

2. **शक्कर**—शक्कर दो तरह का होता है—(अ) मोनो सैकेराइड और (ख) डाइसैकेराइड।

3. **सेलूलोज**—यह सब्जियाँ, फलों और अनाजों में पाई जाने वाली कठोर रेशेदार परत है।

कार्बोहाइड्रेट का वर्गीकरण

सामान्यतः कार्बोहाइड्रेट्स को उनमें पाये जाने वाले शर्करा ग्रुप के आधार पर तीन वर्गों में बाँटा गया है—

1. मोनो-सॅकेराइड्स

मोनो-सॅकेराइड्स कार्बोज पदार्थ का सबसे सरल रूप है जिस पर शरीर के पाचन अंग का कोई एन्जाइम विभाजन की क्रिया नहीं कर पाता तथा वे रक्त में शोषित कर लिये जाते हैं। ये मीठे, पानी में घुलनशील तथा रवे के रूप में प्राप्त होते हैं। भोज्य पदार्थों में पाये जाने वाले मोनो-सॅकेराइड्स हेक्सोसेज (Hexoses) होते हैं। जिन्हें दो समूहों में विभाजित कर सकते हैं—

(क) अल्डोसेस (Aldoses)–इन शर्कराओं में अल्डीहाइड ग्रुप होता है जिनके उदाहरण हैं–(i) ग्लूकोज , (ii) गॅलेक्टोज, (iii) फ्रूक्टोज।

(ख) किटोसिस (Ketosis)–इनमें किटोन ग्रुप प्राप्त होता है जिनके उदाहरण है–(i) फ्रूक्टोज एवं (ii) सॉरबोज।

(i) ग्लूकोज–ग्लूकोज के दूसरे नाम डेक्सट्रोज, ग्रेप शर्करा तथा कॉर्न शर्करा हैं। ग्लूकोज को रक्त शर्करा भी कहा जाता है क्योंकि यह कार्बोज पदार्थों से ग्लूकोज में परिवर्तित होकर रक्त द्वारा शरीर के ऊतकों में ऊर्जा प्रदान करती है। ग्लूकोज शहद, गन्ना, चुकन्दर, मक्का आदि में प्राप्त होती है। रक्त में ग्लूकोज की सामान्य मात्रा 80-100 मिलीग्राम प्रति 100 मिलीमीटर है। इस सामान्य मात्रा को बनाये रखने पर ही शरीर की ऊर्जा की आवश्यकता पूरी होती है। रक्त में ग्लूकोज की मात्रा बढ़ने पर–

(i) मधुमेह हो सकता है।

(ii) ग्लूकोज वसा में परिवर्तित होकर शरीर का वजन बढ़ाती है।

(iii) ग्लूकोज की अतिरिक्त मात्रा ग्लाइकोजन में परिवर्तित होकर यकृत तथा मांसपेशियों में इकट्ठा पड़ने पर ग्लाईकोजन ग्लूकोज में परिवर्तित होकर ऊर्जा प्रदान करती है।

(ii) गॅलेक्टोज–गॅलेक्टोज अन्य शर्कराओं की तरह भोज्य पदार्थों में स्वतंत्र रूप में नहीं पायी जाती। दूध में गॅलेक्टोज शर्करा के घटक के रूप में मिलती है तथा दूध के पाचन के बाद बनती है।

(iii) फ्रूक्टोज–फ्रूक्टोज का अन्य नाम लेव्हयूलोज और फल की शर्करा है यह अन्य शर्करा की तुलना में अत्यधिक मीठी होती है तथा शरीर की ऊर्जा की आवश्यकता को पूरा करती है। फ्रूक्टोज में घुलनशील है, परन्तु इसके रवे आसानी से नहीं बन सकते। फ्रूक्टोज शहद में (30-40%), फलों में (2-5%) तथा कई सब्जियो में पायी जाती हैं। फ्रूक्टोज सूक्रोज शर्करा के अपघटन से प्राप्त होती है।

अन्य मोनो-सॅकेराइड्स जो प्राकृतिक रूप में बहुत कम मिलते हैं तथा शरीर में ग्लूकोज के वमापचय (Metabolism) के समय बनते हैं, वे हैं–

(क) **बायोसेस [$C_2H_4O_2$]** : बायोसेस जल में घुलनशील रवेदार तथा मीठा होता है। ग्लाइकोलिक अल्डीहाइड इसका एकमात्र उदाहरण है।

(ख) **ट्रायोसेस [$C_3H_6O_3$]** : दो रूपों में प्राप्त होते हैं: (i) ग्लिसराल आल्डीहाइड एवं (ii) डाय-हायड्रॉक्सी ॲसीटोन। ये दोनों रूप प्राणी तथा वनस्पति में बहुत कम मात्रा में पाये जाते हैं, ये ग्लूकोज के टूटने से बनते हैं।

(ग) **टेट्रोसेस [$C_4H_8O_4$]** : टेट्रोसेस के भी दो रूप हैं–(i) एरीथ्रोज एवं

(ii) थ्रिओस। ये दोनों शरीर में ग्लूकोज के चयापचय के समय बनते हैं।

(घ) पेन्टोसेस [$C_5H_{10}O_5$] : प्रकृति में तीन प्रकार के पेन्टोसेस पाये जाते हैं– (i) अरॅबीनोज एवं (ii) जायलोज प्रकृति में स्वतंत्र रूप में नहीं पाये जाते। ये दोनों शरीर में चयापचय के समय बनते हैं। (iii) रायबोज जीव तथा वनस्पति ऊतकों में दो रूपों में पाया जाता है–(i) अॅडीनिलीक एसिड एवं (ii) राइबोन्यूक्लीक एसिड।

राइबोज से बना डी-ऑक्सीराइबोज डी-राइबोन्यूक्लीक एसिड में पाया जाता है जो जीव तथा पौधों की कोशिका (Cells) के केन्द्रक (Nucleus) में पाया जाता है तथा अत्यधिक महत्वपूर्ण होते हैं।

2. डाय-सॅकेराइड्स

डाय-सॅकेराइड्स दो सरल शर्करा का योग है। यह जल में घुलनशील है तथा इसमें रवे बनाये जा सकते हैं। ये कम मिठासयुक्त होते हैं। अम्ल, एन्जाइम तथा ऊष्णता से ये सरलतम शर्करा में बदल जाते हैं। डाय-सॅकेराइड्स तीन प्रकार के हैं–(i) सूक्रोज, (ii) माल्टोज, (iii) लॅक्टोज।

(i) सूक्रोज–सूक्रोज गन्ने की शर्करा तथा टेबल शुगर कहलाती है। चुकन्दर तथा अन्य भोज्य पदार्थों से भी सूक्रोज प्राप्त की जाती है। उष्णता, अम्ल तथा एन्जाइम की क्रिया से सूक्रोज से एक अणु ग्लूकोज का एवं एक अणु फ्रूक्टोज का प्राप्त होता है तथा ग्लूकोज के एक अणु और फ्रूक्टोज के एक अणु जुड़कर सूक्रोज का एक अणु बनता है :

$$\text{ग्लूकोज} + \text{फ्रक्टोज} \rightarrow \text{सूक्रोज} + \text{पानी}$$

$$\text{सूक्रोज} \xrightarrow[\text{सूक्रोज एन्जाइम}]{\text{(dil.) HCl}} \text{ग्लूकोज} + \text{फ्रूक्टोज}$$

(ii) माल्टोज–माल्टोज को माल्ट शर्करा भी कहते हैं। यह अनाजों में पायी जाती है। अनाज के अंकुरण के समय अम्ल, ऊष्णता तथा एन्जाइम अमाइलेस द्वारा स्टार्च का अपघटन होने से माल्टोज बनती है। माल्टोज का अपघटन होने पर ग्लूकोज के दो अणु प्राप्त होते हैं एवं ग्लूकोज के दो अणुओं के जुड़ने से अणुओं का माल्टोज बनता है।

$$\text{ग्लूकोज} + \text{ग्लूकोज} \rightarrow \text{माल्टोज} + \text{पानी}$$

$$\text{माल्टोज} \xrightarrow{\text{माल्टेज एन्जाइम}} \text{ग्लूकोज} + \text{ग्लूकोज}$$

(iii) लॅक्टोज–लॅक्टोज दुग्ध शर्करा कहलाती है। यह दूध में पायी जाती है।

गाय के दूध में 4% तथा माँ के दूध में 7% लॅक्टोज प्राप्त होती है। दूध के पाचन की क्रिया में लॅक्टोज कर अपघटन एन्जाइम लॅक्टोज की उपस्थिति में होता है एवं ग्लूकोज व गॅलेक्टोज का निर्माण होता है। एक अणु ग्लूकोज का एवं एक अणु गॅलेक्टोज का संगठित होकर एक अणु लॅक्टोज का बनाता है।

$$\text{ग्लूकोज} + \text{गॅलेक्टोज} \xrightarrow[\text{Lastase एन्जाइम}]{} \text{लॅक्टोज}$$

$$\text{ग्लूकोज} + \text{गॅलेक्टोज} \rightarrow \text{लॅक्टोज} + \text{पानी}$$

लॅक्टोज जल में घुलनशील है, परन्तु घुलने में समय अधिक लगता है। इसके रवे आसानी से प्राप्त नहीं होते। अन्य शर्करा की अपेक्षा यह अधिक मीठी होती है।

3. पॉली-सॅकेराइड्स

पॉली-सॅकेराइड्स कई जटिल कार्बोज पदार्थों का समूह है जो जल में अघुलनशील है तथा स्वाद में मीठे नहीं होते हैं। शरीर में इनका पाचन कठिनाई से एवं कई बार अपूर्ण होता है। कुछ प्रमुख पॉली-सॅकेराइड्स हैं :

(1) **स्टार्च**—स्टार्च के रूप में पौधे कार्बोज पदार्थ इकट्ठा जिससे उन्हें जरूरत पड़ने पर शक्ति प्राप्त होती है। अनाज में 65-85%, बीज एवं कंद में 19-35% तथा फल एवं सब्जियों में 2-10% स्टार्च पायी जाती है। स्टार्च जल में अघुलनशील है। स्टार्च में दो प्रमुख घटक अमाइलोज 20% तथा अमाइलोपेक्टीन 80% है। अमाइलोज के एक अणु में ग्लूकोज के 500-5000 अणु पाये जाते हैं तथा अमाइलोपेक्टीन के एक अणु में ग्लूकोज के 50,000-5,00,000 अणु प्राप्त होते हैं। स्टार्च के ये दोनों घटक स्टार्च को पानी में गरम करने से पानी शोषण करके गाढ़ी जैली/लेई (Jal) बनाते हैं। इस प्रक्रिया को जेलेटिनाइजेशन कहते हैं। 5 प्रतिशत अनाज की स्टार्च को जल में घोलकर तथा उबालकर बनी लेई गाढ़ी नहीं जमती। यह अनाज में पाये जाने वाले अमाइलोज तथा अमाइलोपेक्टीन के कारण होता है। कच्ची स्टार्च का पाचन संभव नहीं है। पकाये जाने पर स्टार्च का पाचन होकर उससे क्रमशः डेक्स्ट्रीन, माल्टोज तथा ग्लूकोज प्राप्त होती है। प्रकृति में स्टार्च ग्लूकोज के (4000 -15000) संघनिकरण (Condensation) के कारण बनती है।

(2) **डेक्स्ट्रीन**—डेक्स्ट्रीन मक्का, शहद इत्यादि पदार्थों में मिलती है परन्तु अधिकतर स्टार्च की पाचन क्रिया में प्राप्त होती है। अंकुरित अनाज में कम मात्रा में डेक्स्ट्रीन पायी जाती है। डेक्स्ट्रीन में ग्लूकोज की अधिक मात्रा पायी जाती है तथा यह ठंडे जल में अघुलनशील है।

$$\text{स्टार्च} \xrightarrow[\text{अमाइलेज एन्जाइम}]{\text{अम्ल}} \text{डेक्स्ट्रीन}$$

(3) **सेल्युलोज**–सेल्युलोज रेशेवाले तत्त्व के रूप में फल तथा बीज के ऊपर एक आवरण के रूप में पाये जाते हैं। सेल्युलोज जल में अघुलनशील है तथा इसका शरीर में पाचन नहीं हो पाता। सेल्युलोज पाचन संस्थान में निम्न कार्य करके उत्सर्जित हो जाते हैं। इससे–

(अ) आहार को स्थूलता (Bluk) प्राप्त होता है।

(ब) भोज्य पदार्थ छोटी अंतड़ियों में शीघ्रता से पहुँच जाता है।

(स) भोज्य पदार्थ अधिक समय तक एक जगह रहने पर समस्त भोज्य तत्त्वों को अभिशोषित होने के लिये काफी समय मिलता है।

(द) छोटी अंतड़ियों के स्नायु पेशियों में संकुचन को उत्तेजित करते हैं, जिससे कब्ज (Constipation) की अवस्था पैदा होती है।

सेल्युलोज भोज्य पदार्थ के साथ पकाये जाने पर नरम होकर टूट जाते हैं जिससे भोज्य पदार्थों पर पाचन रसों की क्रिया आसान हो जाती है। अनाज, दालें, फल तथा सब्जियों में सेल्युलोज की मात्रा ज्यादा रहती है। इसे रेशेवाले तत्त्व तथा रफेज भी कहते हैं।

(4) **ग्लाइकोजन**–ग्लाइकोजन को जंतु स्टार्च भी (Animal Starch) कहते हैं। यह जंतुओं के मांसल भाग तथा अवयवों में पाया जाता है। वनस्पति भोज्य पदार्थों में ग्लाइकोजन नहीं पाया जाता। शरीर में ग्लूकोज की अतिरिक्त मात्रा ग्लाइकोजन में परिवर्तित होकर यकृत में 3-7% तथा स्नायुपेशियों में 0.5- 1.0% की मात्रा में संगृहीत हो जाती है। जरूरत पड़ने पर इस ग्लाइकोजन से शरीर को ऊर्जा प्राप्त होती है। ग्लूकोज के 5,000-10,000 अणु के संघनिकरण से ग्लाइकोजन बनती है।

(5) **पेक्टीन**–पेक्टीन पके हुये फलों में पाया जाने वाला एक कार्बोज पदार्थ है। इसका मनुष्य के शरीर में पाचन नहीं हो सकता। पेक्टीन कई गॅलेक्टयूरोनिक अम्ल के अणु से मिलकर बनता है। पेक्टीन शक्कर तथा अम्ल विशेष रूप से सिट्रीक अम्ल की उपस्थिति में जैली बनाता है। इसलिए पेक्टीन का प्रयोग फलों की जैली बनाने में किया जाता है। फलों में उपस्थित पेक्टीन की मात्रा से जैली के जमने अथवा न जमने पर प्रभाव पड़ता है। अतिसार (Diarrhora) के उपचार में पेक्टीन उपयोगी होता है।

(6) **कुछ अन्य पॉलीसॅकेराइड्स इस प्रकार हैं**–(क) **फ्रक्टोसॅनूस**–यह प्याज में फ्रूक्टोज के कई अणु मिलकर बनता है।

(ख) **गॅलेक्टोनूस**—यह समुद्र के फेन में गॅलेक्टोज के कई अणुओं के मिलने से बनता है। समुद्री फेन का उपयोग दवा के रूप में कब्ज (Constipation) के उपचार में किया जाता है।

(ग) **पेन्टोसॅनूस**—ये हरी घास में पेन्टोज के अणु मिलने से बनते हैं।

(घ) **हेमी-सेल्युलोज**—ये पेन्टोज, हैक्सोसेस तथा युरोनिक अम्ल से मिलकर बनते हैं। सब्जियाँ, अनाज तथा दालों के ऊपरी आवरण में ये पाये जाते हैं।

कार्बोज के कार्य

कार्बोज के प्रमुख कार्य निम्नलिखित हैं—

(1) ऊर्जा प्रदान करना—कार्बोज पदार्थों का प्रमुख कार्य शरीर में ऊर्जा प्रदान करना है। प्रति ग्राम कार्बोज चार कैलोरीज ऊर्जा प्रदान करता है। मस्तिष्क तथा नाड़ी तन्तुओं को सुचारु रूप कार्य करने हेतु कैलोरीज ही जरूरत होती है जो ग्लूकोज द्वारा प्राप्त होती है। अतः इन दोनों अंगों में कार्बोज पदार्थ लगातार शक्ति प्रदान करने में संलग्न रहते हैं। शरीर की अधिकतर क्रियाएँ मस्तिष्क तथा नाड़ी की क्रियाओं से संबंधित तथा ऊर्जा के लिये कार्बोज पदार्थों पर निर्भर रहती हैं।

(2) ग्लाइकोजन का निर्माण—कार्बोज पदार्थ का एक अन्य कार्य शरीर की ग्लाइकोजन की मात्रा की आपूर्ति करना है। जब शरीर में जरूरत से ज्यादा कार्बोज पदार्थ लिया जाता है तो वह ग्लूकोज में परिवर्तित होकर-ग्लूकोज के अतिरिक्त मात्रा में होने पर ग्लाइकोजन में बदल जाता है एवं यकृत तथा स्नायुओं में (मांसपेशी) इकट्ठा हो जांता है। रक्त में ग्लूकोज की मात्रा कम हो जाने पर ग्लाइकोजन ग्लूकोज में बदलकर—(i) रक्त की ग्लूकोज की मात्रा को सामान्य बनाए रखता है एवं (ii) शरीर में ऊर्जा/शक्ति देने कर कार्य करता है।

सामान्यतः स्वस्थ मनुष्य के यकृत में 100 ग्राम से अधिक मात्रा में ग्लाइकोजन इकट्ठा रहता है। स्नायु या मांसपेशियों में लगभग 250 ग्राम ग्लाइकोजन इकट्ठा रहता है।

(3) प्रोटीन की बचत—शरीर को भोज्य पदार्थों के द्वारा कार्बोज तथा वसा की मात्रा कम प्राप्त होने पर—भोज्य पदार्थों का एवं शरीर का प्रोटीन शक्ति/ ऊर्जा देने का कार्य करने लगता है। इस समय प्रोटीन अपना कार्य छोड़कर कार्बोज एवं वसा का कार्य करने लगता है इससे शरीर की ऊर्जा की आवश्यकता पूरी होती है। जैसे ही कार्बोज पदार्थों की मात्रा भोजन में पर्याप्त हो जाती है प्रोटीन अपना कार्य करने

के लिए स्वतंत्र हो सकता है। शरीर को शक्ति प्रदान करने का कार्य भोज्य तत्त्वों का सबसे प्रमुख कार्य है तत्पश्चात् भोज्य पदार्थ अन्य कार्य कर सकते हैं।

(4) वसा में परिवर्तन—शरीर की आवश्यकता से अधिक मात्रा में कार्बोज पदार्थ लेने पर समस्त अतिरिक्त मात्रा वसा में परिवर्तित होकर वसीय ऊतकों में इकट्ठा हो जाती है।

(5) वसा के चयापचय में मदद—कार्बोज पदार्थ भोजन के वसा तथा वसीय अम्ल के पूर्ण चयापचय में सहयोग करते हैं। कार्बोज की कमी से वसा का चयापचय अपूर्ण रहकर रक्त की अम्ल तथा किटोन बॉडीज की मात्रा में वृद्धि हो जाती है जिससे ॲसिडोसिस तथा किटोसिस नामक बीमारी पैदा होती .है।

(6) लॅक्टोज के कार्य—लॅक्टोज दूध में पायी जाती है। यह छोटी अंतड़ियों में कैल्शियम का अभिशोषण में मदद करती है। लॅक्टोज ज्यादा समय तक पेट में रहती है इससे पेट में कई जीवनसत्व 'बी' का निर्माण/ संश्लेषण होता है। स्तनपान करने की अवस्था में शरीर की ग्लूकोज लॅक्टोज में बदल जाती है तथा माता के दूध की लॅक्टोज की मात्रा को बनाये रखती है।

(7) सेल्युलोज के कार्य—सेल्युलोज योजना में पर्याप्त मात्रा में रहने पर पाचन संस्थान में गतिशीलता आती है। सेल्युलोज जल का शोषण करने में भी मदद करते हैं।

(8) रक्त की ग्लूकोज की मात्रा को सामान्य रखना—कार्बोज पदार्थ का प्रमुख कार्य रक्त में ग्लूकोज की सामान्य मात्रा को बनाये रखना होता है। रक्त में ग्लूकोज की सामान्य मात्रा 80-100 मिलिग्राम ग्लूकोज प्रति 100 मिलीलीटर है। भोजन के पश्चात् इस मात्रा में वृद्धि होती है तथा भोजन में अधिक मात्रा में कार्बोज पदार्थ रहने पर रक्त में ग्लूकोज की मात्रा में काफी वृद्धि होती है। उपवास तथा बीमारी के समय यह कम हो जाती है।

(9) अन्य कार्य—कार्बोज पदार्थ के अन्य कार्यों में—

(क) अमिनो-एसिड्स का निर्माण,

(ख) मानसिक तन्तु में गॅलेक्टोसाइड्स,

(ग) न्युक्लीक ऍसिड का घटक राइबोज प्रदान करना,

(घ) भोजन को स्वादिष्ट बनाना,

(ङ) भोजन से संतुष्टि प्रदान करना,

(च) खमीरीकरण क्रिया द्वारा बैक्टीरिया की वृद्धि करके जीवनसत्व का संश्लेषण करना है।

कार्बोज पदार्थों का पाचन

कार्बोज पदार्थ, आहार/ भोजन/ व्यंजन के रूप में पाचन अंगों में पहुँचते हैं। आमाशय तथा छोटी अंतड़ियों में प्रमुख पाचन क्रिया एन्जाइम्स द्वारा होती है जिसमें कार्बोज मोनो-सॅकेराइड्स में परिवर्तित होकर रक्त में शोषित हो जाते हैं। रक्त से यकृत में चयापचय के पश्चात् कार्बोज पदार्थ रक्त में आते हैं अथवा ग्लाइकोजन के रूप में इकट्ठा होते हैं रक्त की कार्बोज पदार्थ की मात्रा को हारमोन्स नियंत्रित करते हैं। कार्बोज पदार्थ का पाचन शरीर के विभिन्न स्थानों पर इस प्रकार होता है।

मुख गुहिका (Bucal cavity) में कार्बोज का पाचन—कार्बोज पदार्थ का पाचन मुख गुहिका से आरंभ होता है। पकाने व चबाने से सब्जियों तथा स्टार्च इत्यादि भोज्य पदार्थों के आवरण टूट जाते हैं, जिससे उन पर पाचक रसों की क्रिया आसानी से हो पाती है। सब्जियाँ तथा अनाज ठीक से चबाये न जाने पर उन पर मुँह के पाचक रसों की क्रिया पूरी नहीं हो पाती, जिससे अपचन की अवस्था हो जाती है। लार (Saliva) में पाया जाने वाला टायलीन या अल्फा अमाइलेज केवल पकी हुई स्टार्च पर ही क्रिया कर सकता है। टायलीन एन्जाइम की क्रिया न्यूट्रल माध्यम में ठीक प्रकार से हो सकती है। टायलीन अम्लीय माध्यम में तथा अधिक तापमान पर अक्रियाशील रहता है। टायलीन एन्जांइम स्टार्च को डेक्स्ट्रीन तथा माल्टोज में परिवर्तित कर देता है।

$$\text{स्टार्च} \xrightarrow[\text{टायलीन एन्जाइम}]{} \text{डेक्स्ट्रीन} + \text{माल्टोज}$$

भोजन मुख गुहीका में कम समय तक रहने के कारण पाचन क्रिया पूर्ण नहीं हो पाती तथा कार्बोज पदार्थ टायलीन के साथ आमाशय/ जठर/ पेट में पहुँच जाता है।

आमाशय में कार्बोज का पाचन—टायलीन एन्जाइम या अमाइलेस की क्रियाशीलता आमाशय के अम्ल तत्त्वों से क्षीण हो जाती है। आमाशय का अम्ल कार्बोज पदार्थों के केवल सूक्रोज का ही अपघटन कर सकता है। अन्य सभी कार्बोज आमाशय में जठर-रस के साथ मिलकर पक्वाशय में चले जाते हैं।

पक्वाशय में कार्बोज का पाचन—पक्वाशय में स्वादुपिंड (Pancrease) से अमाइलेज व अमाइलोपेक्टीन (Amylase,AmylopectinèStarch Splitting Enzymes) नामक एन्जाइम्स कार्बोज पदार्थों में मिल जाते हैं। ये एन्जाइम्स कच्ची तथा पकी दोनों प्रकार की स्टार्च को माल्टोज में परिवर्तित कर सकते हैं। अमाइलोज व अमाइलोपेक्टीन ये दोनों एन्जाइम्स क्षारीय माध्यम में अधिक क्रियाशील होते हैं इसलिये इनकी क्रिया छोटी अंतड़ियों में पूरी होती है।

छोटी अंतड़ियों में कार्बोज का पाचन–छोटी अंतड़ियों में इन्टेस्टाइनल अमाइलेज तथा स्वादुपिंड अमाइलेज मिलकर स्टार्च को डायसॅकेराइड/ माल्टोज में बदल देते हैं। छोटी अंतड़ियों की दीवार में माल्टोज की कुछ मात्रा अभिशोषित कर ली जाती है। छोटी अंतड़ियों की दीवार से सुक्रेज। माल्टेज तथा लॅकटेज नामक एन्जाइम्स स्रावित होते हैं जो क्रमशः सूक्रोज, मॉल्टोज तथा लॅक्टोज पर क्रिया कर उन्हें सरल शर्करा अर्थात् ग्लूकोज, फ्रूक्टोज, गॅलेक्टोज बदल देते हैं।

बड़ी अंतड़ियों में कार्बोज का पाचन–कार्बोज सेल्युलोज, हेमीसेल्युलोज, पेक्टीन तथा अपूर्ण रूप से अभिपचित स्टार्च जिनका छोटी अंतड़ियों में पाचन नहीं हो पाता वे सब बड़ी अंतड़ियों में निम्न अनुसार किसी एक अथवा अनेक घटकों में परिवर्तित हो जाते हैं जैसे कि लॅक्टीक ऍसिड, ब्यूट्रिक ऍसिड, ऍसिठिक ऍसिड, कार्बन-डाई-ऑक्साइड, मिथेन, हाइड्रोजन आदि।

कार्बोज का अभिशोषण

पाचन के पश्चात् कार्बोज पदार्थ केवल मोनो-सॅकेराइड्स के रूप में प्राप्त होते हैं जिनका अभिशोषण होता है। अभिशोषण दो प्रकार से होता है–

(1) **विसरण विधि द्वारा**–ग्लूकोज, फ्रूक्टोज एवं गॅलेक्टोज का अभिशोषण विसरण विधि से होकर ये रक्त में आ जाते हैं। इसे कार्बोज पदार्थ के अभिशोषण की मोबाइल कैरियर सिस्टम (Mobile Carrier System, of Carbohydrate absorption) कहते हैं। कार्बोज के अभिशोषण की इस विधि पर हारमोन इन्सुलीन का असर नहीं पड़ता। प्रत्येक मोनो-सॅकेराइड का अभिशोषण भिन्न-भिन्न मात्रा में तथा भिन्न-भिन्न गीत से होता है। हेक्सोसेस का अभिशोषण पेन्टोसेस से अपेक्षाकृत अधिक होता है। अभिशोषण के एक-डेढ़ घंटे में रक्त में शर्करा की मात्रा काफी बढ़ जाती है। तत्पश्चात् वह धीरे-धीरे कम होने लगती है। अभिशोषित कार्बोज पदार्थ रक्त द्वारा यकृत में पहुँचते हैं। तत्पश्चात् चयापचय हेतु उपयोग में लाये जाते हैं। कुछ डाय-सॅकेराइड्स भी अभिशोषित हो जाते हैं जिन्हें स्नायु कोशिका (Mucosal Cells) में अपघटन द्वारा मोनो-सॅकेराइड्स में बदल दिया जाता है।

(2) **फॉस्फोरीलेशन विधि द्वारा**–छोटी अंतड़ियों की दीवार में फॉस्फोरीलेज नामक एन्जाइम होता है। यह एन्जाइम (फ्रूक्टोज/ गॅलेक्टोज) के साथ मिलकर ग्लूकोज-6-फॉस्फेट बनाता है जो रक्तवाहिनियों में पहुँचकर ग्लूकोज (फ्रूक्टोज/ गॅलेक्टोज) को रक्त में छोड़कर वापस छोटी अंतड़ियों में आकर फॉस्फोरीलेज एन्जाइम के रूप में दूसरे ग्लूकोज के अणु के साथ घुल-मिल जाता है। यह क्रिया निरन्तर चलती रहती है तथा सभी मोनो-सॅकेराइड्स रक्त में अभिशोषित हो जाते हैं।

फॉस्फोरीलेशन विधि की अपेक्षा विसरण विधि से अभिशोषण शीघ्र, सरल एवं अधिकतम होता है।

अभिशोषण को प्रभावित करने वाले कारक–शरीर में कार्बोज पदार्थों का अभिशोषण निम्नलिखित कारकों द्वारा प्रभावित होता है। जैसे–

(1) छोटी अंतड़ियों की म्युकस झिल्ली की सामान्य अवस्था तथा लम्बाई।

(2) अन्तःस्रावी ग्रंथियों का प्रभाव; उदाहरण–पिट्यूटरी तथा थायरॉअड एवं एड्रीनल कॉरटेक्स ग्रंथी।

(3) जीवनसत्व बी की पर्याप्त मात्रा।

कार्बोज पदार्थों की पराचनशीलता–आहार के साधारण कार्बोज पदार्थ का 97-98 प्रतिशत की मात्रा में पाचन तथा अभिशोषण होता है।

रक्त में कार्बोज का नियंत्रण एवं नियमन

यकृत रक्त में ग्लूकोज की मात्रा को बनाये रखता है। (100 मिलीग्राम प्रति 100 मिलीलीटर रक्त)।

रक्त का ग्लूकोज शरीर में सभी कार्यों के लिये शक्ति प्रदान करता है। इस प्रयास में ग्लूकोज को कई प्रक्रियाओं/ प्रणलियों से गुजरना होता है।

ग्लूकोज से शक्ति मिलने के पहले उसे लॅकटीक तथा पायरूविक ऍसिड में बदलना पड़ता है।

पायरूविक ऍसिड एवं लॅकटीक ऍसिड से ऊर्जा/ शक्ति/ ए.टी.पी. कार्बन-डाई-ऑक्साइड तथा जल बनता है। इस प्रक्रिया में जीवनसत्व बी-1 की जरूरत होती है। शरीर से प्रतिदिन काफी कम मात्रा में ग्लूकोज मूत्र के द्वारा शरीर से बाहर उत्सर्जित की जाती है। रक्त में ग्लूकोज की मात्रा 180 मिलीग्राम प्रति 100 मिलीलीटर रक्त (किडनी थ्रेशोल्ड) से बढ़ने पर अतिरिक्त ग्लूकोज की मात्रा गुर्दों द्वारा मूत्र के रूप में उत्सर्जित होने लगती है। रक्त तथा मूत्र दोनों में ग्लूकोज की सामान्य मात्रा के बढ़ने पर मधुमेह की स्थिति पैदा हो जाती है। रक्त में ग्लूकोज की सामान्य मात्रा (80-100 मिलीग्राम प्रति 100 मिलीलीटर रक्त) को नियंत्रित एवं नियमित बनाये रखने हेतु तीन प्रमुख प्रणालियाँ शरीर में कार्य करती रहती हैं। जैसे :

(1) **चयापचय द्वारा**–शरीर में ग्लाइकोजिनेसिस, ग्लाइकोलिसिस, पेन्टोज-फॉस्फेट पाथवे इत्यादि क्रियाओं से रक्त की ग्लूकोज/ शर्करा घट जाती है। रक्त में ग्लूकोज की मात्रा काफी अधिक हो जाने पर लाइपोजिनेसिस प्रक्रिया द्वारा एडीपोज ऊतकों (भरण ऊतक) में वसा का सर्जन होता है।

(2) **हारमोन्स द्वारा**—शरीर में केवल इन्सुलीन हारमोन ही रक्त की शर्करा को घटा सकता है। अन्य सभी हारमोन्स कम या अधिक मात्रा में रक्त की ग्लूकोज/शर्करा में वृद्धि करते हैं।

(अ) **इन्सुलीन**—स्वादुपिंड के बीटा-सेल्स-ऑफ-लैंगरहन्स से स्रावित इन्सुलीन हारमोन रक्त की ग्लूकोज की मात्रा को कम करता है। इन्सुलीन हारमोन रक्त ही ग्लूकोज का परिवर्तन यकृत तथा मांसपेशियों में ग्लाइकोजन में करके रक्त की ग्लूकोज की मात्रा को सामान्य बनाए रखता है।

(ब) **ऍड्रीनलीन**—गुर्दे के बाहर ऍड्रीनल ग्रंथि ऍड्रीनल मेड्युला भाग द्वारा ऍड्रीनलीन हारमोन यकृत के संगृहित ग्लाइकोजन को ग्लूकोज में बदलकर रक्त की ग्लूकोज की मात्रा को सामान्य बनाए रखता है।

(स) **ग्लुकॅगॉन**—स्वादुपिंड के अल्फा-सेल्स-ऑफ-लैंगरहन्स व छोटी अंतड़ियों के म्युकोसा में ग्लुकॅगॉन हारमोन का निर्माण होता है। ग्लुकॅगॉन पर्त के ग्लाइकोजन को ग्लूकोज की मात्रा को बढ़ाकर सामान्य करता है।

(द) **कॉरटीसॉन**—ऍड्रीनल कॉरटेक्स से उत्पन्न कॉरटीसॉन/ एड्रीनोकॉरटीको-ट्रोपीन हारमोन प्रोटीन तथा वसा से यकृत में ग्लाइकोजन और ग्लाइकोजन से ग्लूकोज बनाकर रक्त की ग्लूकोज की मात्रा में वृद्धि करता है।

(इ) **थायरॉइड हारमोन्स**—थायरॉक्सील नामक थायरॉइड हारमोन्स छोटी अंतड़ियों से ग्लूकोज का अभिशोषण बढ़ाकर रक्त की ग्लूकोज की मात्रा में वृद्धि करता है।

(फ) **ग्रोथ हारमोन्स**—पिट्यूटरी ग्रंथी (Pititutory Gland) से उत्पन्न ग्रोथ हारमोन थोड़ी मात्रा में रक्त की ग्लूकोज की मात्रा को बढ़ाकर सामान्य रखने में सहयोग करता है।

हाइपोग्लाइसेमिया

रक्त में ग्लूकोज की मात्रा सामान्य से कम हो जाने की स्थिति को हाइपोग्लाइसेमिया कहते हैं। इस अवस्था में व्यक्ति अचेत सा हो जाता है। यह स्थिति बार-बार होने से नाड़ी एवं मस्तिष्क संबंधित विकार उत्पन्न होते हैं। इन्सूलिन की मात्रा दवा के रूप में अधिक ली जाने पर तथा अत्यधिक शारीरिक परिश्रम से भी यह अवस्था उत्पन्न हो जाती है।

हाइपर ग्लाइसेमिया—रक्त में ग्लूकोज की मात्रा सामान्य से अधिक बढ़ने की अवस्था को हाइपर ग्लाइसेमिया कहते हैं।

(3) **गुर्दे द्वारा**—गुर्दे में रक्त की शर्करा ग्लूकोज का अभिशोषण तथा रक्त में पुनः अभिशोषण होता है।

पुनः अभिशोषण के लिये ग्लूकोज का फॉस्फोरिलेशन होना जरूरी है। फॉस्फोरिलेशन से ही ग्लूकोज के पूर्ण अभिशोषण में परेशानी/ कठिनाई होती है। अधिकतम 180 मिलिग्राम ग्लूकोज/100 मिलीलीटर रक्त का फॉस्फोरिलेशन होने से पुनः अभिशोषण हो सकता है। समस्त ग्लूकोज की मात्रा मूत्र द्वारा उत्सर्जित होती है। गुर्दे कम या अधिक मात्रा में ग्लूकोज को मूत्र में उत्सर्जित करके रक्त में ग्लूकोज की सामान्य मात्रा को संतुलित रखने का प्रयास करते हैं।

ग्लाइकोसूरीया

मूत्र में ग्लूकोज की मात्रा का पाया जाना ग्लाइकोसूरीया कहलाता है। रक्त में ग्लूकोज की मात्रा बढ़कर 180 मिलीग्राम प्रति 100 मिलीलीटर रक्त से अधिक हो जाने पर अतिरिक्त ग्लूकोज की समस्त मात्रा मूत्र में आ जाती है। 180 मिलीग्राम ग्लूकोज प्रति 100 मिलीलीटर रक्त किडनी थ्रेशोल्ड कहलाता है।

मधुमेह

मनुष्य में हाइपोग्लाइसेमिया तथा ग्लाइकोसुरिया दोनों के पाये जाने की अवस्था मधुमेह कहलाती है। इन्सुलीन हारमोन की कमी से रक्त की शर्करा ग्लूकोज का चयापचय नहीं हो पाता और ग्लूकोज का मूत्र में आना आरंभ हो जाता है। इस स्थिति में शरीर को ग्लूकोज से पर्याप्त मात्रा में ऊर्जा/ शक्ति प्राप्त नहीं हो पाती।

मधुमेह के प्रमुख लक्षण—(1) अधिक भूख लगना, (2) अधिक प्यास लगना, (3) मूत्र का अधिक मात्रा में निर्माण, (4) अत्यधिक थकावट, (5) रक्त तथा मूत्र में ग्लूकोज की मात्रा में वृद्धि, (6) घाव का शीघ्र न भरना, (7) वजन में अचानक परिवर्तन आ जाना।

कार्बोज के प्राप्ति के साधन

कार्बोज कई भोज्य पदार्थों से प्राप्त होता है। प्रत्येक में इसकी मात्रा कम या अधिक रहती है। मात्रा की दृष्टि से शर्करा, गुड़, शहद, सिंवइयां चावल, किशमिश, खजूर, दालें इत्यादि भोज्य पदार्थों में कार्बोज पदार्थ की मात्रा अधिक होती है। दूध पावडर, ब्रेड, सूरण, शकरकंद, तिल, काजू में कार्बोज पदार्थ हैं। हरी सब्जियाँ, फल, जैसे आम, अंगूर, बेर इत्यादि कार्बोज पदार्थ सामान्य मात्रा में पाये जाते हैं।

5

भोजन के पोषक तत्त्व—वसा

वसा में कार्बन, हाइड्रोजन और ऑक्सीजन रहती है। ये वसीय अम्ल नमक छोटी इकाइयों से बनते हैं। कुछ वसा जैसे—मूंगफली तेल, जिंजली तेल सामान्य तापक्रम पर द्रव रहती है। कुछ वसा जैसे—घी और मक्खन घनीभूत रहती है। वसा का वर्गीकरण संतृप्त और असंतृप्त वसा में किया जाता है। मोटे तौर पर प्राणीजन्य वसा 'संतृप्त' वसा है और वनस्पति तेल और वसा असंतृप्त वसा है। वर्तमान अनुसंधानों से ज्ञान होता है कि संतृप्त वसा का अत्यधिक सेवन शरीर के लिए हानिकारक है। हृदवाहिका विकार, जो पाश्चात्य देशों और भारत के धनी वर्ग के लोगों को अधिक होता है का मुख्य कारण संतृप्त वसा का अत्यधिक सेवन है।

वसा शक्ति के अपार भंडार वाले तत्व हैं, जो सामान्यरूप से कार्बोहाइड्रेट से दो गुणी क्षमता रखता है। यह शरीर के ताप को बनाये रखने में और चिकनाई प्रदान करने में सहायक होता है। कठोर परिश्रम करने वाले विशेषतः मस्तिष्क से अधिक कार्य लेने वाले व्यक्तियों के लिये ये बहुत लाभकारी होते हैं।

यह मुख्य रूप से दो स्रोतों से प्राप्त होता है—

1. **प्राणिजन्य स्रोत**—घी, मक्खन, मांस, मछली का तेल आदि।

2. **वनस्पतिक स्रोत**—वनस्पति तेल जैसे—मूंगफली का तेल, जिंजली का तेल, सरसों का तेल, बिनौला का तेल, कुसुम का तेल और नारियल का तेल।

वसीय अम्ल

स्निग्ध पदार्थ में लगभग चालीस अलग-अलग वसीय अम्ल पाये जाते हैं। प्रत्येक वसा तथा तेल में कई प्रकार के वसीय अम्ल होते हैं। प्रत्येक वसीय अम्ल का संगठन भिन्न-भिन्न होता है। वसीय अम्लों को तीन वर्गों में विभाजित किया गया हैं—

(1) **संतृप्त वसीय अम्ल**—वसा में पाये वाले निम्न वसीय अम्ल संतृप्त वसीय अम्ल है। संतृप्त से तात्पर्य है—

वे सामान्य तापमान पर ठोस हैं तथा रासायनिक संगठन एवं रचना में उनमें डबल बांड = नहीं होता तथा उनका हाइड्रोजिनेशन होता है। उदाहरण—रासायनिक संगठन एवं प्राप्ति के साधन समवेत संतृप्त वसीय अम्ल ये हैं :

(1)	ब्युट्रीक	(Butyric)	C_4	$C_4H_8O_2$	
(2)	कैप्रोइक	(Caproic)	C_6	$C_6H_{12}O_2$	
(3)	कैप्रीक	(Capric)	C_{10}	$C_{10}H_{20}O_2$	
(4)	लॉरीक	(Lauric)	C_{12}	$C_{12}H_{24}O_2$	(नारियल तेल में)
(5)	मिरीस्टिक	(Myristic)	C_{14}	$C_{14}H_8O_2$	
(6)	पाल्मिटीक	(Palmitic)	C_{16}	$C_{16}H_{32}O_2$	(बकरी, भेड़ के मांस में)
(7)	स्टेरिक	(Steric)	C_{18}	$C_{18}H_{36}O_2$	(गाय का मांस, घी)

भोज्य पदार्थों में पाल्मिटीक एसिड अधिक मात्रा में पाया जाता है। मिरीस्टीक, स्टीअरीक अम्ल की मात्रा भी अधिक पाई जाती है।

(2) **असंतृप्त वसीय अम्ल**—असंतृप्त वसीय अम्ल सामान्य तापमान पर द्रव अवस्था में होते हैं तथा इनमें हाइड्रोजन धारण की क्षमता रहती है। हाईड्रोजिनेशन से सभी असंतृप्त वसीय अम्ल सम्पृक्त वसीय अम्ल में बदल जाते हैं। असंतृप्त वसाएँ गर्म करने से उनका अपघटन वसीय अम्ल तथा ग्लिसरॉल में होता है। असामान्य स्थितियों में इसके साथ एक्रोलीन वायु निकलती है जो गले के लिए हानिकारक है। भोज्य-पदार्थों को अधिक गरम करने तथा बार-बार गर्म करने पर एवं अधिक समय तक खुला रखने पर भोज्य पदार्थ के संतृप्त वसा का ऑक्सीकरण हो जाता है जिससे सड़न या बदबू उत्पन्न होती है। इस प्रक्रिया को रॅनसिडीटी कहते हैं। ऐसा भोज्य पदार्थ खाने लायक नहीं रहता है। आजकल वसा/ तेल में जीवनसत्व 'ई' मिलाते हैं जो एन्टी-ऑक्सीडेंट होते हैं जिससे ऑक्सीकरण की प्रक्रिया रुक जाती है। असंतृप्त वसीय अम्ल के उदाहरण हैं :

(1)	पालमिटोलिक	Palmitolic	C_{18}	Δ_9	$C_{18}H_3O_2$
(2)	ओलीक	Oleic	C_{18}	Δ_9	$C_{18}H_{34}O_2$
(3)	इरूसिक	Erucic	C_{22}	Δ_{13}	$C_{22}H_{22}O_2$

[असंतृप्त वसीय अम्ल की रासायनिक संरचना तथा उसका स्थान—डबल बॉंड की उपस्थिति को चिह्न Δ बनांकर बताया गया है।]

(3) अनिवार्य वसीय अम्ल–बर्र तथा बर्र (Burr & Burr) नामक वैज्ञानिक ने सर्वप्रथम 1929 में अनिवार्य वसीय अम्ल के बारे में जानकारी दी। तीन असंतृप्त वसीय अम्ल हैं–

(1) लिनोलिक (Lenolic)	C_{18}	Δ 9, 12
(2) लिनोलेनिक (Lenolenic)	C_{18}	Δ 9, 12, 15
(3) ॲरकीडोनिक (Arachidonic)	C_{20}	Δ 5, 8, 11, 12

लिनोलिक तथा लिनोलेनिक वसीय अम्ल वनस्पति–भोज्य पदार्थों में पाये जाते हैं, जैसे बिनौले, मूँगफली, तिल इत्यादि। ॲरकीडोनिक वसीय अम्ल केवल जंतु भोज्य पदार्थों में ही प्राप्त होता है। इसकी अधिकतम मात्रा मछली के तेल में होती है। शरीर में लिनोलेनिक वसीय–अम्ल से अफरकीडोनिक वसीय–अम्ल जीवनसत्व B_6 की उपस्थिति में निर्मित होता है। प्रतिदिन एक ग्राम की मात्रा में अनिवार्य वसीय-अम्ल आवश्यक है।

यकृत में भोज्य पदार्थों में पाये जाने वाले वसीय-अम्ल पाल्मिटीक, स्टीअरीक, लिनोलेनिक एवं लिनोलेनिक वसीय अम्ल से लम्बी शृखंला वाले संतृप्त वसीय अम्ल निर्मित होते हैं। इस क्रिया को यकृत के माइक्रोसोमल डिसॅच्युरेझेस एवं इलाँगसेस एन्जाइम्स् सम्पन्न करते हैं।

दोनों एन्जाइम्स वसीय अम्ल जैसे कि पाल्मिटीक, स्टिअरीक, लिनोलिक एवं लिनोलेनिक का शरीर में संश्लेषण करते हैं।

भोजन में उपयोग में लाये जाने वाले कुछ पदार्थों में अनिवार्य वसीय अम्ल की मात्रा इस प्रकार होती है–

सैफोल तेल	78.8 %
सोयाबीन तेल	62.4 %
सूर्यमुखी तेल	55.65 %
गेहूँ का अंकुर	52.9 %
मूँगफली के दाने	31.1 %
तिल	28.2 %
नारियल का तेल	00-00 %
दूध	00-00 %

वसीय अम्ल के कार्य

वसीय अम्ल के प्रमुख कार्या निम्नलिखित हैं–

(1) कोषीय ऊर्जा का उत्पादन,

(2) झिल्ली में वसा, वसीय गुण–धर्मयुक्त तत्त्व, जैसे– आई कोसानॉइड्स ल्युकोट्रीन्स एवं लाइपोक्सिन एवं प्रोस्टॅग्लॉन्डीन्स हारमोन का संश्लेषण,

(3) रक्त में संतृप्त एवं असंतृप्त वसीय अम्लों का अनुपात बनाये रखना,

(4) सीरम कोलेस्टेरॉल एवं फॉस्फोलिपीड्स का स्तर नियमित बनाए रखना,

(5) प्रोटीन का ॲसीलेशन,

(6) वसीय अम्ल के non-eicosanoids कार्य में फॉस्फोलिपीड में क्रियान्वयात्मक तथा रचनात्मक भूमिका।

आहार के अनिवार्य वसीय अम्लों में जीव रासायनिक परिवर्तन

रक्त के ल्युकोसाइट्स में लाइपोऑक्सीजीनेझ एन्जाइम्स ऑक्सीकरण प्रक्रिया से ल्युकोट्रायॉन्स बनाते हैं जिनका प्रभाव मैक्रोफेजेस एवं न्यूट्रोफील्स पर पड़ता है एवं उस स्थान पर संक्रमण, घाव, सूजन या जलन, एलर्जी, अस्थमा एवं गठिया हो जाता है।

वसीय अम्ल का संश्लेषण

अधिकतर जंतुओं में एवं मनुष्यों लिनोलिक एवं लिनोलेनिक वसीय अम्लों को छोड़कर अन्य सभी वसीय अम्लों का संश्लेषण ही है। शरीर में अतिरिक्त ऊर्जा, ग्लूकोज एवं वसा की मात्रा से शरीर में लाइपोजेनिक एवं लाइपोट्रॉपीक हारमोन्स् का सन्तुलन लाइपोजेनिक एन्जाइम्स की क्रियाओं को नियमित कर वसीय अम्लों का संश्लेषण होता है। यह क्रिया फैटी–एसिड–सिन्थटेस–एन्जाइम एवं बॉयोटीन और पैन्टोथेनिक ऍसिड नामक जीवनसत्व 'बी' के साथ पूर्णतः सम्पन्न हो जाती है। जीवनसत्व बी की कमी से वसीय अम्ल त्रुटि पूर्ण तरीके से संश्लेषित होते हैं।

भोज्य पदार्थों में उपस्थित विशेष वसीय अम्ल

सरसों के बीज एवं राई के तेल में इरूसिक एवं आइकोसेनोइक नामक वसीय अम्ल होते हैं। इनके विपरीत प्रभाव के परिणामस्वरूप जानवरों में मायोकार्डीयल लिपीडोसिस, फाइब्रोसिस एवं यकृत का सिरोसिस होता है। मनुष्यों के भोजन के वसा में वनस्पति घी, दूध इत्यादि में ट्रान्स वसीय अम्ल शरीर के अनिवार्य वसीय अम्ल से प्रतियोगात्मक कार्य करके शरीर में अनिवार्य वसीय अम्लों की जरूरत को बढ़ा देते हैं।

वसीय अम्लों की अभिशोषित मात्रा ऊतकों द्वारा कोशिकाओं की झिल्ली में फैटी-एसिड-बाइंडिंग प्रोटीन द्वारा बंध जाती है। कुछ वसीय अम्ल माइटोकॉन्ड्रिया में विघटित हो जाते हैं एवं बीटा–ऑक्सीडेटिव डीग्रेडेशन द्वारा ऊर्जा उत्पन्न करते हैं।

अनिवार्य वसीय अम्ल की कमी का प्रभाव

वयस्कों में अनिवार्य वसीय अम्ल की कमी से फ्रीनोडरमा या टोड–स्किन नामक त्वचा की बीमारी होती है। इसमें घुटना, पीठ, कुहनी की त्वचा मोटी एवं सख्त हो जाती है तथा उस पर दाने उभर आते हैं। बच्चों में इनकी कमी से त्वचा सूखी एवं मोटी होकर उसमें दरारें पड़ती हैं। कुछ दिनों बाद इन दरारों से थोड़ा-थोड़ा पानी झरता है।

वसा के असंतृप्त वसीय अम्ल की मात्रा की माप

(1) **आयोडीन नंबर**–असंतृप्त वसीय अम्ल की मात्रा को मापने हेतु वसा का आयोडीन नंबर निकाला जाता है। 100 ग्राम वसा द्वारा अभिशोषित आयोडीन की मात्रा (ग्राम में) ही आयोडीन नंबर है।

(2) **हाइड्रोजिनेशन**–असंतृप्त वसीय अम्ल का द्विबन्ध हाइड्रोजन के मिल जाने से एकल बन्ध में परिवर्तित हो जाता है तथा वसीय अम्ल संतृप्त हो जाता है। वसीय अम्ल में जितनी अधिक मात्रा में हाइड्रोजन मिल जायेगी उतना अधिक वह अम्ल असंतृप्त कहलायेगा।

स्निग्ध पदार्थों का वर्गीकरण

स्निग्ध पदार्थों को तीन प्रमुख भागों में बांटा गया है–

(1) सर वसा, (2) संयुक्त वसा, (3) व्युस्त्पादित/ डीटाइड वसा

(1) सरल वसा–सरल वसा तीन वसीय अम्ल के अणु एवं ग्लिसरॉल के एक अणु से मिलकर बने होते हैं जिसे ट्रायग्लिसराइड कहते हैं। ये प्राकृतिक रूप में तेल तथा खली के रूप में मिलते हैं। सरल वसा तके सम्पृक्त तथा असम्पृक्त दोनों प्रकार के वसीय पाये जाते हैं। सरल वसा अधिकतर ट्रायग्लिसराइड के रूप में शरीर में संगृहित होते हैं। एक ग्राम ट्रायग्लिसराइड नौ क्लोरीज प्रदान करता है।

(2) संयुक्त वसा–संयुक्त वसा में तीन वसीय अम्ल और ग्लिसरॉल के अलावा एक अन्य महत्त्वपूर्ण कार्बनिक व विद्यमान रहता है। चार प्रमुख संयुक्त वसा हैं–

(अ) फॉस्फोलिपीड्स

(ब) स्पिंगोमायलिन्स

(स) ग्लायको लिपीड्स

(द) सलोलिपीड्स

(अ) **फॉस्फोलिपीड्स**—फॉस्फोलिपीड्स कोशिकाओं की झिल्ली की संरचना के प्रमुख तत्त्व हैं। फॉस्फोलिपीड में तीन वसीय अम्ल और ग्लिसरॉल के साथ फॉस्फोरिक एसिड मिलकर फॉस्फोटायडिक अम्ल बनाता है।

फास्फोटायडिक ऍसिड में नाइट्रोजनसबेस = कोलीन के मिलने से इस्टर प्लासिथीन है तथा सीरन के मिलने पर सीफेलीन बनते हैं। PhosphotidicAcid में Nitrogenous-Base-Choline के मिलने से Ester-lecithin बनता है तथा Nitrogenous-Base-ethanalarnine या Serine के मिलने पर Cephaline बनते हैं।

नाइट्रोजन बेस की जगह कार्बोनाइड्रेट तत्त्व इनोसीटोल मिलने से फास्फोस्लिसराइड-फास्फोइनोसीटेल बनते हैं।

α-FattyAcids of Lecithin or Cephalins के साथ पर जब Long-chain Vinyl Ester मिलता है तो प्लाज्मोलोजेन्स बनते हैं। प्लाज्मोलोजेन्स की मात्रा हृदय तथा मस्तिष्क में अधिक मात्रा में पायी जाती है। प्लाज्मोलोजेन्स में असंतृप्त वसीय अम्ल की मात्रा अधिक होती है। नाड़ी ऊतकों, बुर्दे तथा रक्त की कोशिकाओं में इसकी मात्रा काफी अधिक होती है। कोशिकाओं की पेज झिल्ली में पायी जाने वाली फॉस्फोलिपीड्स द्वारा शारीरिक प्रक्रियाएँ जैसे—

(1) चयापचय के समय वने तत्त्वों को एक स्थान से दूसरे स्थान पर ले जाना तथा (2) कोशिकाओं में वसीय अम्लों का आदान-प्रदान एवं संग्रहण।

उपर्युक्त प्रक्रियाओं में फॅस्फोलिपीड्स की मुख्य भूमिका होती है। प्रमुख फाफस्फोलिपीड्स हैं :

1. फॉसफोटाइडल- कालीन या लिसीथीन;
2. फॉस्कोटाइडल-इथैनोलेमाइन या सिफेलीन;
3. कार्डीओलिपीन्स;
4. फॉस्फोटाइडल इनॉसिटॉल;
5. लाइसोफॉस्फोलिपीड्स;
6. प्लाज्मोजेन्स;
7. स्पिंगोलिपीड्स।

फॅस्फोलाइपेज एन्जाइम के नियमित अपघटन की प्रक्रिया में बाधा आने से रक्तवाहिमियों, पाचन प्रक्रिया एवं नाड़ी संबंधी रोग तथा रोगरोधक शक्ति में कमी, ग्रंथियों से स्रावित मात्रा में असमानताएँ तथा दृष्टि एवं प्रजोत्पादन क्रिया में अवरोध पैदा हो जाता है।

प्लाज्मोलोजन्स के अग्र प्रकार हैं—

(1) इथैनोलेमाइन प्लास्मोलोजन्स भायलीन झिल्ली में,

(2) कोलीन प्लास्मोलोजन्स हृदय के ऊतकों में। प्लास्मोलोजन्स के मुख्य कार्यो में–एस्टरीफिकेशन, वसा का जमा हो जाना, परिवहन, हारमोन्स का दूसरे हारमोन्स में मिलना एवं उचित मात्रा में उद्दीप्त होना एवं अक्रियाशील आदि प्रमुख हैं।

(ब) स्पिंगोमायलीन्स/ स्पिंगोलिपीड्स–स्पिंगोमायलीन्स में ॲमिनो अल्काहोल स्पिंगोसिन, कोलीन, वसीय तथा फॉस्फोरिक अम्ल पाया जाता है। यह मस्तिष्क के ऊतकों में विद्यमान होता है। स्पिंगोमायलीन्स के कार्यों में :

- झिल्ली की देखदेख
- लाइपोप्रोटीन की संरचना
- सेल्युलर कम्युनिकेशन कोलेस्टेरॉल चयापचय
- अथरोजिनेसिस
- बद्धत्व
- वृद्धि

(स) ग्लाइकोलिपीड्स/ ग्लाइकोस्पिंगोलीपीड्स–ग्लाइकोलिपीड्स में वसीय अम्ल के साथ ॲमिनो अलकोहल स्पिंगोसिन तथा ग्लूकोज या गैलेक्टोज पायी जाती है। कोशिका ऊतकों एवं प्लाज्मा झिल्ली के मुख्य घटक हैं। इनके उदाहरण हैं :

(1) गॅग्लीब्रोसाइउ्स

(2) सेरीब्रोसाइड्स

ग्लाइकोलीपीड्स की चयापचय में असामान्यता से कैन्सर एवं ट्यूमर हो जाते हैं।

(द) सल्फोलीपीट्स–सल्फो लीपीड्स में एमिनो एल्कोॉल स्पिंगोसिन गेलेक्टोज, सेरिब्रोनिक एसिड, सल्फ्युरिक एसिड पाया जाता है।

(3) व्युत्पादित लीपीड्स–सरल तथा संयुक्तवसा/ लिपीड्स के जल अपघटन से कई प्रकार के व्युन्पादित लिपीड्स प्राप्त होते हैं स्टीरोंल्स महत्त्वपूर्ण है। अन्य हैं वसीय अम्ल तथा एल्कोहल्स।

(अ) स्टीरॉल्स–स्टीरॉल्स टोस एल्कोहल युक्त महत्त्वपूर्ण तथा विशिष्ट संगठन वाला लिपीड है जो स्वतंत्र अवस्था में एस्टर्स ऑफ फैटी ऍसिड्स के रूप में मिलते हैं। दो महत्त्वपूर्ण रिटरॉल्स हैं :

(i) कोलोस्टेरॉल–प्रत्येक पानी भोज्यपदार्थ में कम या अधिक मात्रा में कोलेस्टेरॉल पाया जाता है। अण्डे में इसकी मात्रा सबसे अधिक होती है। वनस्पति भोज्य पदार्थों में कोलेस्टेरॉल नहीं पाया जाता है। मानव शरीर यकृत में कोलेस्देरॉल का संश्लेषण, (2000 mgèday) कर सकता है।

मस्तिष्क के सफेद भाग में कोलेस्टेराल की मात्रा अधिक होती है तथा भूरे भाग में कोलेस्टेरॉल की मात्रा कम होती है।

रक्त में कोलेस्टेराल की सामान्य मात्रा 120-180 मि.ग्रा.प्रति 100 मि.ली. होती है। यह मात्रा सामान्य से 220 मि.ग्रा. प्रति 100 मि.ग्रा. प्रति 100 मि.ली. बढ़.जाने पर अथेरोस्क्लेरोसिस तथा हृदय रोग होने की संभावना बढ़ जाती है।

रक्त में कोलेस्टेरॉल की मात्रा शरीर में भोज्य पदार्थों के द्वारा ली गई कुल कैलोरीज, कोलेस्टेराल, वसा तथा वसा का प्रकार, अनिवार्य वसीय अम्ल की मात्रा से प्रभावित होती है। गर्भावस्था, मधुमेही, नेफ्रोसिस, पीलिया, सिरोसिस, हाइपोथायरॉइडीस्म इत्यादि रोगों में कोलेस्टेरॉल की मात्रा बढ़ जाती है।

हाइपरथायरॉइडस्म, रक्ताल्पता (Anaemia) तथा जीव संक्रमण(Acute Infection) के समय रक्त की कालेस्टेरॉल की मात्रा घट जाती है।

कोलेस्टेरॉल के कार्य

शरीर में कोलेस्टेरॉल के महत्त्वपूर्ण कार्य हैं; जैसे–

(1) स्टिरॉइड हारमोन्स के निर्माण में महत्त्वपूर्ण भूमिका कोलेस्टेरॉल की रहती है; जैसे-प्रोजेटारॉन तथा एड्रीनल कॉरटीकॉइड हारमोन्स।

(2) बाइल साल्ट का निर्माण–यकृत में बाईल साल्टस् बनते हैं। कोलेस्टेरॉल से कोलीक एॅसिड का निर्माण होता है। इन अमलों में ग्लाइसिन तथा टाऊरीन नामक ऐमिनो अम्ल के मिलने से सोडियम ग्लाइकाकोलेट तथा सोडियम टावरोकोलेट नामक बाइल साल्ट्स बनता है। बाइलसाल्ट्स पक्वाशय में बाइल द्वारा पहुँचते हैं और वसा के पाचन में महत्त्वपूर्ण तथा अनिवार्य भूमिका निभाते हैं। बाइल साल्ट के रूप में ही शरीर से कोजेस्टेरॉल निष्कासित होता है।

(3) रक्त का कोलेस्टेरॉल महत्त्वपूर्ण वसीय अम्लों का परिवहन करता है।

(4) कोलेस्टेरॉल अलट्रा व्हायलेट किरणों से जीवनसत्व 'D'$_3$में बदल जाता है।

(5) कोलेस्टेरॉल मनुष्य के कोशिका झिल्ली का एक मुख्य घटक है। अतः कोलेस्टेरॉल-वृद्धि एवं जीवन के लिये जरूरी है।

(6) कोशिका झिल्ली की तरलता के लिये कोलेस्टेरॉल एवं फॉस्फोलिपीड्स का अनुपात जरूरी है।

(ii) **अरोस्टेरॉल**–अगोस्टेरॉल वनस्पति तथा फफूँदी में मिलता है। इस पर अल्ट्रा व्हायलेट किरणें पड़ने पर ऊतकों में इसका परिवर्तन जीवनसत्व 'D'$_3$ अर्थात् 7-Dehydrocholesterol में होता है।

स्निग्ध पदार्थ के कार्य

स्निग्ध पदार्थ के कार्यों में–रचनात्मक, चयापचाय, नियमन, पोषकीय एवं संग्रह कार्य हैं। तेल तथा भोज्य पदार्थों द्वारा लिये गये स्निग्ध पदार्थ शरीर में निम्न कार्य सम्पन्न करते हैं–

(1) **ऊर्जा प्रदान करना**–स्निग्ध पदार्थ प्रति ग्राम नौ कैलोरीज ऊर्जा प्रदान करते है। कई अवस्थाओं में शरीर की कैलोरीज/ऊर्जा/शक्ति की आवश्यकता (10-40%) स्निग्ध पदार्थों को ही पूरी करनी पड़ती है।

(2) **'ए', 'डी', 'इ', 'के' प्रदान करना**–'ए', 'डी', 'इ', 'के' स्निग्ध पदार्थों में घुलनशील होते हैं। स्निग्ध पदार्थों की उचित मात्रा ली जाने पर शरीर को इन सभी विटामिनों की प्राप्ति होती है।

(3) **विटामिन के अभिशोषण में सहायता**–स्निग्ध पदार्थ विद्यमान 'ए', 'डी', 'इ', 'के' के अभिशोषण के लिये आवश्यक है।

(4) **अनिवार्य वसीय अम्ल प्रदान करना**–स्निग्ध पदार्थों से अनिवार्य वसीय अम्ल जैसे कि लिनोलिक एवं ॲरकिडोनिक शरीर को प्राप्त होता है। शरीर को स्वस्थ रखने हेतु अनिवार्य वसीय अम्ल आवश्यक है।

(5) **जल के अभिशोषण को कम करना**–स्निग्ध पदार्थ कार्बोज स्टार्चेस के ऊपर आवरण बनाकर रखते हैं जिससे पकाते समय उनका आकार अधिक मात्रा में पानी शोषण न कर पाने से छोटा तथा आकर्षक प्रतीत होता है।

(6) **अवयवों को संरक्षण प्रदान करना**–स्निग्ध पदार्थ आन्तरिक अवयवों–जैसें ह्रदय, मस्तिष्क, गुर्दे, पर एकत्रित होकर उन्हें संरक्षण प्रदान करता है।

(7) **भोजन का स्वाद बढ़ाना**–स्निग्ध पदार्थों की उपस्थिति भोजन का स्वाद बढ़ती है! खाना स्वादिष्ट बनने से खाने की संतुष्टि बढ़ जाती है।

(8) फॉस्फालिपीड्स तथा कोलेस्टेरॉल ये दोनों स्निग्ध पदार्थ के स्वरूप मस्तिष्क तथा नाड़ियों में रहकर महत्त्वपूर्ण कार्य जैसे – कोशिका की पारगम्यता तथा नाड़ियों के आवरण को दृढ़ता प्रदान करते हैं।

(9) **ऊर्जा/ कैलोरीज/ शक्ति का संग्रह**–स्निग्ध पदार्थ की अधिक मात्रा ऊतकों में वसा के ग्लाब्युल्स के रूप में इकट्ठा होकर संगृहीत रहती है और जरूरत पड़ने पर ऊर्जा प्रदान करती है।

ऊतकों में वसा रहने से शरीर को अधिक ठंड तथा गर्मी महसूस नहीं होती। साथ ही दुर्घटना में घाव इत्यादि हो जाने पर नाड़ी तन्तुओं का अधिक नुकसान नहीं होता।

(10) लॅक्टोल नामक कार्बोज पदार्थ का घटक गैलेक्टोज की उपयोगिता के लिये वसा आवश्यक है।

वसा/ स्निग्ध पदार्थों का पाचन

स्निग्ध पदार्थों का पाचन मुख गुट्टिका तथा आमाशय में नहीं हो पाता। आमाशय में वसा बहुत देर तक रहती है जिससे भोजन का सन्तुष्टि मूल्य बढ़ जाता है पाचन के लिये वसा का मंथन द्वारा पायसीकरण होना जरूरी है। पायसीकरण में वसा छोटे-छोटे भाग में विभाजित हो जाती है यह क्रिया आमाशय में प्रारंभ होकर पक्वाशय में पूरी होती है।

पक्वाशय व अग्नाशय से पाचक रस एवं पित्ताशय से बाइत्स स्निग्ध पदार्थों में मिल जाते हैं जिससे स्निग्ध पदार्थों का पायसीकरण होकर पाचन क्रिया आरंभ हो जाती है।

पायसीकरण के परिणामस्वरूप स्निग्ध पदार्थों से अलग हुए वसीय अम्ल पायसीकरण प्रक्रिया में सहयोग करते हैं। पायसीकरण हल्के अम्लीय तथा क्षारीय माध्यम में होता है।

अग्नाशय एवं छोटी अंतड़ियों के पाचक रसों में पाया जाने वाला एन्जाइम, स्ट्रीपसिन पायसीकृत स्निग्ध पदार्थों का परिवर्तन वसीय अम्ल मोना-ग्लिसराड्स तथा डय-ग्लिसराड्स एवं ग्लिसरॉल में करता है।

छोटी अंतड़ियों के पाचक रस के लिसिथिनेस एन्जाइम पाचन में मदद करता है। छोटी अंतड़ियों में पाचन के समय वसा का अपघटन मोनोग्लिसराड्स तक ही होता है। अंतड़ियों में अधिक क्षारीय माध्यम रहने पर क्षार वसीय अम्ल बनता है। सामान्यतः छोटी अंतड़ियों का क्षारीय माध्यम अधिक तीव्र नहीं होता। छोटी अंतड़ियों में ट्रायग्लिसराइड्स का पुनः संश्लेषण प्रारम्भ होता है। ये ट्रायग्लिसराइड्स मनुष्य प्राणियों के शरीर के योग्य बनते हैं।

स्निग्ध पदार्थ का अभिशोषण

छोटी अंतड़ियों के म्यूकस मेम्ब्रेन में वसीय अम्ल मोना-ग्लिसराइड्स, डास-ग्लिसराइडस तथा ग्लिसरॉल, डाय-ग्लिसराइड्स तथा ग्लिसरॉल अभिशोषित होते हैं। म्युकस मेम्ब्रेन में तीन वसीय अम्ल एक ग्लिसरॉल के अणु के साथ मिलकर विशेष प्रकार के ट्रायग्लिसराइड बनाते हैं जिन्हें काइलोमाइक्रॉन कहते हैं।

काइलोमाइक्रॉन में 83% ट्रायग्लिसराइड, 2% लाइपोप्रोटीन, 8% एस्टरीकृत तथा स्वंतत्र कोलेस्टेरॉल, 7% फॉस्फालिपीड्स पाया जाता है।

काइलोमाइक्रॉन का शोषण यकृत तथा वसीय ऊतकों में होता है। Vessels के द्वारा Thorasic duct होते हुये रक्त में पहुँचते हैं। काइलोमाइक्रॉन की कुछ मात्रा पोरटल ब्लड सर्कुलेशन द्वारा यकृत में पहुँचती है। यकृत में कुछ मात्रा में स्निग्ध पदार्थ प्रोटीन के साथ मिलकर लाइपो-प्रोटीन के रूप में रक्त में आते हैं। कोलेस्टेरॉल एवं फॉस्मेलिपीडफस का छोटी अंतड़ियों के एन्जाइम्स से अपघटित होकर आसानी से अभिशोषित हो जाते हैं। वनस्पति घी तथा तेल के अभिपचित तत्त्व एक ही गति से अभिशोषित होते हैं।

वसा की पाचनशीलता

सामान्य अवस्था 95% वसा का पाचन अभिशोषण होता है। अपूर्ण पाचन तथा शोषण की स्थिति में 7-10% वसा मल से निष्कासित होती है। इस स्थिति को स्टीअटोप्हीया कहते हैं। बाइल साल्ट्स तथा अग्नाशय रस की कम मात्रा से वसा का पाचन अपूर्ण होता है।

$$\text{पाचनशीलता का गुणांक} = \frac{\text{आहार की वसा} - \text{निष्कासित वसा} \times 100}{\text{आहार की वसा}}$$

वसा के पाचनशीलता एवं अभिशोषण को प्रभावित करने वाले तत्त्व हैं—

(1) **वसा में स्टीअरीक वसीय अम्ल**—की मात्रा अधिक रहने के कारण अभिशोषण धीमी गति से होता है।

(2) **वसा का द्रवनांक** अधिक होने पर (उदाहरण—हैड्रोजिनेटेड लार्ड एवं हैड्रोजिनेटेड बिनौले के तेल द्रवनांक = 54 - 55^{0}C) अभिशोषण की गति धीमी होती है।

(3) **वसा की मात्रा** भोजन के समय अधिक सेवन करने से अभिशोषण की गति कम हो जाती है।

(4) **आयु** एक साल तक के शिशु एवं वृद्ध वसा का अभिशोषण पूरी तरह नहीं कर पाते।

(5) **पायसीकारक तत्त्व की उपस्थिति** अभिशोषण की गति में वृद्धि करते हैं एवं पाचन में सहायक होते हैं। प्रमुख **पायसीकारक एजेन्ट्स हैं—लिसिथिन** एवं फॉस्फोलिपीड्स।

(6) **लम्बी शृंखला वाले वसीय अम्ल** का **अभिशोषण** छोटी शृंखला युक्त वसीय अम्ल की अपेक्षा धीमी गति से होता है।

(7) **असंतृप्त वसाएँ** संतृप्त वसाओं की अभिशोषण क्षमता तथा चयापचय की शक्ति में वृद्धि करते हैं।

स्निग्ध पदार्थ का चयापचय

रक्त में स्निग्ध पदार्थ—रक्त के प्लाज्मा में चार प्रकार के स्निग्ध पदार्थ होते हैं जिनकी कुल मात्रा 500 mg./100 ml. है।

1.	वसा	120 mg. प्रतिशत
2.	कोलेस्टेरॉल	180 mg. प्रतिशत
3.	फॉस्फोलिपीड्स	160 mg. प्रतिशत
4.	स्वतंत्र वसीय अम्ल	10-15 mg. प्रतिशत

रक्त में आ जाने पर स्निग्ध पदार्थ मांसपेशियों तथा ऊतकों में जाकर ऊर्जा प्रदान करते हैं जिसे वसा का अपचय कहते हैं। अथवा वसा के संग्रह के स्थान पर जाकर इकट्ठा कर लिये जाते हैं, जिसे वसा का उपचय कहते हैं।

वसा/स्निग्ध पदार्थ रक्त में लाइपो-प्रोटीन के रूप में यकृत से निर्मित आती है। लाइपो-प्रोटीन का शारीरिक कार्य, भौतिक गुण होकर रचना विशिष्ट एवं भिन्न होती है। इनका प्रमुख कार्य वसा का परिवहन है।

प्लाज्मा की बीटा-लाइपो-प्रोटीन तथा कोलेस्टेरॉल की मात्रा स्थिर होती है। इन पर आहार, हारमोन्स तथा कुछ अन्य बातों का प्रभाव देखा जाता है आहार की स्टार्च कार्बोज तत्त्व प्लाज्मा की वसा को घटाती है तथा आहार की शर्करा प्लाज्मा की वसा को बढ़ाती है। प्लाज्मा की लाइपो-प्रोटीन तथा कोलेस्टेरॉल की मात्रा आहार में जंतु वसा की अपेक्षा वनस्पति वसा के उपयोग से कम हो जाती है।

यकृत में स्निग्ध पदार्थ

काइलोमाइक्रॉनस यकृत में पहुँचने पर बीटा-ऑक्सीडेशन प्रणाली द्वारा ग्लिसरॉल तथा वसीय अम्ल में विभाजित हो जाते हैं।

रक्त द्वारा यकृत में पाए गए वसीय अम्ल एवं ग्लिसरॉल के साथ शरीर के ट्रायग्लिसराइड के रूप में संगठित होते हैं। यह प्रक्रिया यकृत में लगातार चलती रहती है।

यकृत से वसा दो रूपों में संगठित होकर निकलती है।

(1) अधिक घनत्व के लाइपो-प्रोटीन—ये लाइपो - प्रोटीन्य ट्रायग्लिसराइड्स में समृद्ध होते हैं, जो आसानी से टूट तथा जुड़ सकते हैं।

(2) कम घनत्व के लाइपो प्रोटीन —ये लाइपो -प्रोटीन्स भी ट्रायग्लिसराइड्स में समृद्ध रहते हैं तथा अधिक स्थिर रहते हैं।

यकृत में स्निग्ध पदार्थ की अतिरिक्त मात्रा इकट्ठा हो जाती है जिससे यकृत बढ़ जाता है। भोजन में कोलीन तथा मिथिओनाइन से यकृत में स्निग्ध पदार्थ/ वसा इकट्ठा अपितु पहले से जमा स्निग्ध पदार्थ कम हो जाते हैं। कोलीन तथा मिथिओनाइन को लाइपोट्रॉपिक फैक्टर कहा जाता है।

स्निग्ध पदार्थ की अधिकता का प्रभाव

1. भोजन द्वारा शरीर में स्निग्ध पदार्थ की मात्रा अधिक लेने पर तथा कार्बोज पदार्थ की मात्रा की कम लेने पर रक्त में–स्निग्ध पदार्थ ऊर्जा देने के प्रयास में–रक्त की कीटोन-बॉडीज अर्थात् ऍसिटो-ऍसिटीक ऍसिड ऍसिटोन तथा बीटा–हाइड्रॉक्सी ब्युटरिक ऍसिड की मात्रा में वृद्धि करते हैं। इस प्रक्रिया को कीटोजिनेसिस अर्थात् कीटोन बॉडीज का बनना कहते हैं। कीटोन बॉडीज ऊर्जा देने के पश्चात् जब बच जाते हैं तो रक्त में इनकी मात्रा सामान्य से अधिक हो जाती है। इस अवस्था को कीटोसिस कहते हैं। रक्त में कीटोन बॉडीज की मात्रा की वृद्धि हो जाने पर मूत्र में उत्सर्जित होना प्रारंभ हो जाता है। मूत्र में कीटोन बॉडीज का पाया जाना कीटोन्यूरिया कहलाता है यकृत में ऍसिटो-ऍसिटीक ऍसिड पर रासायनिक तथा एन्जाइम्स की क्रिया बीटा-हाइडॉक्सी-ब्युटरिक ऍसिड तथा ऍसिटोन बनाता है।

ऍड्रीनो कॉर्टीकल और पिट्यूटरी हॉरमोन्स रक्त की कीटोन-बॉडीज की मात्रा सामान्य बनाए रखने का प्रयास करते हैं।

2. स्निग्ध पदार्थ की अतिरिक्त मात्रा शरीर में वसा के रूप में भरण ऊतक/ में जमा होकर शरीर का वजन बढ़ाते हैं जिससे मोटापा हो सकता है। भरण ऊतक में सामान्यतः 10 -15% वसा रहती है जो 30 प्रतिशत तक बढ़ती है जिसे मोटापा की अवस्था कहते हैं।

स्निग्ध पदार्थ/ वसा की कमी का प्रभाव

मनुष्यों में स्निग्ध पदार्थों की कमी प्रायः नहीं देखी जाती। केवल अनिवार्य वसा अम्लों की कमी देखी जाती है जिसमें त्वचा के रोग टोड स्कितन अथवा फ्रानोडरमा हो जाता है।

स्निग्ध पदार्थ की प्रतिदिन की आवश्यकता

शरीर में स्निग्ध पदार्थ के समस्त कार्य सुचारु रूप से पूर्ण होने हेतु भोजन द्वारा पर्याप्त मात्रा में अनिवार्य वसीय अम्ल शरीर को प्राप्त होने चाहिये। इस उद्देश्य की पूर्ति हेतु भोजन के कुल स्निग्ध पदार्थों का आधा वनस्पति तेलों द्वारा प्राप्त किया जाना चाहिये।

सामान्यतः प्रत्येक व्यक्ति की स्निग्ध पदार्थों की आवश्यकता कैलोरीज का एक निश्चित प्रतिशत स्निग्ध पदार्थों से प्राप्त करने से निम्न प्रकार से पूर्ण होती है। अतः

वस्यक/गर्भावस्था/धात्रीवस्था	10-20 प्रतिशत कैलोरीज वसा से
1-18 साल के बालक	15-20 प्रतिशत कैलोरीज वसा से
शिशु (एक साल के)	25-30 प्रतिशत कैलोरीज वसा से
अधिक क्रियाशील वस्यक	30-40 प्रतिशत कैलोरीज वसा से

स्निग्ध पदार्थों की प्राप्ति के साधन

भोज्य में भिन्न-2 मात्रा में स्निग्ध पदार्थ पाये जाते हैं। तेल, घी एवं मक्खन स्निग्ध पदार्थ के श्रेष्ठ किस्म के साधन हैं। सब्जियाँ, फल, अनाज, दालें स्निग्ध पदार्थ के निम्न श्रेणी के साधन हैं।

भोज्य पदार्थों में स्निग्ध पदार्थों की प्रतिशतता

उच्च श्रेणी		माध्यम श्रेणी		निम्न श्रेणी	
शुद्ध घी	100	सूखा नारियल	62	दूध	8
तेल	100	काजू	46	दही	4
वनस्पति घी	100	तिल	43	चना	5
मक्खन	81	मूँगफली	40	आटा	1.9
		मावा	31	पोहा	1.2
		दूध/ पाउडर	27	सब्जी	1.01
		चीज़/ पनीर	25	फल	1.0
		सोयाबीन	19		

स्निग्ध पदार्थ पर उष्णता का प्रभाव

अधिक उष्णता से स्निग्ध पदार्थ का ग्लिसरॉल पृथक् असहनीय गंधवाले वायु उत्पन्न करता है, इसे एक्रोलीन कहते हैं। एक्रोलीन वायु से पाचन अंगों में विकार उत्पन्न हो जाते हैं। अधिक असंतृप्त वसायुक्त भोज्य पदार्थ को काफी देर तक अधिक तापमान पर रखने से शरीर के लिये विषाक्त विकार पैदा कर सकते हैं।

रिफाइन्ड और हाइड्रोजिनेटेड तेल

तेल को शुद्ध रिफाइन्ड करने के निम्न उद्देश्य हैं–

(1) स्वतंत्र वसीय अम्लों को हटाना–इस उद्देश्य की पूर्ति हेतु तेल पर अल्कली तथा क्षार की क्रिया की जाती है।

(2) रंग हटाना–रंग हटाने हेतु तेल पर फूलर्स अर्थ या ऍक्टीवेटेड कार्बन की क्रिया की जाती है।

(3) गंध हटाना–तेल की अनचाही गंध हटाने के लिये इसे अत्यधिक गरम की हुई भाप से क्रिया की जाती है।

हाइड्रोजिनेटेड तेल

रिफाइन्ड तेल को निर्धारित तापमान एवं दबाव पर निकेल की उपस्थिति में हाइड्रोजिनेटेड किया जाता है। हाइड्रोजिनेशन क्रिया में वसा अम्ल के डबल बॉण्ड के स्थान पर हाइड्रोजन प्रक्रिया द्वारा डबल बाण्ड सिंगल हो जाता है। हाइड्रोजिनेशन क्रिया से तेल के असंतृप्त वसीय अम्ल संतृप्त वसीय अम्ल में बदल जाते हैं। हाइड्रोजिनेटेड तेल सामान्य तापमान पर ठोस हैं एवं बाजार में वनस्पति घी के नाम से उपलब्ध हैं। भारत में अधिकतर मूँगफली के तेल से वनस्पति घी (डालडा, वनसदा) बनाकर बेचा जाता है। वनस्पति घी में 5% तिल का तेल एवं विटामिन 'ए' तथा 'डी' मिलाकर उसे समृद्ध बनाया जाता है।

स्निग्धपदार्थ/ वसा में सड़न

वसा में सड़न तथा दुर्गंध का पाया जाना रॅन्सीडीटी कहलाता है। ये दो प्रकार की होती हैं–

(1) हाइड्रोलाटिक (2) ऑक्सीडेटिव।

(1) हाइड्रोलाटिक रॅन्सीडीटी–वसा का अपघटन लाइपेस एन्जाइम से होता है जिसमें कुछ स्वतंत्र वसा अम्ल उत्पन्न होते हैं। बहुत कम अणुभार वाले वसीय वाले वसीय अम्ल से दुर्गंध उत्पन्न होती है इसे हाइड्रोलाइटिक रॅन्सीडीटी कहते हैं।

(2) ऑक्सीडेटिव रॅन्सीडीटी–संतृप्त वसीय अम्ल के डबल बॉण्ड की जगह वसीय अम्ल का ऑक्सीकरण होता है एवं परऑक्साइड्स का निर्माण होता है जो कुछ समय पश्चात् एल्डीहाइड एवं कीटोन में बदल जाते हैं जिनसे ऑक्सीकरण दुर्गन्ध आती है।

6

भोजन के पोषक तत्व–प्रोटीन

'प्रोटीन' का शाब्द का अर्थ है–प्रथम महत्त्व का। सही मायने में मानव के पोषण में इनका सबसे अधिक महत्त्व है। प्रोटीन प्रत्येक प्राणी के लिये अनिवार्य पोषक तत्त्व है। मनुष्य जीवन कोषों के निर्माण से ही प्रारम्भ होता है। कोषों में जीव रस या जीव द्रव्य होता है इसके दो भाग हैं–साइटोप्लाज्म तथा केन्द्र या न्यूक्लीयस। इनमें अनेक प्रकार के एन्जाइम होते हैं; जो प्रोटीन के बने होते हैं। वे शरीर में होने वाले रासायनिक परिवर्तनों में हिस्सा लेते हैं। तन्तुओं जैसे–मांसपेशियाँ, हड्डी के तन्तु, त्वचा, बाल एवं रक्त आदि का निर्माण प्रोटीन से होता है अर्थात् जीवित रहने के लिए प्रोटीन जरूरी है।

सन् 1938 में मुलडर नामक डच रसायनशास्त्री ने नाइट्रोजन तत्त्व प्रोटीन का पता लगाया। 1938 में ही जोन्स जे. बरजेलियस ने इसे प्रोटीन नाम दिया जिसका तात्पर्य है–"प्रशम स्थान पाने वाला तत्त्व"।

प्रोटीन भोज्य पदार्थ में पाया जाने वाला एक प्रमुख तत्त्व है। प्रोटीन जंतु तथा पादप दोनों प्रकार के भोज्य पदार्थों के ऊतकों की कोशिकाओं में पाया जाता है। जंतु ऊतकों का लगभग 20% भाग प्रोटीन होता है। पादप ऊतकों में इसकी मात्रा 43-0. 1 प्रतिशत तक होती है। प्रोटीन शरीर में जीव रासायनिक जीव भौतिकी एवं शरीर-विज्ञान की कई प्रणालियों में एक महत्त्वपूर्ण भूमिका निभाता है। प्रोटीन अणु काफी बड़े होते हैं। इनका अणुभार 15,000-50,000 तक है।

सभी प्रोटीन कई ऑमिनो के जुड़ने से बनते हैं।

रासायनिक संगठन

प्रोटीन के संगठन में नाइट्रोजन भी रहता है। नाइट्रोजन की उपस्थिति की वजह से प्रोटीन को 'नाइट्रोजीनस पदार्थ' नाम मिला है। प्रोटीन के अन्य घटक हैं :

फॉस्फोरस, सल्फर, लोहा, आयोडीन, ताँबा इत्यादि।

प्रोटीन में 14-20% (औसत 16%) नाइट्रोजन पाया जाता है।

शरीर में प्रोटीन के अपघटन से ॲमिनो ऍसिड्स बनते हैं।

कई ॲमिनो अम्ल में सल्फर तथा फॉस्फोरस भी पाया जाता है। प्रत्येक ॲमिनो अम्ल में एक ॲमिनो समूह [Amino (NH_2) group] एवं एक कारबॉक्सिल [Carboxy (COOH) group पाया जाता है। ॲमिनो ग्रुप से प्रोटीन को क्षारीयता एवं कारबॉक्सिल समूह के कारण प्रोटीन अम्लीय रहता है।

ॲमिनो तथा कारबॉक्सिल दोनों समूह पेप्टाइड लिंकेज से जुड़कर प्रोटीन का निर्माण करते हैं। प्रोटीन के एक अणु कई ॲमिनो अम्लों के जुड़ने में कई पेप्टाइड लिंकेज होते हैं।

कुल तेईस ॲमिनो अम्ल भोज्य पदार्थ में पाये जाते हैं एवं प्रोटीन में 120 से अधिक ॲमिनो पेप्टाइड लिंकेज से जुड़कर प्रोटीन का एक अणु बनता है।

संगठन के अनुसार ॲमिनो अम्लों का वर्गीकरण

प्रोटीन में पाये जाने वाले ॲमिनो अम्ल उनके संगठन के अनुसार पाँच प्रकार के हैं–

(1) मोनो ॲमिनो-मोनोकारबॉक्सिलिक ऍसिड-अम्ल–इन ॲमिनो अम्लों में केवल एक ही ॲमिनो ग्रुप तथा एक ही कारबॉक्सिल ग्रुप होता है। जैसे–

ग्लायसिन
अलॅनाइन
व्हेलिन
ल्यूसिन
आवश्यक ॲमिनो अम्ल
आइसोल्युसिन
सिरीन
थ्रियोनाइन

(2) मोनो ॲमिनो-डाय-कारबॉक्सिलिक अम्ल–इनमें एक ॲमिनो ग्रुप तथा दो कारबॉक्सिल ग्रुप होते हैं।

ॲस्पारटिक
अम्ल
ग्लूटॉमिक
अम्ल

(3) डाय-ॲमिनो-मोना कारबॉक्सिलीक अम्ल–इनमें दो ॲमिनो ग्रुप तथा एक कारबॉक्सिल ग्रुप होता है। जैसे–

अरजिनाइन (EAA)

लायसिन (EAA)

(4) सल्फर युक्त ॲमिनो अम्ल–ये वे ॲमिनो अम्ल हैं जिनमें सल्फर होने के कारण विशेष गुणधर्म पाये जाते हैं–

सिस्टीन एवं

सिस्टेइन

मिथिओनाइन

(5) ॲरोमेटिक तथा हेटेरोसाइक्लिक ॲमिनो अम्ल–इनकी रचना जटिल होने से विशिष्ट गुणधर्म युक्त रहते हैं। जैसे–

फिनाइल ॲलनाइन

टारोसीन EAA

हिटीडीन EAA

ट्रीप्टोफीन EAA

प्रोलीन

हाइड्राक्सी प्रोलीन

उपयोगिता के अनुसार ॲमिनो अम्लों का वर्गीकरण

कम या अधिक उपयोगी होने के कारण उपयोगिता के आधार पर ॲमिनो अम्लों का वर्गीकरण तीन प्रकार से किया जाता है।

(1) अनिवार्य ॲमिनो अम्ल–अनिवार्य ॲमिनो अम्ल वे दस ॲमिनो अम्ल हैं जिन्हें मानव अपने शरीर में नहीं बना सकता तथा जिनकी प्राप्ति हेतु मनुष्य भोजन पर निर्भर रहता है। समस्त अनिवार्य ॲमिनो अम्ल मनुष्य के स्वास्थ्य के लिए अतिआवश्यक है।

कुल आठ ॲमिनो अम्ल वयस्क अवस्था में अनिवार्य हैं, वे हैं–

1. लाइसिन, 2. ट्रीप्टोफीन, 3. फिनाइल अलॅनाइन, 4. मिथिओनाइन, 5. थ्रिओनाइन, 6. ल्यूसिन, 7. आइसोल्युसिन, 8. व्हेलीन।

दो ॲमिनो अम्ल केवल शारीरिक बाढ़ के समय अनिवार्य हैं–

1. आरजीनाइन
2. हिस्टीडीन

(2) आंशिक रूप से अनिवार्य ॲमिनो अम्ल–इस श्रेणी के ॲमिनो अम्ल की कुछ मात्रा शरीर में निर्मित होती है। इसीलिये भोजन में प्रोटीन के द्वारा इनकी अनिवार्यता कम हो जाती है। अतः इन्हें आंशिक रूप से अनिवार्य ॲमिनो कहते हैं।

आंशिक रूप से अनिवार्य ॲमिनो अम्ल शरीर में आवश्यक महत्वपूर्ण कार्य करते हैं। ये ॲमिनों अम्ल हैं –

1. टायरोसीन, 2. सिस्टीन, 3 सिस्टेइन, 4. ग्लाइसिन, 5. सिरीन।

(3) अनावश्यक ॲमिनो अम्ल–अनावश्यक ॲमिनो अम्ल वे हैं जो शरीर में निर्मित होते हैं तथा जिनकी बहुत ही कम मात्रा आवश्यक होती है। भोजन की प्रोटीन की मात्रा पर इनकी प्राप्ति निर्भर नहीं रहती। ये ॲमिनो अम्ल शरीर में विशिष्ट क्रियाओं को सम्पन्न कराने में अपना योगदान देते हैं। ये ॲमिनो अम्ल हैं–

1. ग्लूटेमिक अम्ल, 2. एसपारटीक अम्ल, 3. ॲलनाइन, 4. प्रोलीन, 5. हाइड्रॉक्सीप्रोलीन

अनिवार्य ॲमिनो अम्ल के कार्य एवं कमी का प्रभाव

शरीर में प्रोटीन से संश्लेषण संबंधी सभी कार्य अनिवार्य ॲमिनो अम्ल से संबंधित हैं। आठ अनिवार्य ॲमिनो अम्लों में से किसी भी एक की कमी होने के मनुष्य के स्वास्थ्य में कई परिवर्तन आते हैं जैसे–

- भूख न लगना
- चिड़चिड़ापन
- नाइट्रोजन निगेटिव ब्लड बैलेन्स

प्रोटीन का वर्गीकरण

प्रोटीन को उनकी उपयोगिता, प्राप्ति के साधन तथा उनके भौतिक एवं रासायनिक गुणधर्मों के आधार पर तीन भागों वर्गीकृत किया जाता है–

1. उपयोगिता के अनुसार प्रोटीन का वर्गीकरण–प्रोटीन को उनकी उपयोगिता उनमें पाये जाने वाले अनिवार्य ॲमिनो अम्ल की उपस्थिति पर निर्भर करता है–

(अ) सम्पूर्ण प्रोटीन–वे प्रोटीन जिनमें सभी अनिवार्य ॲमिनो अम्ल उचित मात्रा तथा अनुपात में पाये जाते हैं जिससे शरीर की वृद्धि तथा विकास जैसे कार्य से सम्पन्न हो सकें, सम्पूर्ण प्रोटीन कहलाते हैं। सम्पूर्ण प्रोटीन के मुख्य स्रोत हैं–दूध, सोयाबीन, राजमा आदि।

(ब) अपूर्ण प्रोटीन—इस वर्ग के प्रोटीन में अनिवार्य ॲमिनो अम्ल नहीं होते तथा शरीर में वृद्धि, विकास, मरम्मत इत्यादि कोई भी कार्य नहीं हो पाता है।

2. प्राप्ति के साधन के आधार पर प्रोटीन का वर्गीकरण—प्रोटीन का वर्गीकरण प्राप्ति के साधन के आधार पर दो भागों में किया है।

(i) प्राणिज प्रोटीन—प्राणी जगत् से प्राप्त होने से इन्हें प्राणिज प्रोटीन कहते हैं। दूध, मांस, मछली तथा अण्डे के प्रोटीन इस श्रेणी में आते हैं। पशु एवं पक्षियों के मांस तथा उनके अवयव भी इसी श्रेणी में आते हैं। दूध, प्राणिज सबसे प्रोटीन का उदाहरण है।

इस वर्ग के प्रोटीन में सभी अनिवार्य ॲमिनो अम्ल पाये जाते हैं।

(ii) पादप प्रोटीन—वनस्पति जंगत् से प्राप्त प्रोटीन इस श्रेणी में आते हैं। अनाज, दालें, सूखे मेवे, सब्जियाँ तथा फल इत्यादि में पाया जाने वाला प्रोटीन इस श्रेणी में आता है। इनमें अनिवार्य ॲमिनो ऍसिड्स की कमी पायी जाती है।

3. भौतिक तथा रासायनिक गुणधर्मों के आधार पर प्रोटीन का वर्गीकरण—प्रोटीन को उनके भौतिक तथा रासायनिक ग्रामों के आधार पर तीन प्रमुख भागों में वर्गीकृत किया गया है।

(1) सरल प्रोटीन—सरल प्रोटीन गुणधर्मों जो शरीर में अपघटन के बाद केवल ॲमिनो अम्ल बाद में ही परिवर्तित होते हैं।

निम्न प्रोटीन सरल प्रोटीन हैं—

(अ) अल्ब्युमिन—यह अम्ल में घुलनशील तथा उष्णता से जम जाता है। अण्डे का ओव्हो-अल्ब्युमिन इसके उदाहरण हैं।

(ब) ग्लोब्युलीन—यह क्षार के घोल में घुलनशील है एवं उष्णता से जम जाता है। जैसे—दूध का केसिनोजन अण्डे का ओव्हो ग्लोब्युलिन, आलू का टयुबेरीन एवं अण्डे का मूँगफली का ॲरॅचिन।

(द) प्रोलॅमिन—यह केवल 70-80% एल्कोहॉल में ही घुलनशील है। जैसे—गेहूँ का ग्लायडीन, मक्का का झीन, गेहूँ का ग्लूटेन तथा ग्लायडीन प्रोटीन के मिश्रण जो उष्णता से बनता है।

(य) फाइब्रस प्रोटीन—ये किसी भी घोल में घुलनशील नहीं होते। ये हड्डियों का ढाँचा, त्वचा, नाखून तथा बाल मिलते हैं। जैसे ऊतकों का कोलेजन, बालों का किरॅटीन मांसपेशियों का मायोसिन।

(र) हिस्टोन—जल में घुलनशील है। अपघटन से इनसे बेसिक नेचर के ॲमिनो अम्ल प्राप्त होते हैं। जैसे—सालमोन स्पर्म का सालमिन।

(ल) प्रोटॉमिन—जल में घुलनशील है तथा अपघटन होने पर इनसे अधिक मात्रा में बेसिक ॲमिनो अम्ल हैं। जैसे—सालमोन, स्पर्म।

न्यूक्लिक अम्ल में हिस्टोन तथा प्रोटॉमिन अम्ल पाये जाते हैं।

(2) **संयुक्त प्रोटीन**–सरल प्रोटीन जब किसी अन्य प्रोटीन - रहित्त घटक के साथ संयुक्त होते हैं तब संयुक्त प्रोटीन कहलाते हैं।

(अ) **न्यूक्लिओ-प्रोटीन**–यह प्रत्येक कोशिका में पाया जाता है।

(ब) **ग्लायकोप्रोटीन**–ये रक्त के ग्लोब्युलीन तथा अल्ब्युमिन में पाये जाते हैं।

(स) **फॉस्फो-प्रोटीन**–यह दूध के केसिनोजन तथा अण्डे के पीले भाग में ओव्हो-विटेलिन के रूप में पाया जाता है।

(द) **हीमोग्लोबिन**–रक्त में हीमोग्लोबिन के रूप में ही पाये जाते हैं।

(य) **लिसिथोप्रोटीन**–ये कोशिका एवं रक्त में पाये जाते हैं।

लिसिथीन के अलावा अन्य लिपिड्स जैसे ट्रायग्लसराइड्स, फॉस्फोलिपिड्स, कोलेस्टेरॉल इत्यादि तत्त्व सरल प्रोटीन के साथ संयुक्त होकर संयुक्त प्रोटीन का निर्माण करते हैं जिसका सम्मिलित नाम लाइपोप्रोटीन है।

(3) **व्युत्पन्न प्रोटीन**–सरल तथा संयुक्त प्रोटीन का पाचन क्रिया में अपघटन होने से ॲमिनो अम्ल बनने के पूर्व दो प्रकार से व्युत्पन्न प्रोटीन बनते हैं। जैसे–

(1) **प्राथमिक व्युत्पन्न प्रोटीन**

(2) **द्वितीयक व्युत्पन्न प्रोटीन**

(1) **प्राथमिक व्युत्पन्न प्रोटीन**–सरल तथा संयुक्त प्रोटीन के अपघटन की क्रिया से प्रोटीन के गुण एवं संरचना में आंशिक परिवर्तन होने से प्राथमिक व्युत्पन्न प्रोटीन निर्मित होते हैं।

प्राथमिक व्युत्पन्न प्रोटीन

↓

प्रोटीओसेस

↓

पेटटोंस

↓

पेप्टाइड

↓

ॲमीनो अम्ल

(अ) **प्रोटीअंस** प्रोटीन पर तनु अम्ल एवं एन्जाइम की क्रिया से प्रोटीऑन्स बनते हैं। जैसैः दूध से दही बनते समय बना केसीन प्रोटीन बनते हैं। मेटा प्रोटीनं-अम्ल एवं अल्कली में घुलनशील होते हैं।

(ब) **मेटा-प्रोटीन**-प्रोटीन पर अम्ल तथा अल्कली की क्रिया मेटा प्रोटीन बनते हैं। मेटा प्रोटीन-अम्ल एवं अल्कली में घुलनशील होते हैं।

(स) **कोअॅग्युलेटेड प्रोटीन**–ये प्रोटीन पर उष्णता तथा अल्कोहाल की क्रिया से बनते हैं। जैसे उबले हुए अण्डे का सफेद भाग।

(2) **द्वितीयक व्युत्पन्न प्रोटीन**–द्वितीयक व्युत्पन्न प्रोटीन प्राथमिक व्युत्पन्न प्रोटीन अपघटन से बनते हैं। यह क्रिया उष्णता, अम्ल तथा एन्जाइम्स से सम्पन्न होती है। इसमें क्रमशः प्रोटीओसेस, पेप्टोन तथा पेपटाइड्स व्युत्पन्न प्रोटीन बनते हैं।

पेप्टाइड्स में कई अॅगिनो अम्ल एक-दूसरे से पेप्टाइड लिंकेज द्वारा जुड़े होते हैं।

दो अॅमिनो अम्ल एक दूसरे से पेप्टाइज लिंकेज द्वारा जुड़े होते हैं डाय-पेप्टाइज कहलाते हैं।

तीन अॅमिनो अम्ल एक दूसरे से जुड़े रहने पर उसे ट्राय-पेप्टाइड कहते हैं तथा कई अॅमिनो एक दूसरे के साथ पेप्टाइड लिंकेज से जुड़े रहते हैं। समस्त पेप्टाइड्स पेप्टाइड्स एन्जाइम की क्रिया से अॅमिनो अम्ल में बदल जाते हैं।

प्रोटीन के गुण

प्रोटीन के महत्त्वपूर्ण गुण इस प्रकार हैं–

(1) प्रोटीन की संरचना में अॅमिनो अम्ल के एक दूसरे से जुड़ने से प्रोटीन बनते हैं। हाइड्रोफोबिक ग्रुप मध्य में एवं हाइड्रोफीलिक ग्रुप सतह पर होने से प्रोटीन जटिल एवं अनपेक्षित प्रतिक्रियाएँ करते हैं।

(2) प्रोटीन इलेक्ट्रोलाइट्स की तरह व्यवहार करते हैं जिसमें अॅमिनो अम्ल के प्रकार एवं मात्रा के अनुसार प्रोटीन का आइसो-इलेक्ट्रिक पी.एच कम अथवा अधिक होता है।

(3) भोज्य पदार्थ के प्रोटीन पर सूक्ष्म जीवाणुओं की क्रिया से सड़न प्रक्रिया होती है तथा प्रोटीन की गुणवत्ता कम हो जाती है। यह सड़न प्रक्रिया भोज्य पदार्थ के बनाने में अपूर्ण प्रक्रियाओं के परिणामस्वरूप एवं हानिकारक स्थितियों में तीव्र गति से होती है। सूक्ष्म जीवाणुओं द्वारा प्रोटीन के पाचन प्रणाली के तत्त्व प्रोटीओसेस बनने से भोज्य पदार्थों में डी-कार्बोक्सिलेशन एवं डी. अॅमिनेशन क्रिया शुरू हो जाती

है जिससे भोज्य पदार्थों में कुछ टॉक्सीन्स बन जाते हैं जिसे प्रोटीन का प्युट्रीफिकेशन कहते हैं।

(4) पाक क्रियाओं में प्रयुक्त उष्णता से प्रोटीन का डीनॅच्युरेशन या कोॲग्युलेशन होता है। भोजन बनाने की प्रक्रिया में इस गुणधर्म को नियंत्रित किया जाता है।

(5) प्रोटीन ठोस अवस्था में पानी अभिशोषित कर प्रोटीन जेल बनाते हैं। इस जेल में यह गुण पाया जाता है कि ये बह नहीं सकते तथा एक स्थान पर अपने आकार एवं स्थिति में रह सकते हैं।

अम्लीय एवं क्षारीय गुण के बदलते प्रोटीन अभिशोषित जल बाहर निकाल कर सिकुड़ जाता है जिस सिनेरेसिस कहते हैं। जिलेटिन एवं किसिन प्रोटीन पर एन्जाइम रेनिन से प्रोटीन-जैल बनते हैं।

प्रोटीन के कार्य

प्रोटीन एवं प्रोटीन से बने ॲमिनो अम्ल के शरीर में महत्त्वपूर्ण कार्य इस प्रकार होते हैं। जैसे–

- शरीर की वृद्धि एवं विकास
- शरीर की मरम्मत
- शरीर के तरल पदार्थ का पी. एच. नियमित रखना,
- परिसारक दबाव नियमित रखना,
- रोगरोधक शक्ति हेतु एन्टीबॉटीक का निर्माण ऊर्जा उत्पादन आदि।

(1) **शरीर की वृद्धि**–त्वचा, रक्त एवं मांसल भाग के प्रत्येक ऊतक में पाया जाने वाला प्रोटोप्लाजम का प्रमुख घटक प्रोटीन है। जन्म से शरीर के कई ऊतकों का निर्माण एवं विकास तथा वृद्धावस्था तक उन्हें बनाये रखने हेतु प्रोटीन कार्यरत रहते हैं। गर्भावस्था में गर्भ के ऊतकों का निर्माण एवं विकास हेतु प्रोटीन की अतिरिक्त मात्रा की आवश्यकता होती है।

(2) **शरीर की टूट-फूट की मरम्मत**–प्रत्येक ऊतक कुछ समय के पश्चात् क्षीण हो जाता है तथा उसमें कुछ टूट-फूट हो जाती है। इन ऊतकों की मरम्मत का कार्य प्रोटीन करता है। दुर्घटना तथा बीमारी की स्थिति में यह टूट-फूट अकस्मात बहुत बढ़ जाती है। इस समय प्रोटीन का नवीन ऊतक निर्माण तथा पुराने ऊतकों की मरम्मत करने का कार्य बढ़ जाता है।

(3) **रासायनिक क्रियाओं को नियमित करना**–शरीर में कई रासायनिक क्रियाओं को नियमित रखने में प्रोटीन कार्य करता है।

(अ) **हिमोग्लोबिन का निर्माण**–लाल रक्त कण के हिमोग्लोबिन जिसका कार्य फेफड़ों से ऊतकों तक ऑक्सीजन पहुँचाना है। इस हिमोग्लोबिन

के ग्लोबिन प्रोटीन को समय-समय पर पुनःस्थापित करना प्रोटीन का कार्य है।

(ब) **प्रोटीन** का रक्त परिसारक दबाव को नियमित करते हैं।

(स) **पानी का सन्तुलन**—प्रोटीन रक्त में पानी का सन्तुलन बनाये रखने में मदद करते हैं।

(द) **अम्लीय-क्षारीय सन्तुलन**—रक्त का अम्लीय-क्षारीय सन्तुलन जिसमें रक्त निश्चित मात्रा में क्षारीय बना रहे, यह कार्य प्रोटीन करता है।

(इ) **एन्टीबॉडीज**—एन्टीबॉडीज बनाना जिसे शरीर की रोग प्रतिरोधक क्षमता बनी रहे। प्रोटीन ग्लोब्युलिन विशेष रूप से इस कार्य को करते हैं। जैसेः रक्त का गामाग्लोब्युलीन।

(4) एन्जाइम्स तथा हारमोन्स का निर्माण—एन्जाइम्स जिनसे भोज्य पदार्थों में पाचन-क्रिया होती है। सभी एन्जाइम्स प्रोटीन से बने हैं, जैसे—पूप्सिन, ट्रीप्सिन।

कुछ हारमोन्स जो शरीर में एन्जाइम्स की क्रियाओं पर नियंत्रण रखते हैं प्रोटीन्स से बनते हैं। उदाहरणः इन्सुलिन, थॉयरॉक्सीन, एड्रीनलीन, पिट्यूटरी हारमोन्स।

एन्जाइम्स तथा हारमोन्स में कभी-कभी प्रोटीन के अलावा विटामिन खनिज पदार्थ तथा वसा भी पायी जाती है।

(5) शक्ति प्रदान करना—प्रोटीन आवश्यकता पड़ने पर ऊतकों में चार कैलोरीज प्रति ग्राम ऊर्जा प्रदान करता है। शरीर में ऊर्जा प्रदान करने वाले प्रमुख तत्त्व कार्बोज तथा वसा अपर्याप्त रहने पर प्रोटीन अपना वृद्धि कारक कार्य रोक कर ऊर्जा या शक्ति प्रदान का कार्य करता है।

(6) विशेष कार्य—**(अ) प्रोटीन** के घटक ॲमिनो अम्ल शरीर में विशेष निर्माण करते हैं; जैसे—

ट्रीप्टोफीन ॲमिनो अम्ल शरीर में नायसीन नामक 'बी' बनाता है।

मिथओइन ॲमिनो अम्ल का मिथाइल ग्रुप कोलीन नामक 'बी' बनाता है।

(ब) प्रोटीन का बफर कार्य करना।

इस कार्य में प्रोटीन रक्त, मस्तिष्क का द्रव तथा अंतड़ियों के स्राव की अम्लीय एवं क्षारी क्षमता आवश्यकता के अनुरूप परिवर्तित कर सकता है।

प्रोटीन का पाचन

पदार्थों के प्रोटीन का पाचन शरीर में आमाशय तथा छोटी अंतड़ियों में होता है। पाचन क्रिया में प्रोटीन ॲमिनो अम्ल में परिवर्तित हो जाते हैं। तले हुये भोज्य

पदार्थ के प्रोटीन का पाचन उसी भोज्य पदार्थ के वसा के पाचन के बाद होता है। मुख गुहिका में प्रोटीन पर कोई पाचन क्रिया नहीं होती।

आमाशय में प्रोटीन का पाचन

भोजन आमाशय में पहुँचने पर गॅस्ट्रीन नामक **हारमोन** गॅस्ट्रीक रस को स्रावित करने के लिए उत्तेजित करता है। गॅस्ट्रीक रस में हाइड्रोक्लोरिक ऍसिड प्रा- पेप्सीन या पेप्सीनोजन तथा प्रो-रेनीन या प्रोटीओसेस मिलते हैं।

पेप्सीन केवल अम्लीय माध्यम में क्रियाशील होते हैं तथा 40°C पर अधिक सक्रिय होते हैं।

हाइड्रोक्लोरिक ऍसिड प्रा-पेप्सीन एवं प्रो-रेनीन को क्रियाशील पेप्सीन एवं रेनीन में परिवर्तित कर देता है। पेप्सीन पेप्टाइड लिंकेज तोड़ने में कार्य करता है। अधिक मात्रा हो जाने पर यह आमाशय की दीवारों को गलाने लगता है। इस प्रक्रिया को आमाशय की दीवारों से स्रावित एन्जाइम एन्टीप्सीन बनाता है। पेप्सीन की क्रिया से भोजन के प्रोटीन प्रोटीओसेस, पेप्टोन तथा कुछ मात्रा में पॉलीपेप्टाइड्स में बदल जाते हैं।

अमाशय में रेनीन नामक एन्जाइम दूध के प्रोटीन केसीनोजन पर क्रिया करके उन्हें केसीन में परिवर्तित कर देते हैं। केसीन दूध के कैल्शियम के साथ मिलकर कैल्शियम-कैसीनेट का निर्माण होता है जो आसानी से पेप्टोन में बदल जाते हैं।

पक्वाशय में प्रोटीन का पाचन

ट्रिप्सीन तथा काइमोट्रीप्सीन नामक प्रोटीन का पाचन करने वाले एन्जाइम्स अग्नाशय से पक्वाशय में आते हैं। ये दोनों एन्जाइम्स क्षारीय माध्यम तथा 40°C प्रोटीओसेस तथा पेप्टोन्स पर क्रिया करके उन्हें सरल पॉलीपूप्टाइड्स में परिवर्तित कर देते हैं।

इस क्रिया में कुछ ॲमिनो अम्ल भी अलग होते हैं।

छोटी अंतड़ियों में प्रोटीन पाचन

छोटी अंतड़ियों में प्रोटीन के पाचन हेतु पाचक रसों में पाये जाने वाले एन्जाइम्स क्रिया करते हैं–

(1) पॅनक्रियाटिक रस
(2) इन्टेस्टाइनल रस

पॅनक्रियाटिक रस एन्जाइम ट्रीप्सीनोजन काइमोट्रीप्सीनोजन, प्रो-कारबॉक्सी-पेप्टाइडेस एवं प्रो-इलॅस्टेज अक्रियाशील रूप में होते हैं।

इन्टेस्टाइनल रस में एन्टरोकाइनेस एन्जाइम होते हैं जो अन्य अक्रियाशील एन्जाइम्स को क्रमशः क्रियाशील एन्जाइम में परिवर्तित कर देता है। जिसमें प्रोटीन की पाचन क्रिया सर्वाधिक होती है।

सारांशतः छोटी अंतड़ियों में ट्रिप्सीन तथा काइमोट्रीप्सीन प्रोटीन को पॉलीपेप्टाइ्स में परिवर्तित कर देते हैं। कारबॉक्सी पेप्टाइडेज तथा छोटी-अंतड़ियों की म्यूकोसा में पाया जाने वाला अमिनोपेप्टोडेज एन्जाइम पॉली-पेप्टइड्स पर क्रिया करके उन्हें अम्लों में परिवर्तित कर देते हैं।

बड़ी अंतड़ियों में प्रोटीन का पाचन

बड़ी अंतड़ियों में प्रोटीन पर कोई पाचन क्रिया नहीं होती। लगभग दस प्रतिशत प्रोटीन पाचन तथा अभिशोषण से वंचित हो मल में प्रतिदिन बाहर होता है। भोजन में अधिक मात्रा में पादप प्रोटीन तथा अत्यधिक साफ किये अनाज जैसे—मैदा, रवा तथा रेशेयुक्त सब्जियाँ अधिक रहने पर उनका पाचन नहीं हो पाता। वे मल के साथ बाहर हो जाते हैं अन्यथा बड़ी अंतड़ियों में अपचन एवं सड़न उत्पन्न करते हैं।

प्रोटीन का अपचन

प्रोटीन जिनका पाचन एवं निष्कासन नहीं हो पाता है वे बड़ी अंतड़ियों में रोग जैसी अवस्था उत्पन्न करते हैं जिसमें प्रोटीन सड़ता है एवं जिसकी दुर्गन्ध आती है। दुर्गन्धयुक्त प्रोटीन कई बार इनडाल अमोनिया, फिनॉल जैसी कई गैसें उत्पन्न करते हैं जिनका रक्त में अभिशोषण होता है। इससे मस्तिष्क के कार्य में बाधा उत्पन्न होती है।

प्रोटीन में अवशोषण

प्रोटीन का पाचन होने से बने ॲमिनो अम्ल का पिनोसाइटोसिस प्रणाली द्वारा रक्त में अम्ल शोषण होता है। ॲमिनो अम्ल लाइसीन एवं आरजीनाइन में पूर्ण रूप से शोषित होते हैं। कई ॲमिनो अम्लों का अवशोषण शीघ्र होता है तो कई ॲमिनो अम्लों का अवशोषण धीरे-धीरे होता है। ॲमिनो अम्लों के बीच•अम्लों के लिये होड़ लगी रहती है तथा एक ॲमिनो अम्ल दूसरे ॲमिनो अम्ल के अभिशोषण में बाधा भी उत्पन्न करता है।

प्रोटीन का चयापचय

प्रोटीन का ॲमिनो अम्ल रूप में रक्त में अवशोषण होने के पश्चात् ॲमिनो अम्लों का चार प्रकार से चयापचय के लिये उपयोग होता है–

Blood AminoAcids

(1) Protein Tirover

(2) Synthesis

(3) Energy

(4) Storage

(1) प्रोटीन टर्न-ओवर–ऊतकों में हमेशा टूट-फूट की मरम्मत होती रहती है। प्रतिदिन कई कोशिकाओं के मरम्मत तथा पुनर्निर्माण की जरूरत होती है। प्रोटीन की इस कोशिकाओं के टूटने, पुनर्निर्माण तथा मरम्मत की प्रणाली को प्रोटीन टर्न-ओवर कहते हैं।

अंतड़ियों के अंदर की झिल्ली का हर एक या दो दिन में पुनर्निर्माण होता हैं। लाल रक्त कणिका की आयु 120 दिन होती है। इसके बाद लाल रक्त कण का पुनःस्थापन होता है त्वचा में भी प्रतिदिन टूट-फूट एवं पुनर्निर्माण की जरूरत होती है। सरीरम अल्ब्युमिन 10 ग्राम/दिन (2 gm /day) के हिसाब से संश्लेषित होता है।

औसत रूप से प्रतिदिन शरीर में 400 ग्राम प्रोटीन की पुर्नस्थापना होती है जो कि शरीर के प्रोटीन की मात्रा का 3.5% है। ऊतकों से प्रोटीन ॲमिनो अम्लों में बंट जाते हैं जो दूसरे नये ऊतकों के निर्माण में पुनः गठित हो जाते हैं।

(2) प्रोटीन का संश्लेषण–प्रोटीन प्रमुख रूप से विशिष्ट प्रोटीन के अणु का संश्लेषण करता है। राइबोन्युक्लिक एसिड या RNA तथा डी-ऑक्सी- राइबोन्युक्लिक एसिड का संश्लेषण करता है।

प्रोटीन ऑक्सीटोसीन एन्जाइम्स, ग्लूटॅथायॉन, कारनोसीन, एपीनेफ्रीन, क्रीएटीन टॉरीन इत्यादि का संश्लेषण करता है।

डी. एन. ए. कोशिकाओं की जीन्स संबंधी सूचनाएँ मेसेन्जर आर. एन. ए. RNA के साथ पहुँचायी जाती हैं। प्रत्येक कोशिका के डी.एन.ए. (DNA) के प्रोटीन प्रकार के होते हैं। जो इस कोशिका की जेनेटिक सूचना कोड फॉर्म में (गुप्त स्वरूप) में प्रोटीन के संश्लेषण के लिये उपलब्ध / संवहन करते हैं।

डी.एन.ए. (DNA) कोशिका के केन्द्रिका में स्थित होता है तथा प्रोटीन का संश्लेषण कोशिका के साइटोलाज्म में होता है। आर. एन. ए. प्रोटीन की संश्लेषण

की जगह कोशिका की सूचनाएँ आर. एन. ए. (RNA) द्वारा पहुँचायी जाती है। अतः इन आर.एन.ए. (RNA) को मेसेन्जर आर.एन.ए. कहते हैं।

आर.एन.ए. (RNA) में युरासील नामक पिरीमीडीन बेस तथा डी. एन. ए. में थायमीन नामक पिरीमिडीन बेस पाया जाता है। आर.एन.ए. में राइबोज नामक कार्बोज तथा डी.एन.ए. (DNA) में डी-ऑक्सी-राइबोस नामक पदार्थ होते हैं।

साइटोसीन नामक पिरीडीन बेस डी.एन.ए. तथा आर.एन.ए. दोनों में पाया जाता है। प्युरीन बेस जैसे एडीनीन ग्वानाइन, जॅन्थीन डी.एन.ए. एवं आर.एन.ए. दोनों में मिलते हैं।

एक सामान्य वयस्क व्यक्ति में 1.5 ग्राम प्रोटीन का संश्लेषण प्रतिदिन प्रति किलोग्राम शरीर का वजन होता रहता है। शरीर में अग्नाशय तथा छोटी अंतड़ियों के प्रोटीन संश्लेषण होते हैं। शरीर में संश्लेषण का प्रमुख स्थान यकृत् है।

(3) प्रोटीन से ऊर्जा निर्माण—प्रोटीन के ॲमिनो अम्लों के चयापचय के दौरान ॲमिनो ग्रुप अलग हो जाता है (इस प्रक्रिया को डी-ॲमिनेशन) कहते हैं तथा इस प्रक्रिया से कीटो-ऍसिड्स बनते हैं।

अमिनो ग्रुप (NH_2) से ऑरनिथिन आरजिनाइल सायकल (Ornithine Arginine Cycle) के दौरान युरिया बनता है तथा कीटो ऍसिड्स से सिट्रीक-ऍसिड सायकल से ऊर्जा बनती है।

कई ॲमिनो अम्ल जैसे—ल्युसिन, लाइसीन, मिथिओनाइन, ट्रीप्टोफीन, सिस्टीन, आइसोल्युसीन, फिनाइल-एलनाइन तथा टाइरोसीन सिट्रीक ऍसिड सायकल में एसिटो-एसिटिक ऍसिड का सृजन करके ऊर्जा उत्पन्न करने का कार्य करते हैं। इसलिए इन समस्त ॲमिनो अम्लों को किटोजेनिक ॲमिनो अम्ल कहते हैं। ये ॲमिनो अम्ल ग्लूकोज का निर्माण नहीं कर पाते।

उपर्युक्त ॲमिनो अम्लो को छोड़कर अन्य ॲमिनो-अम्ल ग्लूकोज का निर्माण करते हैं। अतः उन्हें ग्लूकोजेनिक ॲमिनो-अम्ल भी कहते हैं।

(4) प्रोटीन का संग्रह—शरीर में ॲमिनो-अम्लों के रूप में प्रोटीन संगृहित नहीं रह पाते परन्तु ऊतकों में प्रोटीन के रूप में इकट्ठा रह सकते हैं।

Food Protein $\rightarrow$ BloodAminoAcids $\rightarrow$ Tissue Protein

एक सामान्य मनुष्य के शरीर में लगभग 11 किलोग्राम प्रोटीन होता है इनमें तीन किलोग्राम तक प्रोटीन की मात्रा रह जाने तक कोई विशेष विकार उत्पन्न नहीं होता। इससे कम मात्रा में प्रोटीन रह जाने पर प्रोटीन की कमी के लक्षण विकसित हो जाते हैं।

प्रोटीन का चयापचय

प्रोटीन के चयापचय में प्रमुख कार्य जैसे—संश्लेषण (Syntesis) ऊर्जा उत्पादन, ॲमिनो अम्लो का ऑक्सीडेशन इत्यादि होने में निम्न प्रमुख प्रक्रियाएँ होती हैं। जैसे—

(1) **डीॲमिनेशन**—ॲमिनो अम्ल में ॲमिनो समुह [(NH_2) Group] अलग होने के प्रक्रिया को डी-ॲमिनेशन कहते हैं।

(2) **ॲमिनेशन**—ॲमिनो ऐसिड के किटोनिक ग्रुप ॲमिनो ग्रुप से संयुक्त होने को ॲमिनेशन कहते हैं।

(3) **ट्रान्सॲमिनेशन**—ट्रान्सॲमिनेशन में डी-ॲमिनेशन तथा ॲमिनेशन दोनों प्रक्रियाएँ साथ साथ होती हैं। इसमें एक ॲमिनो अम्ल का ॲमिनो समूह दूसरे ॲमिनो अम्ल के किटोनिक ग्रुप से आपस में परिवर्तन कर लेते हैं। ट्रान्स ॲमिनेशन प्रक्रिया हेतु ट्रान्सॲमिनेज एन्जाइम सहायक होता है।

(4) **डी-कारबॉक्सीलेशन**—ॲमिनो अम्ल कारबॉक्सील समूह के अलग हो जाने को डी-कारबॉक्सीलेखन कहते हैं।

(5) **कारबॉक्सीलेशन**—ॲमिनो अम्ल के कारबॉक्सील समूह से जुड़ने की क्रिया को कारबॉक्सीलेशन कहते हैं।

प्रोटीन का संश्लेषण तथा निर्माण की क्रियाओं को पिटयुटरी ग्रंथि के हारमोन तथा सेक्स ग्रंथि के टेस्टीस्टेरॉन हारमोन बढ़ाते हैं।

प्रोटीन के ॲमिनो अम्ल का डी-ॲमिनेशन, ऑक्सीडेशन तथा अपघटन इत्यादि क्रियाओं में हारमोन ग्लूको-कॉरटीकॉइड्स सहायक होते हैं। थॉयराइड हारमोन आवश्यकतानुसार प्रोटीन के संश्लेषण एवं विघटन को नियमित करते हैं।

प्रोटीन की पर्याप्तता मापने की विधियाँ

शरीर में प्रोटीन की उपयोगिता तथा कार्यशीलता प्रोटीन की मात्रा पर ही नहीं अपितु उसके गुणों पर निर्भर करती है। प्रोटीन का सर्वश्रेष्ठ गुण उनमें सभी अनिवार्य ॲमिनो अम्लों की निश्चित मात्रा में उपस्थित रहता है। अतः प्रोटीन की वह मात्रा जिसमें सभी अनिवार्य ॲमिनो अम्ल आवश्यक मात्रा में पाये जाते हैं शरीर के लिये सबसे उपयोगी तथा कार्यशील होते हैं।

शरीर में प्रोटीन की उपयोगिता तथा कार्यशीलता हेतु पर्याप्तता मापने के लिये विभिन्न विधियाँ अपनायी जाती हैं, इनमें प्रमुख हैं—

(1) **वृद्धि की विधि**—वृद्धि की विधि विभिन्न प्रकार के प्रोटीन भिन्न-भिन्न मात्राओं में एक समूह को खाने में दिये जाते हैं तथा एक निश्चित समय तक दिये

जाने पर शारीरिक वृद्धि करेगी—उस प्रोटीन की इस मात्रा को उपयोगिता एवं क्रियाशीलता में सर्वोत्तम माना जाता है। शरीर की वृद्धि में प्रोटीन सर्वाधिक वृद्धि करता है उसे सर्वश्रेष्ठ प्रोटीन कहते हैं। दूध, मांस, मछली के प्रोटीन श्रेष्ठ प्रोटीन कहलाते हैं। अण्डे के प्रोटीन सर्वश्रेष्ठ हैं। अतः इसे संदर्भ प्रोटीन के नाम से जाता है।

(2) **नैट्रोजन सन्तुलन**—प्रोटीन नैट्रोजनयुक्त पदार्थ होते हैं। अतः प्रोटीन की उपयोगिता तथा क्रियाशीलता मापने के लिये शरीर में लिया नैट्रोजन (भोजन के प्रोटीन के रूप में) मापा जाता है। यदि शरीर में लिया गया· नैट्रोजन, शरीर से उत्सर्जित किए गये नैट्रोजन के बराबर है तो व्यक्ति नैट्रोजन सन्तुलन की स्थिति में है। वयस्क तथा स्वस्थ व्यक्ति में नैट्रोजन सन्तुलन पाया जाता है।

Nitrogem Equilibrium = (Nitrogen Intake = Nitrogen Output)

धनात्मक नैट्रोजन सन्तुलन

शरीर में लिया गया नैट्रोजन, शरीर से उत्सर्जित किए गये नैट्रोजन से अधिक होता है तो इसे धनात्मक नैट्रोजन सन्तुलन कहा जाता है। धनात्मक नैट्रोजन सन्तुलन की अवधि में शरीर में निर्माणात्मक/रचनात्मक कार्य अधिक होते हैं। शिशु, बालक, गर्भवती स्त्री, धात्री स्त्री तथा बीमारी के बाद स्वस्थ होते व्यक्तियों में धनात्मक नैट्रोजन सन्तुलन पाया जाता है। ऍन्टीरियर पिटयुटरी ग्रंथी से स्रावित विकास हॉरमोन शरीर में नैट्रोजन अधिक मात्रा में रख लेता है। अन्य हॉरमोन्स जैसे इन्सुलीन, पुरुषों के लिंग हॉरमोन्स शरीर में नैट्रोजन अधिक मात्रा में स्खने में सहायक होते हैं।

ऋणात्मक नैट्रोजन सन्तुलन

शरीर में लिया गया नैट्रोजन शरीर से उत्सर्जित किये गये नैट्रोजन से कम हो तो इसे ऋणात्मक नैट्रोजन सन्तुलन कहा जाता है। इस स्थिति में शरीर के ऊतकों से नैट्रोजन निकलकर शरीर से उत्सर्जित होने लगती है।

अस्वस्थ व्यक्ति, रोगी तथा वृद्ध के शरीर में ऋणात्मक नैट्रोजन सन्तुलन होता है। अपवादस्वरूप कैंसर रोग में धनात्मक नैट्रोजन सन्तुलन होता है। बड़े घाव तथा मानसिक तनाव में ऍड्रीनल कॉरटीकल हॉरमोन के प्रभाव से नैट्रोजन का उत्सर्जन बढ़ता है। अत्यधिक कसरत, व्यायाम तथा शारीरिक कार्य करने पर भी नैट्रोजन का निष्कासन अधिक होता है। भोजन, मूत्र, मल तथा रक्त का नैट्रोजन मापने हेतु साधारण प्रयोगशाला में जेन्डाल विधि का प्रयोग किया जाता है। प्रोटीन की

उपयोगिता एवं क्रियाशीलता की अन्य विधियों के सूत्र निम्न हैं–

(1) **प्रोटीन का जैविक मूल्य**–प्रोटीन का जैविक मूल्य प्रोटीन के अभिशोषण की मात्रा का वह प्रतिशत है जो शरीर में उपयोग में आ गई है।

$$\mathbf{BVP} = \frac{N_2 \text{ digested} - N_2 \text{ lost in metabolism} \times 100}{N_2 \text{ digested}}$$

(2) **प्रोटीन एफीसिएन्सी दर (PER)**–प्रोटीन की एक ग्राम मात्रा का शरीर के वजन पर पड़ने वाला प्रभाव प्रोटीन एफीसिएन्सी रेशो (Protein Efficiency Ratio) है।

$$\mathbf{PER} = \frac{\text{Gain in Body Weight (gm)}}{\text{Protein Intake (gm)}} = \text{Gain in Weight gram of Protein consumed}$$

(3) **पाचनशीलता का गुणांक D.C.**

$$\mathbf{DC} = \frac{\text{Protein Intake (gm)} - \text{Proteing loss in Digestion (gm)} \times 100}{\text{Protein Intake (gm)}}$$

(4) **Net Protein Utilization (NPU)**

$$\mathbf{NPU} = \frac{\text{Digesibility Co-efficient Biological Value}}{100}$$

पकाने की प्रणालियों की प्रोटीन के गुणवत्ता पर प्रभाव

प्रोटीन शुष्क उष्णता में अधिक समय तक रहने पर उनके पेप्टाइड लिंकेज पर पाचन प्रक्रिया हेतु एन्जाइम्स का प्रभाव अपूर्ण रहता है। लाइसिन ॲमिनो अम्ल अधिक समय तक उष्णता में रहने पर कार्बोज पदार्थ के साथ मिल जाता है जिससे उसका अभिशोषण देर से होता है। कुछ प्रोटीनों का पोषण मूल्य उष्णता से बढ़ता है। जैसे अण्डे का सफेद भाग; सोयाबीन उष्णता में रहने के पश्चात् अच्छी तरह से अभिपचित तथा अभिशोषित हो जाता है। इन भोज्य पदार्थों में पाये जाने वाले कुछ विशिष्ट एन्जाइम्स उष्णता से नष्ट हो जाते हैं। ये एन्जाइम्स शरीर के ट्रिप्सीन एन्जाइम की क्रियाशीलता को समाप्त कर देते हैं। अतः इन्हें ट्रिप्सीन इन्हीबीटर कहते हैं। उष्णता की अधिक मात्रा प्रोटीन की उपयोगिता को कम करती है। विशेष रूप से लाइसीन, ट्रीप्टोफीन जैसे ॲमिनो ऍसिड्स की कमी हो जाती है।

प्रोटीन की प्रतिदिन की आवश्यकता

मनुष्य के लिये प्रोटीन की प्रतिदिन की आवश्यकता तथा उपयोगिता कई बातों पर निर्भर करती है। जैसे–

(1) **शरीर का आकार**–शरीर में प्रोटीन के समस्त कार्य सुचारु रूप से सम्पन्न होने के लिये शरीर का आकार, लम्बाई तथा वजन अधिक रहने पर प्रतिदिन की प्रोटीन जरूरी मात्रा भी अधिक होगी (**उदाहरण**–+ 1.0 ग्राम/ प्रतिदिन)।

(2) **प्रोटीन के गुण**–प्रोटीन की गुणवत्ता उनमें अनिवार्य ॲमिनो अम्लों की उपस्थिति से निर्धारित होती है। समस्त अनिवार्य ॲमिनो अम्लयुक्त प्रोटीन की एक निश्चित मात्रा शरीर के लिए आवश्यक होती है। प्रोटीन में अनिवार्य ॲमिनो अम्लों की आवश्यक मात्रा यदि नहीं होती है तब कई कम उपयोगी प्रकार के प्रोटीनयुक्त भोज्य पदार्थ जैसे–अनाज, दालें, तेल, बीज इत्यादि एक - दूसरे में मिलाकर समस्त अनिवार्य ॲमिनो अम्ल की पूर्ति की जा सकती है। एक अनिवार्य ॲमिनो अम्ल जो किसी एक भोज्य पदार्थ में कम रहता है वह उसी श्रेणी के अन्य भोज्य पदार्थ में अधिक मात्रा में रहता है। अतः ऐसे दोनों भोज्य पदार्थ एक साथ निश्चित मात्रा में लिये जाने पर शरीर को संबंधित ॲमिनो अम्लों की प्राप्ति हो सकती है। इसे भोज्य पदार्थ के प्रोटीन का सम्पूरक मूल्य कहा जाता है।

(3) **कॅलोरीज का पर्याप्त मात्रा में प्राप्त होना**: प्रोटीन की उपयोगिता इस बात पर निर्भर करती है कि आहार में अन्य भोज्य पदार्थ से कॅलोरीज की पर्याप्त मात्रा मिलती रहती है। अन्यथा उपयोगी प्रोटीन की उत्तम मात्रा भी वृद्धि के स्थान पर कॅलोरीज देने का कार्य करना आरंभ कर देगी।

(4) **शरीर का प्रारंभिक स्वास्थ्य**–स्वस्थ व्यक्ति की प्रोटीन की जरूरत सामान्य होती है। स्वस्थ शरीर में प्रोटीन अभिशोषण सामान्य होता है। इसके विपरीत अस्वस्थ व्यक्ति को प्रोटीन की आवश्यकता अधिक होती है तथा अभिशोषण क्षमता भी सामान्य से अधिक होगी।

(5) **पाचनशीलता**–भोजन में प्रोटीन की मात्रा अधिक रहने तथा उनका पाचन पूर्ण रूप से न हो सकने के कारण कम मात्रा में प्रोटीन अभिशोषित होगा। इस स्थिति में शरीर की प्रोटीन की जरूरत पूर्ण नहीं हो पाती।

(6) **शारीरिक विकास की विशेष अवस्थाएँ**–शारीरिक विकास की प्रत्येक अवस्था जैसे शिशु बालक, गर्भावस्था इत्यादि में प्रोटीन की एक विशिष्ट मात्रा की जरूरत होती है।

रोग की अवस्था के बाद सामान्य स्वस्थ स्थिति आ जाने के पहले की अवस्था में भी प्रोटीन की आवश्यकता अधिक होती है।

प्रोटीन की कमी के प्रभाव

प्रोटीन की कमी से निम्नलिखित प्रभाव सामने आते हैं—

1. शरीर में प्रोटीन की कमी अधिकतर शिशु तथा बालकों में होती है। शिशु के लिये माँ का अथवा अन्य दूध पर्याप्त मात्रा में प्राप्त नहीं होने की अवस्था में शिशु एवं बालकों में प्रोटीन की कमी हो जाती है। इस अवस्था की तीव्रतम स्थिति क्वाशियरकोर है। इस रोग के लक्षण हैं—शारीरिक वृद्धि का रूकना, यकृत का बढ़ना, ओडीमा, रक्ताल्पता, चेहरे पर सूजन, जीवन सत्वों की कमी, भूख में कमी, बालों के रंग में परिवर्तन, उल्टी होना, दस्त आना आदि।

2. प्रोटीन की कमी के साथ जब कैलोरीज की कमी हो जाती है तो इस स्थिति को मॅरस्मस कहते हैं। इस रोग की अवस्था में क्वाशयरकोर के लक्षणों के अलावा शरीर का वजन अत्यधिक कम होना, मांसपेशी तथा ऊतकों की वसा की मात्रा नष्ट होना, त्वचा सूखी होना, जीवनसत्व 'ए' की कमी, डी-हाइड्रेशन आदि मुख्य हैं।

3. प्रोटीन की कमी से क्वाशिओरकॉर तथा मॅरस्मस रोगों के सम्मिलित लक्षण परिलक्षित हैं। इस अवस्था को मॅरस्मिक क्वाशिओरकॉर कहा जाता है।

रक्त में प्रोटीन की औसत मात्रा

रक्त में अब्युमिन प्रोटीन की मात्रा 3.5 ग्रम/100 मिली. प्लाज्मा से कम होने पर प्रोटीन की कमी का प्रभाव तेज अधिक तीव्र अवस्था में रक्त की अल्ब्युमिन की मात्रा 1.5 ग्राम प्रति 100 मि.ली. प्लाज्मा से भी कम हो सकती है। अल्ब्युमिन की मात्रा कम हो जाने पर प्लाज्मा ग्लोब्युलिन विशेष रूप में गामा ग्लोब्युलिन की मात्रा में वृद्धि हो जाती है जो कि शरीर में संक्रमण से बचने की तैयारी है।

प्रोटीन की कमी के कारण

भारत में प्रोटीन एवं कैलोरी की कमी होने के प्रमुख कारण हैं—(गरीबी, अत्यधिक, भोजन की अपर्याप्त मात्रा ग्रहण स्वास्थ्य संबंधी गलत आदतें, वातावरण पानी तथा भोजन का दूषित होना आदि) सारांश में प्रोटीन की कमी मुख्यतः तीन श्रेणियों में विकसित होती है। जैसे—

(1) क्वाशयरकोर

(2) मॅरमस्मस

(3) मॅरस्मिक क्वाशयरकोर

प्रोटीन की प्राप्ति के साधन

खाद्य पदार्थों में प्रोटीन की मात्रा भिन्न-भिन्न होती है, परन्तु प्रत्येक खाद्य पदार्थ के प्रोटीन की उपयोगिता उनमें पाये जाने वाले अनिवार्य ॲमिनो अम्लों की मात्रा एवं उपस्थित से निर्धारित होती है। प्रोटीन की मात्रा किस पदार्थ में कम रहते हुये उनमें अनिवार्य ॲमिनो अम्लों की मात्रा एवं उपस्थिति से निर्धारित होती है। प्रोटीन की मात्रा किसी खाद्य पदार्थ में कम रहते हुये उनमें अनिवार्य ॲमिनो अम्ल काफी मात्रा में पाये जाते हैं तो वे प्रोटीन सर्वोत्तम या Quality Protein कहलाते हैं। दूध में पाया जाने वाला प्रोटीन सर्वोत्तम या Quality Protein हैं। मेवे, दाल, अनाज इत्यादि खाद्य पदार्थों में प्रोटीन की मात्रा अधिक होने पर भी उनमें कुछ अनिवार्य ॲमिनो अम्ल अनुपस्थित रहने से उनकी उपयोगिता सम्पूर्ण प्रकार की नहीं होती। अतः ये श्रेष्ठ प्रकार के प्रोटीन कहलाते हैं। सब्जियाँ तथा फल में प्रोटीन की मात्रा बहुत कम होती है तथा उनमें अनिवार्य ॲमिनो अम्ल नहीं पाये जाते। अतः ये प्रोटीन अपूर्ण या निम्न श्रेणी के कहलाते हैं।

आजकल प्रोटीन की कमी से मनुष्यों को बचाने की दृष्टि से अत्यधिक प्रोटीन की कमी से मनुष्यों को बचाने की दृष्टि से अत्यधिक प्रोटीनयुक्त सस्ते खाद्य पदार्थ बनाये गये हैं जिनमें दो प्रमुख हैं :

(1) भारतीय बहुद्देशीय खाद्य पदार्थ

(2) वनस्पति पत्तों का प्रोटीन

(3) विशिष्ट प्रोटीन

(1) भारतीय बहुद्देशीय खाद्य पदार्थ—अनाज (गेहूँ, चावल), सोयाबीन, तेल बीज (मूँगफली) एवं दालें (चना) इनमें से दो या तीन खाद्य पदार्थों का उपयुक्त अनुपात पावडर के रूप में विकसित किया गया है जिसमें 15-25% प्रोटीन की मात्रा पायी जाती है। इनकी उपयोगिता जंतु प्रोटीन के समान विकसित की गई है।

(2) वनस्पति पत्तों का प्रोटीन : चावल सुरजना, पपीता, अमरन्थस इत्यादि हरी पत्तियों का प्रोटीन अलग पाउडर के रूप में विकसित किया जाता है जिसमें 50-70% प्रोटीन होता है। लायसीन अनिवार्य ॲमिनो अम्ल की मात्रा इनमें अधिक पायी जाती है, किन्तु वनस्पति पत्तों की प्रोटीन की उपयोगिता उनके स्वाद, कीमत एवं उत्पादिकता में कठिनाई के कारण अभी प्रचलित नहीं है।

(3) विशिष्ट प्रोटीन—सूक्ष्मजीवों का प्रयोग प्रोटीन की प्राप्ति हेतु किया गया है। जैसे—खमीर, अलगी, फफूँद आदि।

(अ) खमीर—(1) टोरूला, (2) ब्युअर नाम से खमीर उपयोग में लाये जाते हैं जिनमें 50 प्रतिशत प्रोटीन पाया जाता है। खमीर के प्रोटीन में केवल मिथिओनाइन

अनिवार्य ॲमिनो अम्ल नहीं पाया जाता जो फॉरटीफिकेशन द्वारा पूरी की जाती है। खमीर के प्रोटीन के न्युक्लिक ऍसिड तत्त्व शरीर में अघुलनशील होने से इसके उपयोग से गुर्दे की पथरी बनना, गठिया रोग का होना आदि देखा गया है।

(ब) अलगी—(1) GreenAlgae, (2) Blue/GreenAlgae: नियंत्रित स्थितियों में विकसित करने पर दोनों अलगी में 50-60% प्रोटीन (ठोस रूप में = On Dry Basis) पाया जाता है। इनमें सभी अनिवार्य ॲमिनो अम्ल पाये जाते हैं। सामान्यतः भोजन में इस प्रोटीन का अधिक उपयोग करने से जी मचलना, वमन, पेट दर्द होता है। इन लक्षणों की वजह प्रोटीन की निम्न पाचनशीलता है। भोजन बनाने की प्रक्रिया में इसे नियंत्रित किया जा सकता है।

(स) फफूंदी (Fungi) या मशरूम—मशरूम में 27 प्रतिशत प्रोटीन पायी जाती है। मशरूम की कई श्रेणियों में सूक्ष्म जीवाणुयुक्त टॉक्सीन विकसित होने से मनुष्य के लिये ये सभी मशरूम सुरक्षित नहीं होते हैं।

7

खनिज लवण

सामान्यतौर पर खनिज लवण और उसकी विशिष्ट उपयोगिता से हर मानव अधिक परिचित नहीं है, लेकिन इसकी जानकारी बहुत जरूरी है कि शरीर को ठीक से कार्य करने के लिये खनिज लवण बहुत ही जरूरी है। किसी भी लवण की कमी से उसी से सम्बन्धित शारीरिक व्याधि को निमंत्रण मिलता है जिसका उपचार बहुत सहजता से नहीं हो पाता।

शरीर में लगभग 24 लवण हैं, जिनकी प्राप्ति किसी-न-किसी तरह भोजन से होनी जरूरी है। ये हैं–

1. कैल्शियम
2. फॉस्फोरस
3. पोटैशियम
4. सोडियम
5. क्लोरीन
6. मैग्नीशियम
7. आयरन
8. मैंगनीज
9. कॉपर
10. आयोडीन
11. कोबाल्ट
12. जिंक
13. एल्यूमिनियम
14. आर्सेनिक
15. ब्रोमीन
16. फ्लोरीन
17. निकिल
18. क्रोमियम
19. कैडमियम
20. सेलेनियम
21. सिलिकोन
22. बैनेडियम
23. स्ट्रोन्शियम
24. मोलिब्डेनम

खनिज लवण शरीर में मुख्यतः निर्माण कार्य, जिसमें ऊतकों एवं कोशिकाओं का निर्माण करना एवं नियमन के कार्यों में शरीर में तरल द्रव पदार्थ के घटकों को नियमित रखना है।

खनिज लवण शरीर में कम मात्रा में आवश्यक होते हैं, साथ ही जीवन के लिये अनिवार्य हैं। मनुष्यों को खनिज लवण भोज्य पदार्थ से प्राप्त होते हैं। प्रतिदिन कार्य करने पर खनिज लवणों की अतिरिक्त मात्रा गुर्दे, मल तथा त्वचा से शरीर के बाहर निकल जाती है।

खनिज लवण कार्बनिक यौगिक के रूप में शरीर में फॉस्फोप्रोटीन, फौस्फोलिपिड, हीमोग्लोबीन, थॉयरॉक्सीन, आदि रूप में कार्य करते हैं। अकार्बनिक यौगिक के रूप में सोडियम क्लोराइड, कैल्शियम फॉसफेट के रूप में कार्य करते हैं। कुछ खनिज लवण स्वतंत्र अवस्था में पाये जाते हैं।

खनिज लवणों का वर्गीकरण

शरीर को आवश्यक मात्रा एवं कार्यशीलता के अनुसार खनिज लवणों को तीन वर्गों में वर्गीकृत किया जाता है–

(1) **मैक्रो खनिज लवण**–जो शरीर में अधिक मात्रा में आवश्यक होते हैं, वे खनिज लवण वर्ग में आते हैं। साधारणतया 100 मिलीग्राम प्रतिदिन की जरूरत वाले खनिज लवण कफल्शियम, फॉस्फोरस, सोडियम, क्लोरीन, पोटैशियम आदि इस श्रेणी में आते हैं।

(2) **माइक्रो खनिज लवण**–कम मात्रा में आवश्यक खनिज लवण इस श्रेणी में आते हैं 14-5 मिलीग्राम प्रतिदिन की आवश्यकता वाले खनिज लवणों को इस वर्ग में रखा गया है। लोहा, सल्फर, मैग्निशियम इस वर्ग के खनिज लवण हैं।

(3) **ट्रेस एलीमेन्ट्स**–खनिज लवणों के इस वर्ग में बहुत ही कम मात्रा में कुछ विशेष कार्य करने वाले आवश्यक खनिज लवण आते हैं जिनकी उपलब्धि सरल होती है। आयोडीन, फ्लोरीन, मॉलीब्डीनम जिंक इस वर्ग के खनिज लवण हैं।

आई.सी.एम.आर. ने मात्र दो खनिज लवणों को ही प्रतिदिन के खाद्य तत्त्वों की निर्धारित मात्रा में शामिल किया है। ये खनिज लवण हैं–कैल्शियम तथा लोहा।

अन्य खनिज लवणों की जरूरत कम मात्रा में रहने से एवं एक सामान्य आहार के भोज्य पदार्थों की मात्रा सभी खनिज लवणों की जरूरी मात्रा शरीर को उपलब्ध करा देती है।

खनिज लवणों के कार्य

खनिज लवणों के 'प्रमुख कार्य निम्नलिखित हैं–

(1) हड्डी, दाँत, ऊतक, स्नायु, रक्त तथा नाड़ी कोशिकाओं की संरचना करना।

(2) नाड़ी तन्तु द्वारा स्नायुपेशियों की संकुचना एवं प्रसारण की उत्तेजना नियमित करना।

(3) शरीर में द्रव/तरल पदार्थों का अम्लीय-क्षारीय सन्तुलन बनाये रखना।

(4) जल सन्तुलन को नियंत्रित करना।

(5) शरीर में परासरणीय दाब एवं कोशिकाओं की झिल्ली की आवागमन शक्ति को नियंत्रित करना।

(6) भोजन की उपयोगिता बढ़ाने हेतु पाचन क्रिया में सहयोग करना।

(7) हारमोन्स तथा एन्जाइम्स का संगठन।

(8) कुछ खनिज द्वारा एन्जाइम्स को क्रियाशील बनाना।

(9) कोशिकाओं की ऑक्सीजन प्रक्रिया को नियंत्रित करना।

खनिज लवणों का पाचन एवं अभिशोषण

शरीर में ज्यादातर खनिज लवण घुलनशील अवस्था में आसानी से अभिशोषित हो जाते हैं। अकार्बनिक खनिज लवणों की तुलना में कार्बनिक स्वरूप में खनिज लवण आसानी से अभिशोषित होते हैं। एक स्वस्थ व्यक्ति में खनिज लवणों की ग्रहण की गई मात्रा से अभिशोषित मात्रा एवं शरीर से निष्कासित खनिज लवण की मात्रा में एक सन्तुलन होता है।

होमियो-स्टेसिस प्रणाली द्वारा कोशिका के भीतर एवं बाहर जाने वाले खनिज लवण तथा अन्य खाद्य तत्त्व नियंत्रित किये जाते हैं।

भारतीयों के खाद्य में कैल्शियम एवं लोहा खनिज लवणों की कमी पायी जाती है। सामान्यतः जो आहार कैल्शियम एवं लोहा खनिज लवणों की पर्याप्त मात्रा शरीर में अभिशोषित कराता है वह आहार अन्य खनिज लवणों की भी पर्याप्त मात्रा शरीर में अभिशोषित कराता है वह आहार अन्य खनिज लवणों की भी पर्याप्त मात्रा शरीर को पहुँचाता है।

प्रमुख खनिज लवण	गौण खनिज लवण
कैल्शियम	लोहा
फॉस्फोरस	फ्लोरीन
सोडियम	कॉपर
पोटैशियम	जिंक
क्लोरीन	आयोडीन
सल्फर	क्रोमियम
मैग्नीशियम	कोबाल्ट

एक वयस्क व्यक्ति हेतु खनिज लवणों की प्रतिदिन की आवश्यक मात्रा

कैल्शियम	.....	400-500 मिलीग्राम
लोहा	.....	24 मिलीग्राम
कॉपर	.....	2 मिलीग्राम
आयोडीन	.....	150 मिलीग्राम
मैग्नीशियम	.....	2.5-7.0 मिलीग्राम
जिंक	.....	15 मिलीग्राम

1. कैल्शियम

सभी खनिज लवणों में सर्वाधिक मात्रा में हड्डी एवं ऊतकों में पाया जाने वाला खनिज लवण कैल्शियम होता है। लगभग 1200 ग्राम (शरीर के वजन का दो प्रतिशत) कैल्शियम शरीर में पाया जाता है। इसका 99 प्रतिशत हड्डियों में पाया जाता है तथा एक प्रतिशत कैल्शियम रक्त, कोमल तन्तुओं व तरल पदार्थों में मिलता है। इसके कार्य अग्रांकित हैं–

(1) रक्त के जमने में मदद करना।

(2) कई एन्जाइम्स को क्रियाशील करना।

(3) एसिटल-कोलीन के संश्लेषण हेतु आवश्यक नाड़ी तन्तुओं की संवेदना को उत्तेजित करना।

(4) विटमिन 'बी$_{12}$' के अभिशोषण में मदद करना।

(5) स्नायुपेशियों के आकुंचन एवं प्रसरण क्रिया को नियमित करना।

(6) हृदय की गति का नियमन।

(7) कोशिकाओं की परामिएबिलिटी को बढ़ाकर अभिशोषण प्रक्रिया में सहयोग देना।

कैल्शियम का अभिशोषण

छोटी अंतड़ियों के आरंभ के स्थान पर कैल्शियम का अभिशोषण दो विकल्पों से होता है–

(1) कैल्शियम + एडीनोसिन ट्रायफॉस्फेट रक्त में कैल्शियम।

(2) कैल्शियम रक्त में बहकर आ जाता है।

खाद्य पदार्थों के कैल्शियम के अभिशोषण को पाचन संस्थान के छोटी अंतड़ियों में निम्न तत्त्व प्रभावित करते हैं–

(1) **सूर्यप्रकाश**—सूर्य के प्रकाश की किरणों से विटामिन 'डी' बनता है जो कैल्शियम के अभिशोषण में सहयोग करता है।

(2) **विटामिन 'डी' की कमी**—पाचन संस्थान में विटामिन 'डी' की कमी होने पर कैल्शियम का अभिशोषण नहीं हो पाता।

(3) **फाँयटिक ऍसिड**—अनाजों में पाये जाने वाले फाँयटिक ऍसिड की क्रिया पाचन अंशों के कुल कैल्शियम की क्रिया से कैल्शियम फायटेट बनते हैं, वे अघुलनशील होते हैं तथा अभिशोषित नहीं होते।

(4) **ऑक्झॅलिक ऍसिड**—हरी पत्तेदार सब्जियों में पाया जाने वाला आक्झॅलिक में परिवर्तित कर देता है यह अघुलनशील होने के कारण अभिशोषित नहीं हो पाता।

(5) **कैल्शियम एवं फॉस्फोरस का अनुपात**—खाद्य पदार्थों में कुल कैल्शियम एवं फॉस्फोरस का अनुपात सामान्य (1–1) होने पर अभिशोषण आदर्श होता है। अनुपात असामान्य होने की अवस्था में शरीर की आवश्यकता एवं स्थिति के अनुसार अभिशोषण होता है।

छोटी अंतड़ियों से घुलनशील कैल्शियम के रक्त में अभिशोषण को निम्न बातें प्रभावित करती हैं–

(1) शरीर की कैल्शियम की जरूरत के अनुरूप घुलनशील कैल्शियम रक्त में अभिशोषण होता है।

(2) आमाशय की अम्लता कैल्शियम के अभिशोषण में सहायता करती है।

(3) विटामिन 'सी'–विटामिन 'सी' कैल्शियम के अभिशोषण में सहयोग करता है।

(4) लॅक्टोज–भोज्य पदार्थ के लॅक्टोज से पाचन के पश्चात् लॅक्टीक ऍसिड बनता है जो कैल्शियम के साथ मिलकर कैल्शियम लॅक्टेट नामक घुलनशील तत्त्व निर्मित करता है जिस रूप में कैल्शियम आसानी से रक्त में अभिशोषित हो जाता है।

(5) कुछ ॲमिनो अम्ल से पाचन अंगों में अम्लीय माध्यम विकसित होने से कैल्शियम का अभिशोषण बढ़ता है।

छोटी अंतड़ियों से कैल्शियम की जो मात्रा रक्त के प्लाज्मा में अभिशोषित नहीं हो पाती वह मल के साथ शरीर से निष्कासित हो जाती है। अधिकतम 30 प्रतिशत कैल्शियम ही शरीर में अभिशोषित हो पाता है। रक्त से हड्डी तथा दाँतों में कैल्शियम के अभिशोषण को–(1) विटामिन 'डी', (2) विटामिन 'सी', (3) कैल्सीटोसिन हारमोन मदद करते हैं।

हड्डी का कैल्शियम रक्त में आने की प्रक्रिया को (1) पॅराथायराइड हारमोन, (2) अत्यधिक विटामिन 'डी', (3) हड्डियों की अगतिशीलता सम्पन्न करते हैं। रक्त की अतिरिक्त कैल्शियम की मात्रा मूत्र द्वारा निष्कासित हो जाती है।

कैल्शियम के यचापचय में रक्त के प्लाज्मा की कैल्शियम की मात्रा सामान्य बनाये रखने को तीन प्रकार से नियमित किया जाता है। जैसे –

(1) अंतड़ियों से अभिशोषण की मात्रा कम या अधिक करके।

(2) गुर्दे से कैल्शियम का पुनःअभिशोषण द्वारा।

(3) हड्डियों के कैल्शियम को हड्डियों से हटाकर प्लाज्मा कैल्शियम की मात्रा में वृद्धि द्वारा।

उपर्युक्त तीनों प्रणालियों के परिणामस्वरूप कैल्शियम सन्तुलन प्लाज्मा में बना होता है। रक्त के कैल्शियम की सामान्य मात्रा 9-10 मिलीग्राम कैल्शियम प्रति 100 मिलीलीटर सीरम है।

कैल्शियम की कमी का प्रभाव

कैल्शियम की कमी का प्रभाव निम्नलिखित है–

(1) खाद्य पदार्थों द्वारा कैल्शियम की मात्रा शरीर में आवश्यकता से कम पहुँचने पर सामान्यतः प्रारंभिक लक्षणों में बालकों में शरीर के वजन में वृद्धि न होना, हड्डियों के विकास में अवरोध होना, मुँह पर सफेद दाग दिखाई देना, नाखून पर सफेद धब्बे इत्यादि हैं।

(2) रक्त में कैल्शियम की मात्रा घटकर जब 4-5 मिलीग्राम प्रति 100 मिलीलीटर सीरम तक हो जाती है तो टि्टॅनी रोग के लक्षण दिखाई देते हैं जिसमें नाड़ी संस्थान का उत्तेजित होना, बेहोशी तथा मृत्यु हो सकती है।

(3) कैल्शियम की अत्यधिक कमी से बच्चों में सूखा रोग का होना पाया गया है। अपरिपक्व शिशुओं में कैल्शियम एवं विटामिन 'डी' की कमी से हड्डी की वृद्धि तथा विकास पूर्णतः होने से अपरिपक्व अवस्था आ जाती है।

सूखा रोग के लक्षण–सूखा रोग के प्रमुख लक्षण निम्नलिखित हैं–

(1) सिर का आकार बढ़ना, गर्दन सामने की ओर झुकी होना।

(2) हड्डियों का नरम होना तथा आसानी से टूटना, दोनों घुटने मुड़कर एक दूसरे के पास आना।

(3) घुटनों तथा पाँवों के बीच की हड्डी का झुकना, मांसपेशियाँ कमजोर होना,

(4) चलना सीखने में विलंब, बेचैनी तथा चिड़चिड़ापन आदि हैं।

(4) अस्थि-मृदुता–गर्भावस्था के दौरान कैल्शियम एवं विटामिन 'डी' की कमी से हड्डियाँ नरम हो जाती हैं।

पाँव, कमर, गले एवं पीठ की हड्डियाँ विशेष रूप से नरम पड़ जाती हैं एवं शरीर के एक ओर झुकने लगती हैं इससे सम्पूर्ण शरीर उसी ओर झुक जाता है। अन्य लक्षणों में पाँव तथा पीठ के निचले भाग में दर्द, चलने एवं उतरते-चढ़ते समय

कठिनाई आदि। थोड़ी सी असावधानी से हड्डी के टुकड़े हो सकते हैं। कैल्शियम की कमी को हाइपोकॅल्शिमिया कहते हैं। यह स्थिति सीरम कैल्शियम स्तर कम हो जाने से होती है।

कैल्शियम की अधिकता

खाद्य पदार्थ, टॉनिक एवं दवाइयों से कैल्शियम की अधिक मात्रा शरीर में प्राप्त कर ली जाती है जिससे रक्त में कैल्शियम की मात्रा में वृद्धि होती जाती है। परिणामस्वरूप ऊतकों में कैल्शियम के जमा होने की प्रक्रिया एवं मूत्र में उत्सर्जित कैल्शियम की मात्रा में वृद्धि होती है। पेप्टीक अल्सर के रोगी अधिक मात्रा में दूध एवं क्षारीय तत्त्व का प्रयोग लम्बे समय तक करते हैं। ऐसे रोगियों में कैल्शियम की अधिकता हो सकती है। साथ ही वमन पेट में रक्तस्राव रक्त चाप का बढ़ना आदि लक्षण पाये जाते हैं। बच्चों में कैल्शियम तथा विटामिन 'डी' की मात्रा की दवाइयाँ टॉनिक के रूप में दिए जाने पर पेट की गड़बड़ी एवं शारीरिक वृद्धि में असमानता पाई जाती है। इस अवस्था को 'डी' की मात्रा की दवाई/ टॉनिक रूप में न देकर ठीक किया जा सकता है।

कैल्शियम के प्राप्ति के साधन

खाद्य पदार्थों में कैल्शियम के समृद्ध साधन हैं, दूध एवं दूध से बने पदार्थ। कैल्शियम साधनों में हरी पत्ते वाली सब्जियाँ, छिलकेरहित तिल, रागी हैं। कैल्शियम की प्राप्ति के साधन हैं, इत्यादि सभी प्रकार के मांस और अनाज। पान-सुपारी के साथ खाया जाने वाला चूना कैल्शियम की प्राप्ति का सर्वोत्तम साधन है।

कैल्शियम की मात्रा

आई.सी.एम.आर. 1968 (ICMR 1968) के अनुसार मनुष्य को विभिन्न उम्रों में कैल्शियम की निर्धारित मात्रा इस प्रकार है –

अवस्था		कैल्शियम मिग्रा/ दिन
शिशु	(0-12 माह)	500-600
बालक	(1–9 वर्ष)	400-500
	(10–15 वर्ष)	600-700
किशोरावस्था	(16-19 वर्ष)	500-600
वयस्क		400-500
गर्भावस्था/धात्रीअवस्था		1000

कैल्शियम का संग्रह

अधिकतम कैल्शियम हड्डियों तथा दोनों में इकट्ठे होते हैं। हड्डियों में लगातार कैल्शियम जमा होता रहता है एवं हड्डियों से अलग होकर रक्त में आ जाता है। यह प्रक्रिया बाल्यावस्था में अधिक होती है आयु के बढ़ने के साथ यह कम हो जाती है। सामान्यतः एक प्रतिशत कैल्शियम रक्त प्रवाह एवं ऊतकों में रहता है।

कैल्शियम का निष्कासन

शरीर में खाद्य पदार्थों द्वारा लिया गया कैल्शियम का 50% कल द्वारा प्रतिदिन निष्कासित होता है इसमें अभिशोषण से वंचित कैल्शियम एवं शरीर का कैल्शियम भी होता है। विटामिन 'डी' की मात्रा दवा के रूप में देने पर मल का कैल्शियम कम हो जाता है। प्रतिदिन खाद्य पदार्थों के रूप में लिया हुआ कैल्शियम मूत्र द्वारा निष्कासित होता है, पराथायरॉइड हॉरमोन्स इस प्रक्रिया को नियंत्रित करते हैं।

2. फॉस्फोरस

मनुष्य के शरीर में 400-500 ग्राम फॉस्फोरस फॉस्फेट्स के रूप में पाया जाता है। फॉस्फोरस शरीर के डी.एन.ए. तथा आर.एन.ए. के महत्त्वपूर्ण घटक हैं जो जीन के गुणधर्म नियंत्रित करते हैं। लगभग 85% फॉस्फोरस अकार्बनिक रूप में कैल्शियम के साथ मिलकर हड्डी तथा दाँत के संरचना में सहयोग करता है। शेष 15% फॉस्फोरस कार्बनिक यौगिक के रूप में कार्य करता है।

(1) आर.एन.ए., डी.एन.ए. की रचना, जिसमें जीन के गुण नियंत्रित होते हैं।

(2) फॉस्फोलिपिड के रूप में कोशिका के अंदर एवं बाहर तरल पदार्थ के आवागमन का नियंत्रण फॉस्फोलिपिड के रूप में रक्त में वसा का परिवहन होता है।

(3) फॉस्फोरीलेशन प्रणाली से जुड़ी सभी चयापचय प्रक्रियाओं को फॉस्फोरस नियंत्रित करता है। जैसे–

छोटी अंतड़ियों से ग्लूकोज	→	रक्त में
रक्त की ग्लूकोज	→	कोशिका में
गुर्दे में रक्त की ग्लूकोज	→	पुनः रक्त में

(4) फॉस्फोरस ए.डी.पी. एवं ए.टी.पी. द्वारा सतत ऊर्जा का संग्रह एवं व्यय।

(5) विटामिन 'बी' समूह के फॉस्फेट व्युत्पादित हैं, जैसे–विटामिन '$बी_1$', '$बी_2$', '$बी_6$' एवं पेन्टोथेनिक ऍसिड

(6) क्रिएटीनीन फॉस्फेट, जैसे–अधिक ऊर्जा के संग्रह के घटक का निर्माण।

अभिशोषण तथा चयापचय

भोज्य पदार्थों का 10-40% फॉस्फोरस अभिशोषित हो पाता है। कैल्शियम के साथ फॉस्फोरस का आदर्श अनुपात (1:1) होने पर फॉस्फोरस का अभिशोषण अधिक होता है।

वयस्कों के रक्त में फॉस्फोरस की सामान्य मात्रा 2.54.00 मिलीग्राम प्रति 100 मिलीलीटर सीरम होती है। अकार्बनिक रूप में फॉस्फोरस छोटी अंतड़ियों से रक्त में अभिशोषित होता है। कार्बनिक रूप में फॉस्फोरस स्वतंत्र रूप में नहीं अपितु फाइटिक अम्ल के रूप में खाद्य पदार्थों में पाया जाता है। फॉस्फोरस के अभिशोषण हेतु फाइटिक अम्ल का अपघटन होकर कार्बनिक फॉस्फोरस अकार्बनिक फॉस्फोरस में परिवर्तित हो जाता है तत्पश्चात् फॉस्फोरस का अभिशोषण होता है। यह प्रक्रिया शरीर में संभव नहीं हो पाती क्योंकि शरीर के पाचन संस्थान में फाइटेज एन्जाइम नहीं होने से फाइटिक अम्ल से अधिक मात्रा में फॉस्फोरस नहीं बन पाता। अपान, दालें इन दो भोज्य पदार्थों में फाइटिक अम्ल होने से उनका फॉस्फोरस कम मात्रा में ही अभिशोषित हो पाता है। दूध जैसे भोज्य पदार्थों में अकार्बनिक फॉस्फोरस शीघ्र एवं अधिक मात्रा में अभिशोषित होता है।

कोशिका के आंतरिक एवं बाह्य तरल पदार्थ में फॉस्फोरस का अनुपात 100 : 1 होता है।

प्रतिदिन की जरूरत—एक स्वस्थ व्यक्ति को प्रतिदिन एक मिलीग्राम फॉस्फोरस की जरूरत होती है।

कमी के प्रभाव

मनुष्यों में फॉस्फोरस की कमी के प्रभाव प्रायः विकसित नहीं होते। विशेषतः ऐसे आहार जिसमें पर्याप्त मात्रा में प्रोटीन एवं कैल्शियम पाया जाता है, फॉस्फोरस की पर्याप्तता रहती है। फॉस्फोरस की कमी कैल्शियम की कमी की स्थिति में ही संभव है। अतः वे सभी रोग फॉस्फोरस की कमी से भी होते हैं जो कैल्शियम की कमी से भी होते हैं। जैसे शारीरिक वृद्धि में कमी, दाँतों एवं हड्डियों की बनावट में असामान्यता, सूखारोग, कमजोरी तथा भूख न लगना, हड्डी में दर्द इत्यादि फॉस्फोरस की कमी से होते हैं।

प्राप्ति के स्रोत

अधिकतर खाद्य पदार्थों में फॉस्फोरस की काफी मात्रा पायी जाती है। दूध, फॉस्फोरस की प्राप्ति का श्रेष्ठ साधन है। अनाज, दालें, तेल-बीजों, में भी फॉस्फोरस अधिक मात्रा में पाया जाता है।

मैग्नेशियम

वयस्क व्यक्ति के शरीर में 20-30 मिलीग्राम मैग्नेशियम पाया जाता है। इसका 65 प्रतिशत हड्डियों में, 24 प्रतिशत कोशिका के अंदर तथा एक प्रतिशत कोशिका के बाहर होता है। हड्डियों में मैग्नेशियम फॉस्फेट तथा कार्बोनेट के रूप में पाया जाता है।

मैग्नेशियम के कार्य

मैग्नेशियम मनुष्य के शरीर में निम्न कार्य करते हैं–

(1) चयापचय प्रक्रिया में उत्प्रेरक के रूप में।

(2) एन्जाइम के क्रियाशील बनाने में। विशेष रूप में वे एन्जाइम्स जिनसे एडीनोसिन डाय फॉस्फेट एडीनोसिन ट्राय फॉस्फोट से होकर एडीनोसिन मोनो फॉस्फोट बनाने में।

(3) कोशिका के बाहर के तरल द्रव में कैल्शियम सोडियम तथा पोटैशियम के सन्तुलन में जिससे नाड़ी संवेदना प्रारंभ होकर स्नायुपेशियों का अंकुचन नियमित होता है। संक्षेप में हृदय की गति जैसे कार्य तथा रक्तचाप को बनाये रखने में।

(4) को-कॉरबॉक्सीलेज एन्जाइम में पाया जाता है।

मैग्नेशियम का चयापचय

40-50% मैग्नेशियम अभिशोषण के बिना मल में उत्सर्जित होता है एवं कुछ अभिशोषण के बाद मूत्र में उत्सर्जित होता है।

रक्त के सीरम में 2-3 मिलीग्राम प्रति 100 मिलीलीटर रक्त मैग्नेशियम होता है।

कमी का प्रभाव–मैग्नेशियम की कमी स्वस्थ मनुष्यों में प्रायः नहीं पायी जाती आहार में मैग्नेशियम की कमी एवं मूत्र में मैग्नेशियम की मात्रा कम हो जाती है। हाइपोकैल्शियम टिटॅनी जैसे लक्षण प्रकट होते हैं जिसमें मांसपेशियों में कँपकँपी, बेहोशी तथा अवसाद आदि लक्षण दिखाई देते हैं। सामान्यतः अधिक शराब पीने वाले व्यक्तियों में लीवर सिरोसिस के समय, क्वाशिओरकॉर वमन, तीव्र मधुमेह एवं गुर्दे की बीमारियों में मैग्नेशियम की कमी होती है।

आवश्यक मात्रा–मैग्नेशियम की प्रतिदिन की आवश्यक मात्रा इस प्रकार निर्धारित की गई है। जैसे –

वयस्क (स्त्री/पुरुष)	200 - 300 मिलीग्राम
गर्भावस्था	200 + 150 मिलीग्राम
शिशु	100 - 150 मिलीग्राम
बालक	150 - 200 मिलीग्राम

प्राप्ति के साधन—दूध, दूध से बने पदार्थ, हरी पत्तेदार सब्जियाँ, तेल-बीज, दालें इत्यादि मैग्नेशियम की प्राप्ति के अच्छे स्रोत हैं।

3. सल्फर

सल्फर प्रोटीन खाद्य तत्त्व का घटक है। मनुष्य के शरीर में लगभग 175 ग्राम सल्फर पाया जाता है। लगभग सभी कोशिकाओं में सल्फर युक्त ॲमिनो अम्ल, मिथिओनाइन सिस्टीन तथा सिस्टेइन के रूप में पाया जाता है। थायमिन (Vit B_1), बॉयोटीन, जीवनसत्व का सल्फर एक घटक है। त्वचा, बाल, नाखून एवं ऊतकों में सल्फर अधिक मात्रा में रहता है।

सल्फर के कार्य

अंतड़ियों में अभिशोषित सल्फर अधिकतर कार्बनिक रूप में ॲमिनो एसिड्स के रूप में पाया जाता है तथा शरीर में निम्नलिखित कार्य सम्पन्न कराने में सहायक होता है। जैसे—

(1) कार्टीलेज, हड्डी, त्वचा, हृदय के वॉल्व में एक घटक के कान्ड्रॉओटीन सल्फेट, जो एक म्यूकोपॉलीसॅकेराइड है।

(2) एन्जाइम में सल्फीड्रिल ग्रुप के रूप में कार्य।

(3) सल्फोलिपिड्स के रूप में यकृत, गुर्दे, लारग्रंथि के ऊतकों में तथा मस्तिष्क के सफेद भाग में रहकर कार्य करना।

(4) इन्सुलीन, हीपॅरिन, बाइल रस में पाया जाना एवं

(5) सल्फरयुक्त यौगिक जो ऑक्सीडेशन-रिडक्शन प्रक्रिया में आवश्यक उदाहरण : को-एन्जापइम ऑफ 'बी$_1$' और बायोटिन को-एन्जाइम ए, लाइपोइक एसिड तथा ग्लूटोथियॉन!

कमी के प्रभाव

मानव में सामान्यतः सल्फर की कमी नहीं पाई जाती। आहार जिसमें ॲमिनो अम्ल मिथिओनाइन, सिस्टीन पर्याप्त मात्रा में रहता है, से शरीर को सल्फरी की आपूर्ति हो जाती है।

प्राप्ति के साधन

समस्त जंतु भोज्यपदार्थों में सल्फर पाया जाता है।

4. लोहा

कैल्शियम, फॉस्फोरस के समान लोहा भी एक महत्त्वपूर्ण खनिज लवण है। भारतीयों के आहार में प्रायः इसकी कमी पायी जाती है। परिणामस्वरूप रक्ताल्पता की संभावना बढ़ जाती है। सभी आयु समूह के व्यक्तियों को विशेषकर किशोरावस्था में उसकी कमी आमतौर पर देखी जा सकती है।

मनुष्य के शरीर में कुल 3-4 ग्राम लोहा पाया जाता है। लोहे की अधिकांश मात्रा (60-70 प्रतिशत) रक्त में हिमोग्लोबीन के रूप में रहती है जिसमें लोहा प्रोटीन के साथ यौगिक बनाता है जिसे Porphyrin(Iron Bound Protein), फेरीटीन ट्रान्सफेरीन कहा जाता है। प्लाज्मा में लोहे की सामान्य मात्रा 60-100 मिलीग्राम (mg)/100 मिलीलीटर है।

कार्य

शरीर में लोहे के प्रमुख कार्य निम्न प्रकार हैं–

(1) **हीमोग्लोबीन बनाना**–लोहे की अधिकांश मात्रा रक्त में हीमोग्लोबीन बनाने हेतु (3-4 मिलीग्राम लोहा प्रति एक ग्राम हीमोग्लोबीन) कार्य करती है। हीमोग्लोबीन लाल रक्त कण का ऑक्सीजन संवाहक घटक है। फेफड़ों से ऊतकों तक ऑक्सीजन को पहुँचाना एवं कोषों/ऊतकों से फेफड़ों तक कार्बन डाई ऑक्साइड पहुँचाना हीमोग्लोबीन का मुख्य कार्य है।

लाल रक्त कण की उम्र 120 दिन होती है। तत्पश्चात् उसके हीमोग्लोबीन का हीम व ग्लोबीन पृथक् हो जाता है। हीम से लोहा अलग होकर अस्थिमज्जा में दूसरा लाल रक्त कण बनाने हेतु उपयोग में लाया जाता है। इस प्रक्रिया को हीमोपायोसिस कहा जाता है।

(2) **मायोग्लोबीन का निर्माण**–मायोग्लोबीन मांसपेशियों में प्रोटीन के साथ लोहा मिलकर बनता है। मायोग्लोबीन के रूप में में मांसपेशियों में ऑक्सीजन उपलब्ध करता है। लोहा मायोग्लोसिन का प्रमुख घटक है।

(3) **ट्रान्सफेरीन, फेरीटीन का निर्माण**–रक्त में लोहा ट्रान्सफेरीन या साइडरोफीलीन के रूप में होता है। मांसपेशियों में लोहा फेरीटीन या हीमोसाइडरीन के रूप में इकट्ठा रहता है।

(4) **एन्जाइम्स, को-एन्जाइम का घटक के रूप में**—लोहा कई एन्जाइम्स का घटक है। जैसे कैटेलेज, साइटोक्रोम ऑक्सीडेज, जैन्थीन ऑक्सीडेज। ये एन्जाइम्स कोशिकाओं की श्वसन क्रिया के लिए आवश्यक हैं।

(5) **लोहा बीटा**-कॅरोटीन (β Carotene) को विटामिन 'ए' में बदलने में सहयोग करता है।

(6) रक्त के वसा के स्तर को घटाने एवं प्यूरीन के संश्लेषण में लोहा कार्य करता है।

अभिशोषण एवं चयापचय

अम्लीय परिवेश में लोहे का शोषण तेजी से होता है। फेरस आयरन का फेरिक आयरन में बदलना जरूरी होता है तभी अवशोषण हो पाता है जिसके लिये 'विटामिन सी' आवश्यक है। शरीर की जरूरत के अनुसार लोहे का शोषण होता है। जैसे—बच्चों, किशोरों व गर्भवती स्त्रियों में लोहे का शोषण तेजी से होता है। पक्वाशय में लोहे का अभिशोषण सर्वाधिक होता है। छोटी अंतड़ियों में लोहे का अभिशोषण डीफ्युजन विधि से होता है।

सामान्यतः भोजन से 1-5 प्रतिशत लोहा अभिशोषित होता है। विशेष अवस्थाओं में आयरन की कमी की स्थिति में लोहे का अभिशोषण 10-20 प्रतिशत तक बढ़ जाता है। चावल की आयरन की मांत्रा अन्य अनाज के लोहे की मात्रा की तुलना में ज्यादा अभिशोषित होती है। अंकुरण एवं बेकिंग से अभिशोषण बढ़ता है। चाय, इमली, फाइटेट तथा टॅनिनस मिर्च में टॅनिनस का अनुपात अधिक होता है। रेशेवाले पदार्थ एवं नारियल का दूध भोजन के लोहे के अभिशोषण को कम करते हैं। कैल्शियम की अधिक मात्रा लोहे के अभिशोषण में बाधा डालती है।

ऑक्सेलिक एसिड जो कई सब्जियों में मिलता है लोहे के साथ मिलकर फेरस ऑक्जेलेट नामक अघुलनशील तत्त्व निर्मित करता है जिसका अभिशोषण नहीं हो पाता। आमाशय की अम्लता, विटामिन 'सी' साइट्रेटस, फ्रूक्टोज तथा ॲमिनो ऍसिड सिस्टेइन भोजन के लोहे के अभिशोषण में सहयोग करते हैं। सोयाबीन, मांस तथा विटामिन 'सी' युक्त आहार की लोहे की मात्रा का अभिशोषण अधिकतम होता है। अधिकतम अभिशोषण के बाद रक्त में लोहे की सामान्य मात्रा 60-160 माइक्रो ग्राम लोहा प्रति 100 मिलीलीटर प्लाज्मा तक हो जाती है। प्लाज्मा म्यूकोसा में लोहा प्रोटीन से जुड़कर (Iron Binding Protein = Transferrin or Siderophilin) ट्रांसफेरीन, साइडेरोफीलीन एवं लॅक्टोफेरीन के रूप में रहता है। अंतड़ियों की दीवार से प्लाज्मा तथा म्यूकोसा तक लोहा तथा प्रोटीन का संचरण इन्हीं रूपों में होता है।

प्लाज्मा में लोहा 20-33% की मात्रा में ट्रान्सफेरीन के रूप में शामिल रहता है। अतिरिक्त लोहा म्यूकोसा में एपोफेरीटीन के रूप में रहता है। एपोफेरीटीन (Apo Ferritin = Ferritin without Iron) म्यूकोसा में लोहे के साथ मिलकर फेरीटीन (Ferritin = Iron + Protein) बनाकर इसी रूप (Ferritin) में इकट्ठा हो जाता है।

संग्रहण

शरीर में कुल लोहे की मात्रा (3-4 ग्राम) का ज्यादातर भाग रक्त में हीमोग्लोबीन के रूप में होता है जिससे शेष फेरीटीन या हीमोसाइडेरीन के रूप में यकृत स्पलीन तथा अस्थिमज्जा में इकट्ठा रहता है।

उत्सर्जन

अभिशोषित लोहा प्रोटीन के साथ मिलने से शरीर में लगभग स्थिर/स्थायी रहता है। अतः लोहा का उत्सर्जन लगभग नहीं हो पाता।

मल में अभिशोषण से वंचित लोहा रहता है। पसीने एवं मूत्र में उत्सर्जित लोहे की मात्रा काफी कम रहती है। महिलाओं में प्रत्येक मासिक धर्म में 15-30 मिलीग्राम लोहा शरीर से उत्सर्जित होता है। गर्भवस्था में गर्भ, गर्भनाल तथा प्रसव के समय कुल 500 मिलीग्राम लोहा उत्सर्जित होता है। लाल रक्त कणिकाओं की आयु 120 दिन होती है। अतः प्रतिदिन हीमोग्लोबीन लाल रक्त कणिका से टूटकर 20 मिलीग्राम लोहा पृथक् हो जाता है जो कि फेरीटीन या हीमोसाइडेरीन के रूप में तब तक रहता है जब तक नया लाल रक्त कण हेतु हीमोग्लोबीन बनाने के लिये प्रयुक्त नहीं होता।

अतः शरीर में लोहे का उपयोग/ चयापचय बार-बार होता है। इस प्रणाली से–

(1) लोहे की शरीर के बाहर उत्सर्जित मात्रा काफी कम हो जाती है।

(2) लोहे की प्रतिदिन की जरूरी मात्रा कम हो जाती है तथा

(3) शरीर में लोहे की कमी के प्रभाव बहुत देर से प्रकट होते हैं।

कमी के प्रभाव

हमारे देश गें लोहे की कमी अधिकांश लोगों में पायी जाती है। लोहे की कमी से–

(1) रक्ताल्पता (एनिमिया)–शिशु, बालक, किशारोवस्था की लड़कियाँ गर्भावस्था के दौरान लोहे की कमी से रक्ताल्पता होता है जिसमें रक्त के हीमोग्लोबीन

की मात्रा घटकर 4-9 ग्राम प्रति 100 मिलीलीटर रक्त (सामान्य मात्रा 14 ग्राम प्रति 100 मिलीलीटर रक्त) रह जाती है। रक्ताल्पता के प्रमुख लक्षण हैं–

- जीभ में छाले, भूख न लगना।
- सीरम में लोहे की कम मात्रा।
- रक्त में हीमोग्लोबीन की कम मात्रा।
- लाल रक्त कणिका में कमी।
- कमजोरी, आलस्य, नाखून के रंग में बदलाव।

प्रायः हमारे भोजन में हरी पत्तेवाली सब्जियों का कम मात्रा में प्रयोग होता है। फूलगोभी, चुकन्दर, मूली के पत्ते इत्यादि में लोहे की मात्रा अधिक होती है, परन्तु अधिकांश परिवारों में ये पत्तियाँ हटाकर फेंक दी जाती हैं तथा शेष फूल, कन्द का ही उपयोग खाने में होता है। परिणामतः लोहे की कमी होती जाती है।

(2) स्त्रियों में गर्भावस्था तथा मासिक धर्म के समय रक्त की हानि से शरीर में लोहे की मात्रा कम हो जाती है।

(3) भारतीयों के भोजन में लोहे की मात्रा के साथ-साथ लोहे के अभिशोषण में बाधा डालने वाले तत्त्व एवं दवाइयों के कारण लोहे की कमी बढ़ती जाती है।

(4) हीमोसाइडेरोसीस की अवस्था जिसमें रक्त कणिकाएँ लगातार नष्ट होती रहती हैं, इस अवस्था को हीमोलाइटिक एनीमिया कहते हैं। इस अवस्था के दौरान लोहे की मात्रा अधिक लेने पर यकृत में जमा हो जाती है जिससे सिरोसिस जैसे लक्षण प्रकट होते हैं।

शरीर में लोहे की कमी हो जाने पर आहार में लोहे की मात्रा को अधिक बढ़ाने से सुधार नहीं हो पाता क्योंकि अभिशोषण एवं चयापचय की प्रक्रियाएँ लोहे की मात्रा को रक्त के हीमोग्लोबीन बनाने के लिए उपलब्ध नहीं करा पातीं। ऐसी स्थिति में दवा के रूप में फेरस सल्फेट शरीर में शीघ्र प्रभाव दिखाती है तथा एनीमिया के लक्षण में सुधार होता है।

प्राप्ति के साधन

अनाज से बने भोज्य पदार्थ तथा सब्जियाँ, लोहा, खनिज लवण में समृद्ध रहती है जिनमें कार्बनिक लोहा फासफोरस रूप में होता है। अकार्बनिक लोहे का रूप फेरिक गुड़ तथा पोहा भोज्य पदार्थ लोहे के बर्तन (कढ़ाई, तवा) में पकाने तथा पकाते समय अम्ल (नींबू रस, दही, इमली) का प्रयोग करने से संबंधित भोज्य पदार्थ के लोहे की मात्रा में वृद्धि होती है।

लोहे की आवश्यक मात्रा

जहाँ प्राणी प्रोटीनयुक्त भोज्य पदार्थों के द्वारा लोहे की आपूर्ति होती है वहाँ आहार में कुल लोहे की मात्रा कम रहने से भी शरीर की आवश्यकता पूर्ण होती है, परन्तु जहाँ आहार मात्र पदार्थ प्रोटीनयुक्त है, वहाँ लोहे की मात्रा अधिक रहने से ही शरीर की लोहे की जरूरत पूरी होती है।

विभिन्न अवस्था में लोहे की प्रतिदिन आवश्यक मात्रा इस प्रकार है–

शिशु	(0-4 माह)	माँ के दूध में पर्याप्त
	(5-12 माह)	10 मिलीग्राम
बालक	(1-12 वर्ष)	10 मिलीग्राम
	(13-16 वर्ष)	18 मिलीग्राम
बालिका	(13-16 वर्ष)	24 मिलीग्राम
महिला		28 मिलीग्राम
पुरुष		9 मिलीग्राम

5. ताँबा

सामान्य मानव के शरीर में कुल 100-150 मिलिग्राम ताँबा पाया जाता है। ताँबा लोहे के साथ हीमोग्लोबीन के निर्माण में सहायक है। यह हीमोक्यूपीन के रूप में लाल रक्त कण में एवं सेल्यूलोप्लाजमीन के रूप में प्लाज्मा में स्थित होता रहता है। यकृत, मस्तिष्क, हृदय ताथा गुर्दे में ताँबे की मात्रा अधिक होती है।

ताँबा के कार्य

ताँबा के प्रमुख कार्य निम्नलिखित हैं–

(1) रक्त के हीमोग्लोबीन का स्तर सामान्य बनाये रखने हेतु कार्य करना।

(2) सेरूलोप्लास्मीन का निर्माण जिसमें ताँबा प्रोटीन के साथ यौगिक बनाता है जो लोहे को ट्रान्सफेरीन के रूप में हीमोग्लोबीन बनाने में एक स्थान से दूसरे आवश्यक स्थान तक पहुँचा है।

(3) ताँबा की एन्जाइम्स का घटक है जिनसे विशिष्ट कार्य सम्पन्न होते हैं। उदाहरण–

(अ) साइटोक्रोम ऑक्सी डेज एन्जाइम फॉस्फोरीलेशन प्रक्रिया में निर्णायक एवं अंतिम प्रतिक्रिया में भूमिका।

(ब) टायरोसीनेज एन्जाइम - मॅलेनीन वर्णक।

(स) लाइसील ऑक्सीडेज–विशिष्ट ऊतकों (उदाहरण–Supportive Connective Tissues) में कोलेजन एवं इलॅस्टीन प्रोटीन के कार्य में भूमिका।

(द) डीहाइड्रोजिनेज एन्जाइम।

(य) सुपर ऑक्साइड डिसम्यूटेज एन्जाइम्स।

स्वतंत्र एवं अनावश्यक तत्त्वों के शरीर के बाहर करने में भूमिका।

(4) अन्य कार्य जिनमें ताँबा सहायक है–

- स्वाद, संवेदना बनाये रखना,
- मेलेनीन वर्णक का निर्माण,
- कोलेजन को परिपक्व बनाना,
- इलेस्टीन का निर्माण,
- संयोजी ऊतक का निर्माण,
- फॉस्फोलीपिड्स का संश्लेषण,
- हड्डियों का विकास।

अभिशोषण, चयापचय एवं उत्सर्जन

भोजन में वर्तमान ताँबे का बहुत ही कम प्रतिशत अभिशोषित होता है। आमाशय एवं छोटी अंतड़ियों के प्रारंभिक भाग से ताँबा रक्त में अभिशोषित होता है। ॲमिनो ऍसिड ल्यूसीन आहार के ताँबे के अभिशोषण में वृद्धि करता है। ताँबे के अभिशोषण को निम्नलिखित कारक प्रभावित करते हैं–

- ताँबे का रासायनिक स्वरूप एवं मात्रा,
- अन्य खनिज लवण जैसे लोहा, जिंक, सीसा, चाँदी, कैल्शियम, कॅडमियम आदि,
- फाइटेट एव विटामिन 'सी' मी मात्रा।

रक्त एवं प्लाज्मा में ताँबा समान रूप में वितरित होता है। रक्त में ताँबे की सामान्य मात्रा 122 μg ग्राम प्रति 100 मिलीलीटर सीरम है।

रक्त में एरीथोक्यूप्रीन के रूप में प्लाज्मा में ग्लोब्यूलीन प्रोटीन के साथ जुड़े हुए रूप में हैं जिससे मूत्र में ताँबे का उत्सर्जन काफी कम होता है। बाइल्स के द्वारा अंतड़ियों से मल के द्वारा ताँबा उत्सर्जित होता है।

ताँबे की कमी

मनुष्यों में ताँबा या खनिज लवण की कमी से कोई विशिष्ट रोग नहीं होते, किन्तु अन्य रोग के दौरान ताँबे की अतिरिक्त पूर्ति से लाभ मिलता है। क्वाशिओरकॉर,

नेफ्रोटिक सिन्ड्रोम, स्प्रू, रक्ताल्पता के समय उपचार में ताँबे से मदद मिलती है। जो शिशु अधिक दिनों तक माता के दूध पर पलते हैं उनमें ताँबे की कमी पायी जाती है।

ताँबे की अधिकता

ताँबे की अधिक मात्रा विषैली है जिससे यकृत, गुर्दे, नाड़ी-संवेदना संबंधी विकार उत्पन्न होते हैं। विशेष रूप से ताँबा जिस खदान से निकाला जाता है वहाँ के कर्मचारी/मजदूरों को ताँबा की अधिकता प्रभावित करती है। ताँबे के बर्तन में, खाना पकाने/रखने से उस खाद्य पदार्थ में ताँबे की अधिकता हो जाती है। प्रोटीन से जुड़ा ताँबा की अधिकता से जी मिचलाना, वमन, चक्कर आना, धुँधला दिखना इत्यादि लक्षण प्रकट होते हैं। स्वतंत्र रूप में ताँबे की अधिकता से विलसन्स नामक रोग जिसमें यकृत की रचना में विकार, तथा यकृत, आँख के लेन्स एवं गुर्दे में ताँबा जम जाता है।

प्राप्ति के साधन

अनाज, दालें, तेल-बीज में ताँबे की मात्रा अधिक रहती है। दूध में ताँबे की मात्रा नहीं पायी जाती।

प्रतिदिन की आवश्यक मात्रा

शिशु	0.5-1.00 मिलीग्राम
बालक	2.0 मिलीग्राम
किशोर	3.0 मिलीग्राम
पुरुष	2.0 मिलीग्राम
गर्भवती	3.0 मिलीग्राम

6. आयोडीन

आयोडीन काफी कम मात्रा में आवश्यक खनिज लवण के रूप में लिया जाता है परन्तु इसका महत्त्व शारीरिक वृद्धि एवं चयापचय में अत्यधिक है। मनुष्य के शरीर में कुल 50 मिलीग्राम आयोडीन पाया जाता है जिसका 60 प्रतिशत थायराइड ग्रंथी में व शेष ऊतकों में होता है।

आयोडीन के कार्य

शरीर के थायराइड ग्रंथि में थायरॉक्सीन एवं ट्राय–आयडो–टायरोसीन हॉरमोन का निर्माण। जिनका कार्य है–

कोशिका के अंदर ऑक्सीकरण क्रिया को नियंत्रित कर चयापचय की गति को निर्धारित करना।

अपरोक्ष/ परोक्ष रूप में शरीर में ऊर्जा का चयापचय एवं शारीरिक वृद्धि/ विकास में सहयोग।

ग्लाइकोजन को ग्लूकोज में परिवर्तन।

हृदय की गति में वृद्धि।

हड्डी के कैल्शियम एवं फॉस्फोरस को हटाकर मूत्र में उत्सर्जित करना।

अभिशोषण संग्रहण एवं उत्सर्जन

खाद्य पदार्थों में उपस्थित कार्वनिक आयोडीन शरीर में अकार्बनिक आयोडाइड में बदल कर अभिशोषित होता है। यकृत, फेफड़े, गुर्दे, मस्तिष्क ताकि मांसपेशियों में थोड़ी मात्रा में आयोडीन होता है। रक्त के सीरम में आयोडीन प्रोटीन के साथ संलग्न रहता है जिसकी सामान्य मात्रा 4-8 μg प्रति 100 मिलीलीटर सीरम है।

आयोडीन का संग्रह थॉयराइड ग्रंथि में (20-25 मिलीग्राम) होता है। थॉयराइड ग्रंथि द्वारा आयोडीन का अभिशोषण ग्रंथि की आवश्यकता पर निर्भर न होकर ग्रंथि की क्रियाशीलता पर निर्भर करता है।

जो आयोडीन ग्रंथि द्वारा अभिशोषित नहीं होता मूत्र द्वारा उत्सर्जित हो जाता है। आयोडीन की कुछ मात्रा मल, पसीना इत्यादि से उत्सर्जित होती है।

कमी के प्रभाव

आयोडीन की कमी के प्रभाव निम्नलिखित हैं—

(1) **गॉयटर**—पहाड़ी क्षेत्रों में पानी एवं मिट्टी में आयोडीन नहीं के बराबर होती है जिससे उस पानी में पके एवं उपजे भोज्य पदार्थों से शरीर की आयोडीन की पूर्ति न होकर गॉयटर जैसी स्थिति पैदा हो जाती है। गॉयटर में गले की थॉयराइड ग्रंथि का आकार बढ़ जाता है। थॉयराइड ग्रंथि का सामान्य वजन 25 ग्राम होता है जो आयोडीन की कमी से बढ़कर 200-500 ग्राम हो जाता है।

महिलाएँ पुरुषों की अपेक्षा अधिक प्रभावित होती हैं गर्भवती महिला को आयोडीन की कमी से भ्रूण को भी आयोडीन की कमी हो जाती है, जिससे क्रेटीनिज्म या (बौनापन) अवस्था विकसित हो जाती है। क्रेटीनिज्म अवस्था में बेसल मेटाबोलिक रेट कम होना, मांसपेशियों का कमजोर होना, सूखी त्वचा, जीभ का मोटा होना, होठों का मोटा होना, अस्थि के विकास में अवरोध एवं मानसिक विकार उत्पन्न होते हैं।

(2) **गॉयट्रोजन्स**—कई भोज्य पदार्थ जैसे पत्तागोभी, फूलगोभी, मूँगफली, राई इत्यादि में ऐसे तत्त्व होते हैं जो शरीर में थॉयरॉक्सीन हॉरमोन की क्रियाशीलता में बाधा उत्पन्न करते हैं। इन तत्त्वों को गॉयट्रोजन्स कहते हैं। गॉयट्रोजन्स के शरीर में क्रियाशील होने पर गॉयटर के लक्षण प्रकट होते हैं जबकि आयोडीन की कमी नहीं रहती।

प्राप्ति के साधन

समुद्र की मछलियों में आयोंडीन की मात्रा सर्वाधिक होती है। अण्डा, मांस, एवं दूध इत्यादि खाद्य पदार्थों में आयोडीन की मात्रा उन जानवरों के भोज्य पदार्थ में उपलब्ध आयोडीन की मात्रा पर निर्भर करती है। सब्जियों में पायी जाने वाली आयोडीन की मात्रा उस भूमि एवं पानी की आयोडीन की मात्रा पर निर्भर है जिसमें सब्जियाँ उगाई जाती हैं। आजकल नमक में आयोडीन मिलाकर आयोडीन की कमी को रोकने का प्रयास किया जा रहा है।

आवश्यक मात्रा

(1) वयस्क 150-200 मिलीग्राम प्रतिदिन
(2) गर्भावस्था/धात्रीवस्था – + 25 – 30 मिलीग्राम प्रतिदिन
(3) शिशु 50 मिलीग्राम प्रतिदिन
(4) बालक 100 मिलिग्राम प्रतिदिन

7. सोडियम

शरीर में इसकी निर्धारित मात्रा आवश्यक है क्लोरीन के साथ मिलकर यह सोडियम क्लोराइड (नमक) बनाता है। नमक के रूप में सोडियम क्लोराइड भोज्य पदार्थों में स्वाद लाता है। सामान्य व्यक्ति के शरीर में कुल 92 ग्राम सोडियम होता है।

सोडियम के कार्य

सोडियम के प्रमुख कार्य निम्नलिखित हैं–

(1) कोशिका के बाहर द्रव का प्रमुख घटक सोडियम है जिससे रसाकर्षण दाब एवं जल सन्तुलन बना रहता है। लगभग 90 प्रतिशत सोडियम कोशिका के बाहर के द्रव में स्थित होता है।

(2) आमाशय से अंतड़ियों तक के पाचक रसों में क्षारीय प्रदान करना।

(3) मांसपेशियों के आकुंचन एवं नाड़ी कोशिकाओं की उत्तेजना को सामान्य स्तर तक बनाए रखना।

(4) कोशिकाओं की घातवर्धता को नियमित रखना।

(5) कोशिका के अन्दर एवं बाहर के द्रव/ तरल में अन्य खनिज लवणों को बनाये रखना।

(6) एडीनोसीन ट्राय–फॉस्फेटेज एन्जाइम कोशिका की झिल्ली में रहता है एवं सोडियम को कोशिका के बाहर एवं पोटैशियम को कोशिका के अंदर नियमित एवं नियंत्रित करता है। हर तीन सोडियम के आयन्स के बाहर जाने पर कोशिका में पोटैशियम के दो आयन्स अन्दर आते हैं।

अभिशोषण, चयापचय, विसर्जन छोटी अंतड़ियों के आरंभिक भाग जेजूनम में सोडियम का अभिशोषण होता है। आहार के ग्लूकोज एवं ॲमिनो ऍसिड्स की उपस्थिति में अभिशोषण तेजी से होता है। सोडियम फॉस्फेट, सोडियम क्लोराइड के रूप में सोडियम विसर्जित होता है। एड्रीनों कॉर्टीकल हारमोन सोडियम की विसर्जित होने वाली मात्रा को नियंत्रित रखते हैं। इस हारमोन की कमी से मूत्र में सोडियम की अधिक मात्रा उत्सर्जित होती है। इस हारमोन की अधिकता से शरीर में सोडियम की मात्रा रह जाती है तथा शरीर में ओडिमा रोग की स्थिति प्रकट हो जाती है। एक सामान्य व्यक्ति के औसत आहार से प्रतिदिन 3-5 ग्राम सोडियम (8-12 ग्राम नमक से) मूत्र में विसर्जित होता है।

कमी का प्रभाव

सोडियम की कमी के प्रभाव निम्नलिखित हैं–

(1) खिलाड़ियों तथा अत्यधिक कार्य करने वाले मजदूरों में सोडियम की कमी पाई जाती है। सोडियम पसीने द्वारा शरीर के बाहर निकल जाता है। इस कमी की आपूर्ति नमकयुक्त तरल द्रव से आसानी से हो सकती है।

(2) एड्रीनो-कॉरटीको ट्रापिक हारमोन की कमी से ऍडीसन रोग होता है जिसमें शरीर से सोडियम अधिक मात्रा में बाहर निकलती है। इस स्थिति में व्यक्ति को अधिक मात्रा में नमक खाने की इच्छा होती है।

(3) वमन एवं अतिसार के बार-बार होने से शरीर में सोडियम की कमी हो जाती है।

(4) सोडियम की कमी के कारण भुखमरी, उच्च हृदय रोग, यकृत का सिरोसिस तथा ओडीमा में होती है। इसकी पूर्ति सभी रोगों की अवस्था में नमक से की जाती है।

(5) सोडियम की कमी के प्रारंभिक लक्षणों में कमजोरी, चक्कर आना, जी मिचलाना, आलस्य तथा ऐंठन आदि।

सोडियम असंतुलन

सोडियम/ नमक के अधिक मात्रा में प्रयोग से उच्च रक्तचाप की अवस्था में वृद्धि देखी जाती है। बचपन से ही नमक की कम मात्रा प्रयोग करने की आदत डालनी चाहिये जिससे शरीर में सोडियम का सन्तुलन बना रहे।

हृदय व गुर्दे के काम करना कम/ बन्द करने पर शरीर के बाहर सोडियम का उत्सर्जन कम होता है तथा शरीर के कोशिकाओं के अन्दर एवं बाहर के द्रव में सोडियम की मात्रा अधिक हो जाती है इस समस्या को एडीया कहते हैं।

कार्टीकल हॉरमोन के अधिक स्राव से ॲड्रिनो कार्टिक ट्रॉपीक हॉरमोन का उपयोग लम्बी अवधि तक करने से शरीर में सोडियम की मात्रा अधिक बनी रहती है।

प्राप्ति के साधन

नमक में सोडियम की मात्रा सर्वाधिक है। नमक का 40 प्रतिशत भाग सोडियम है। दूध तथा हरी पत्ते वाली सब्जियों में सोडियम की मात्रा अधिक होती है। अन्य खाद्य पदार्थ जैसे—फल, अनाज दालों एवं पानी में सोडियम की मात्रा कम/ अधिक होती है। सोडियमयुक्त पदार्थ जो खाद्य पदार्थ के साथ प्रयोग में लाये जाते हैं ये हैं—बेकिंग पाउडर, सोडियम साइट्रेट, सोडियम प्रोपीओनेट, मोनोसोडियम ग्लूटॅमेट-आदि।

आवश्यक मात्रा

वयस्त व्यक्ति 2-6 ग्राम नमक प्रतिदिन।

अधिक श्रम (ग्राम तथा उष्ण जलवायु के दौरान) 25-30 ग्राम प्रतिदिन।

8. क्लोराइड (क्लोरीन)

क्लोरीन शरीर में क्लोराइड आयन्स के रूप में कार्य करता है। क्लोराइड की अधिक मात्रा कोशिका के बाह्य द्रव में, कुछ लाल रक्त कणिकाओं तथा कोशिकाओं में पायी जाती है।

शरीर में कुल 2150 माइक्रो मोलस (m moles) क्लोराइड एक स्वस्थ व्यक्ति (60 किलो) में पाया जाता है। क्लोराइड सोडियम के साथ संयुक्त रूप में सोडियम क्लोराइड क्लोराइड के रूप में शरीर में पाया जाता है।

क्लोराइड के कार्य

क्लोराइड के प्रमुख कार्य निम्नलिखित हैं–

(1) अम्ल व क्षार का सन्तुलन बनाये रखना।

(2) आमाशय में हाइड्रोक्लोरिक अम्ल बनाने में।

(3) शारीरिक वृद्धि में।

(4) कोशिका के बाहर के द्रव में रसाकर्षण दाब जल सन्तुलन बनाये रखने में।

(5) एमइलज एन्जाइम को क्रियाशील बनाने में।

अभिशोषण एवं विसर्जन

क्लोराइड का अभिशोषण छोटी अंतड़ियों में तथा विसर्जन मूत्र व पसीने के द्वारा होता है।

कमी का प्रभाव

सामान्यतः क्लोराइड की कमी मानव में नहीं होती। कई अवस्थाएँ जैसे अत्यधिक वमन, दस्त के दौरान क्लोराइड की अधिक मात्रा विसर्जित हो जाने से शरीर में क्लोराइड की कमी हो जाती है इन अवस्थाओं में उपचार के रूप में बायकार्बोनेट दिये जाते हैं जो शरीर में क्लोराइड्स का स्थान ले लेते हैं।

क्लोराइड्स की कमी लम्बी अवधि तक रहने से अल्कलोसिस होता है। शिशु को डिब्बे का दूध आहार के रूप में अधिक दिनों तक देने से क्लोराइड की कमी हो जाती है।

प्राप्ति स्रोत

साधारण नमक तथा प्राणिज भोज्य पदार्थों में अधिक मात्रा में क्लोराइड होता है। भोज्य पदार्थों में भी इसकी काफी मात्रा पायी जाती है।

9. जस्ता

जिंक हारमोन इन्सुलीन एवं एन्जाइम कार्बोनिक एनहैइड्रेज का घटक है जिनके शरीर में महत्त्वपूर्ण कार्य हैं। स्वस्थ मनुष्य के शरीर (70 kg) में कुल 1.4-2.3 ग्राम जिंक ऊतकों, हड्डी, दाँत, अग्नाशय में है। जिंक रक्त में 0.7 मिलीग्राम प्रति 100 मिलीलीटर एवं प्लाज्मा या सीरम में 0.1 मिलीग्राम प्रति 100 मिलीलीटर पाया जाता है। सामान्य आहार में प्रतिदिन 10-15 मिलीग्राम जिंक होता है।

जिंक के कार्य

जस्ता के प्रमुख कार्य निम्नलिखित हैं–

(1) लाल रक्त कण एवं आमाशय की दीवारों के एन्जाइम कार्बोनिक एनहैइड्रेज का निर्माण।

(2) यह इन्सुलीन हारमोन का प्रमुख घटक।

(3) अन्य एन्जाइम्स जैसे कार्बोक्सीपेप्टाइडेज, एल्कलाइन फॉस्फेट्ज का घटक।

आवश्यक मात्रा एवं कमी के प्रभाव

मनुष्यों में जिंक की कमी से रक्ताल्पता व शारीरिक वृद्धि में अवरोध देखा जाता है।

आवश्यक मात्रा

शिशु	3-5	मिलीग्राम प्रतिदिन
बालक	0-15	मिलीग्राम ”
वयस्क	15	मिलीग्राम ”
ग्रर्भावस्था	20-25	मिलीग्राम ”

10. मैगनीज

मैगनीज शारीरिक वृद्धि, हड्डियों के विकास, प्रजनन एवं केंद्रीय नाड़ी संस्थान के सामान्य कार्यों से सम्बद्ध है। विवरण निम्नलिखित है–

(1) मैगनीज प्रोटीन, डी. एन. ए. आर.एन.ए के संश्लेषण से संबंधित है। म्यूकोपॉजीसॅस्केराइड्स, कोलेस्टेराल आदि के निर्माण से सम्बंधित है।

(2) मैगनीज कई एन्जाइम्स का घटक है जो कार्बन-डाई ऑक्साइड को स्थिर करने के लिए आवश्यक हैं।

(3) मैगनीज आरजीनज सक्सीनेट डीहाइड्रोजनेज, ग्लूॲमाइन संश्लेषण में को-फैक्टर कार्य करता है।

(4) एन्टीऑक्सीठन्ट डिफेन्स मेकेनिज्म के लिये आवश्यक एन्जाइम सूपर ऑक्साइड डिसम्यूटेज के लिये मैगनीज आवश्यक है।

अभिशोषण तथा कमी एवं अधिकता

आहार से कुल मैगनीज का 1-4 प्रतिशत मात्र ही रक्त में छोटी अंतड़ियों से अभिशोषित होता है। रक्त में मैगनीज ग्लोब्युलीन के साथ मिलकर यकृत में पहुँचता है। रक्त में मैगनीज की सामान्य मात्रा 2-3 मिलीग्राम प्रति 100 मिलीलीटर रक्त है। लोहा व कैल्शियम की अधिक मात्रा मैगनीज के अभिशोषण में अवरोध पहुँचाती है। सामान्य व्यक्ति (70 kg) के शरीर में कुल 30-35 मिलीग्राम मैगनीज पाया जाता है।

मैगनींज शरीर के समस्त ऊतकों एवं तरल द्रव में पाया जाता है। विशेष रूप से अग्नाशय, पिट्यूट्री ग्रथी, यकृत, गुर्दे तथा हड्डियों में। अभिशोषण से रहित मैगनींज की मात्रा मल के साथ उत्सर्जित होती है।

कमी का प्रभाव

मैगनीज की कमी से ग्लूकोज इनटॉलरन्स होता है।

अधिकता का प्रभाव

मैगनीज की अधिकता से बोलने में अस्पष्टता, हाथों में कँपकँपी तथा मानसिक विकार होते हैं।

प्रतिदिन की जरूरत

मैगनीज खनिज लवण की प्रतिदिन की आवश्यकता 5 मिलीग्राम निर्धारित की गई है जो सामान्यतः सभी खाद्य पदार्थों से प्राप्त होती हैं।

11. फ्लोराइड

फ्लोराइड पानी से एवं पानी में उत्पादित भोज्य पदार्थों से शरीर को उपलब्ध होता है। फ्लोराइड खनिज लवण की शरीर में अभिशोषित अधिक मात्रा ही वर्तमान में समस्या बन गई है। पूर्व में फ्लोराइड की अधिकता से विकसित फ्लोरासिस की स्थिति को इस लवण की कमी का प्रभाव मान कर (अज्ञानता, भूल, भ्रमवश) इस को भोज्य पदार्थों से नहीं तो टूथपेस्ट के माध्यम से शरीर में पहुँचाने का प्रयास किया गया। मानव शरीर की अधिकतम 1.5 पी.पी.एम. फ्लोराइड सहन कर सकता है पानी में इसकी 1.0 पी.पी.एम. मात्रा पर्याप्त होती है।

फ्लोराइड की अधिकता

फ्लोराइड की अधिक मात्रा से शरीर में–

(अ) अस्थि फ्लोरोसिस

(ब) दन्तीय फ्लोरोसिस

(स) अकंकालीय अभिव्यक्तियाँ आदि होती हैं।

(अ) अस्थि फ्लोरोसिस—अस्थि फ्लारोसिस गर्भ से लेकर सभी आयु के लोगों में हो सकता है उसके प्रमुख लक्षण हैं—कमर, पीठ की हड्डी एवं जोड़ों में तीव्र दर्द एवं ऐंठना।

(ब) दन्तीय फ्लोरोसिस—दूध के दाँत एवं स्थायी दाँतों में लम्बे समय से फ्लोराइड की अधिक मात्रा से बच्चों में दन्तीय फ्लोरोसिस होता रहा है जिसके मुख्य निम्न लक्षण हैं—

(i) दाँतों पर सफेद-पीले रंग के धब्बे हो जाना।

(ii) दाँतों की चमक धूमिल पड़ना।

(iii) दाँत काले, गड्ढेदार या छिद्रयुक्त हो जाना।

(iv) पीले-सफेद धब्बों का भूरा हो जाना।

(स) अकंकालीय अभिव्यक्तियाँ—फ्लोराइड की अधिक मात्रा शरीर में होने पर निम्नांकित अकंकालीय अभिव्यक्तियाँ देखने को मिलती हैं—

(1) पाचन प्रणाली से जुड़ी समस्या—तीव्र पेटदर्द, अतिसार, कब्ज, मल के साथ रक्त, पेट में गैस, भूख में कमी, मुँह में छाले, जी मिचलाना इत्यादि लक्षण फ्लोराइड की अधिकता के प्रारंभिक अभिव्यक्ति के रूप में प्रकट होते हैं जिनका इसी स्तर पर उपचार हो लाना आवश्यक है।

(2) नाड़ी संबंधी—अवसाद, हाथ-पाँव की उँगलियों में झिनझिनी, अधिक प्यास, मूत्र का बार-बार परन्तु कम मात्रा में उत्सर्जित होना आदि।

(3) स्नायु संबंधी—मांसपेशियों में कमजोरी, ऐंठना तथा दर्द।

(4) एलर्जी—त्वचा पर घाव एवं दर्द तथा गोल अथवा अण्डाकर आकार के लाल तथा लाल-नीले रंग के धब्बे।

(5) पीला तथा लाल रंग का मूत्र, मूत्राशय के अंगों में खुजली।

(6) सिरदर्द।

ये सभी अभिव्यक्तियाँ मात्र फ्लोराइड की अधिकता से नहीं होतीं वरन् अन्य कई कारणों से भी होती हैं। फ्लोराइड ही अधिकता से बचने के लिए पानी की फ्लोराइड की मात्रा को कम करना एवं निष्क्रिय करना दो ही विकल्प हैं।

घरेलू फ्लोराइड निष्क्रियता विधि

फ्लोराइड की मात्रा को निष्क्रिय करने कर घरेलू विधि—

(1) 60 लीटर क्षमता की एक बाल्टी लें जिसमें तल से 3-4 से.मी. ऊपर टोंटी लगी हो।

(2) पानी भर लें (लगभग 40 लीटर)। पानी में $\frac{1}{2}$–1 चम्मच चूना या सोडियम कार्बोनेट, 120 ग्राम ब्लीचिंग पाउडर एवं एक प्रतिशत फिटकरी का घोल क्रमशः डाल दें।

(3) पानी को धीरे-धीरे दस मिनट तक हिलायें।

(4) पानी के कुछ समय तक स्थिर रहने दें।

(5) टोंटी द्वारा ऊपर का जल उपभोग के लिए निकाल लें।

(6) नीचे का अवशेष फेंक दें।

(फिटकरी का घोल 1 प्रतिशत 1 mg/ml बनाने हेतु 1000 ग्राम फिटकरी पानी में घोलकर 10 लीटर होने तक पानी डालें।)

प्राप्ति के स्रोत

पानी के अलावा सुपारी, पान, तम्बाकू में फ्लोराइड अधिक मात्रा में पहुँचता है। फ्लोराइड की अधिकता का असर एक बार फ्लोरोसिस के रूप में विकसित होने पर उसे केवल आगे बढ़ने से रोका जा सकता है। अतः प्रारंभिक अवस्था में ही उपचार होना आवश्यक है। उपचार हेतु पानी की फ्लोराइड की मात्रा को कम करना ही एक मात्र विकल्प है। शरीर में पहुँचा फ्लोराइड घटाना संभव नहीं होता।

खाद्य पदार्थों में फ्लोराइड की मात्रा ज्ञात करना संभव नहीं है अतः खाद्य पदार्थों के साथ विटामिन 'सी' का उपयोग अधिक मात्रा में करने से फ्लोराइड की क्रियाशीलता कम की जा सकती है।

8

विटामिन

भोजन की भाषा में ये जीवन तत्व कहलाते हैं। शरीर को इनकी अल्प मात्रा की आवश्यकता होती है। वसा और कार्बोहाइड्रेट के समान ये ऊर्जा प्रदान नहीं करते हैं, लेकिन इनकी भूमिका कम नहीं है। ये मनुष्य के अस्तित्व के लिए जरूरी हैं क्योंकि कई शारीरिक प्रक्रियायों में ये उत्प्रेरक का कार्य करते हैं। ये अस्वस्थता, संक्रमण और रोग से शरीर की रक्षा करते हैं। शरीर में लगभग 13 विटामिनों की जरूरतों को बताई जाती है। चूँकि शरीर उनका उत्पादन नहीं कर सकता इसलिए इन्हें भोजन द्वारा उपलब्ध कराना चाहिये। अधिकांशतः सुसन्तुलित आहार, शरीर के लिए विटामिन की दैनिक जरूरतों की पूर्ति करता है।

विटामिनों की उपयोगिता को प्रभावित करने वाले तत्त्व

विटामिनों की उपयोगिता शरीर में कई तत्त्वों से प्रभावित होती है जिनमें प्रमुख तत्त्व हैं–

(1) विटामिनों का अभिशोषण के लिये उपलब्ध न होना–कई विटामिन खाद्य पदार्थों में ऐसे रूप में पाये जाते हैं जिनका अभिशोषण नहीं हो पाता। उदाहरणतः अनाज का निकोटीनिक ऍसिड। अनाज में पाये जाने वाले फाइटिक ऍसिड के निष्क्रिय होने के बाद तथा वसा में घुलनशील विटामिन शरीर में वसा के पाचन के बाद ही अभिशोषित हो सकते हैं।

(2) एन्टी-विटामिन्स की खाद्य पदार्थों में उपस्थिति–कई खाद्य पदार्थों में विटामिनों के साथ संगठन में उनसे मिलते-जुलते एन्टी-विटामिन्स हैं। एन्टी-विटामिन्स विटामनों के अभिशोषण के समय एन्जाइम की क्रिया राग्पन्न नहीं होने देते। अतः विटामिन शरीर को प्राप्त नहीं हो पाता। एन्टी-विटामिन्स को एन्टागोनिस्ट भी कहते हैं। जैसे एमिनोप्टेरीन, डीझॉक्सी पायरीडीन।

(3) प्रो-विटामिन्स की उपलब्धता—कई खाद्य पदार्थों में कुछ विटामिन स्वयं के रूप में विद्यमान न होकर उनके प्रो-विटामिन्स के रूप में पाये जाते हैं। ये उचित/उपयुक्त प्रक्रिया के होने क पर विटामिनों में परिवर्तित हो जाते हैं। जैसे—

(अ) कॅराटीन का विटामिन 'ए' में परिवर्तन।

(ब) ट्रीप्टोफीन का नायसिन में परिवर्तन।

(4) आतड़ियों में विटामिनों का सृजन—छोटी अंतड़ियों में पाये जाने वाले बैक्टेरिया में विटामिनों के निर्माण की क्षमता होती है। जैसे-विटामिन 'के','बी', 'बी', फोलिक एसिड एवं निकोटीनिक ऍसिड।

स्वस्थ मनुष्य में इस क्रिया से विटामिनों की प्राप्ति काफी कम होती है। बीमारी के दौरान छोटी अंतड़ियों में इस प्रकार का निर्माण अधिक देखा जाता है। अतः मनुष्य के आहार में पायी जाने वाली विटामिनों की मात्रा से व्यक्ति को प्रांप्त विटामिनों की मात्रा का अनुमान लगाना सही नहीं होगा।

किसी एक खाद्य पदार्थ में सभी विटामिनों की उचित मात्रा नहीं पायी जाती। आहार के अलग अलग खाद्य समूह के अलग-अलग भोज्य पदार्थों में सभी विटामिन पाये जाते हैं।

एक सामान्य व्यक्ति नियमित रूप से उचित मात्रा में खाद्य पदार्थ का सेवन करता है तो उसे विटामिनों की अतिरिक्त सम्पूरक मात्रा की जरूरत नहीं पड़ती भोजन से ही उसकी आवश्यक विटामिनों की पूर्ती हो जाती है।

शरीर में प्रमुख कार्य

शारीरिक वृद्धि, स्वास्थ्य को बनाये रखना, प्रजनन, पोषक तत्त्वों का चयापचय, ऊर्जा का चयापचय, ऊतकों को स्वस्थ बनाये रखना, पाचन संस्थान का सुचारु रूप से चलना तथा संक्रमण के विरुद्ध रोगरोधक शक्ति के रूप में कार्य विटामिनों के सहयोग से ही संपन्न होते हैं।

कमी एवं अधिकता का प्रभाव

विटामिनों की कमी एवं अधिकता से शरीर पर हानिकारक प्रभाव होते हैं। वसा में घुलनशील विटामिनों की अत्यधिक मात्रा में लेने पर मूत्र, मल, पसीने इत्यादि के द्वारा निष्कासित होकर शरीर को कम हानि पहुँचाने का प्रयास होता है। वसा तथा पानी में घुलनशील विटामिनों की कमी से भिन्न-भिन्न प्रकार के रोग के लक्षण दिखाई देते हैं।

विटामिनों का वर्गीकरण

कुल सत्रह विटामिन मनुष्य के शरीर के लिए आवश्यक हैं। इन विटामिनों

को दो प्रमुख भागों में बांटा गया है। जैसे–

(1) **वसा में घुलनशील विटामिन**

(i) विटामिन 'ए' तथा कैरोटीन

(ii) विटामिन 'डी'

डी ' (कॅलसिफेरॉल)

डी ' (डी–हैड्रो कालेस्देरॉल नौसर्गिक विटामिन 'डी')

(iii) विटामिन 'इ'

(iv) विटामिन 'के'

(2) पानी में घुलनशील विटामिन

(i) विटामिन 'बी' समूह

विटामिन 'बी$_1$' (थायमीन)

विटामिन 'बी'$_2$ (राइोफ्लेवीन)

निकोटीनिक एसिड/ निकोटीनिक/ नायसिन

पायरीडाक्सीन (विटामिन 'बी$_6$')

पॅन्टोथेनिक ऍसिड

इनॉसीटॉल

बॉयोटीन

विटामिन 'बी'$_{12}$

(ii) विटामिन 'सी'(AscorbicAcid)

(iii) विटामिन 'पी' (Bioflavonoids)

विटामिनों की नाप की इकाई

प्रारम्भ में वसा में घुलनशील विटामिनों की माप इन्टरनेशनल यूनिट में तथा जल में घुलनशील विटामिनों का माप मिलीग्राम में की जाती थी।

आजकल माइक्रोग्राम (Microgram=μg) से सभी विटामिनों को नापा जाता है। मिलीग्राम 1000 माइक्रोग्राम = 40,000 इन्टरनेशनल यूनिट। एक माइक्रोग्राम =40 इन्टरनेशनल यूनिट।

विटामिन 'ए'

विटामिन 'ए' केवल प्राणिज खाद्य पदार्थों में पाया जाता है। पादप भोज्य पदार्थों में पाया जाने वाला कॅरोटीनॉइड तत्व विटामिन 'ए' के कार्य करने की क्षमता होती है। शरीर में कँराटीनाइड तत्व विटामिन 'ए' में परिवर्तित हो जाते हैं। अतः

कॅरोटीनाइड्स प्रो-विटामिन 'ए' है। 1912 में हॉपकिन नामक वैज्ञानिक ने दूध में पाये जाने वाले तत्त्व को जीवन के लिये आवश्यक तत्त्व नाम दिया जो कि प्रोटीन, वसा, स्टार्च तथा नमक से पृथक है। 1913 में ओसबोर्न एवं मेंडल ने बताया कि वसा तेल के कुछ ही प्रकार चूहों में वृद्धि करने में समर्थ हैं। इन वैज्ञानिकों ने इस तत्त्व को मक्खन से पृथक् किया। 1915 में मॅकॉलम तथा डेविस ने इस तत्त्व को वसा में घुलनशील तत्त्व 'ए' नाम दिया। 1971में मॅकॉलम एवं साइमॉण्ड्स ने प्रमाणित किया कि आँख की बीमारी जिरोफ्थेलमिया किसी वसा में घुलनशील तत्त्व की कमी से होता है। 1922 में कॅकॉलम तथा 1923 में गोल्डब्लट ने माना कि सूखा रोग को ठीक करने वाले तत्त्व भिन्न-भिन्न हैं तथा दोनों ही वसा में घुलनशील हैं।

1920 में रोसेनहेम तथा ड्रयूमॅण्ड ने पौधों में स्थित कॅरोटीन तथा वसा में घुलनशील इस तत्त्व के कार्यों से पता चला कि शरीर में कॅरोटीन विटामिन 'ए' की कमी थी। इन चूहों के यकृत में विटामिन 'ए' पाया गया।

β-Carotene–2 mole. of Retionol (Vit-A-aldehyde)

↓

Retinol
(Vit-A-Alcolhol)

1931 में कारेर ने विटामिन 'ए' की रचना के बारे में बताया 1937 में होल्म्स तथा कोलबेट ने हॅलीबट मछली के यकृत के तेल से विटामिन 'ए' के रवे पाए। 1937 में कून तथा मॉरीस ने विटामीन 'ए' के संश्लेषण की विधि बताई। 1945 तक अप्राकृतिक (Syntheic) विटामिन 'ए' बनाया गया।

विटामिन 'ए' रंगहीन तथा वसा में घुलनशील है। यह अत्यधिक संतृप्त एल्कोहल होता है जो कि शरीर में एस्टर (Ester) रूप में रहता है। विटामिन 'ए' का एस्टर स्वरूप स्थायी है। अन्य स्वरूप जैसे एल्कोहल, एल्डीहाइड, एसीड, ऑक्सीडेशन, हवा एवं प्रकाश से शीघ्र नष्ट हो जाते हैं। सामान्यतः खाद्य पदार्थों में विटामिन 'ए' न एस्टर (Ester) रूप में ही पाया जाता है। अतः इसकी क्रियाशीलता समाप्त नहीं होती। ऑक्सीडेशन के कारण वसा में उपस्थित की क्रियाशीलता समाप्त हो जाती है। लिसिथीन (=40%) तथा विटामिन

'इ' (Tocoferol =2%) की उपस्थिति में विटामिन 'ए' की क्रियाशीलता का संरक्षण(ऍन्टीऑक्सीडंट =Anti Oxidants) होता है।

विटामिन 'ए' के प्रकार

विटामिन 'ए' के चार प्रकार हैं, ये भिन्न-भिन्न विशिष्ट कार्य करने में समर्थ हैं। कई खाद्य पदार्थों में उससे से अधिक प्रकार के विटामिन 'ए' पाये जाते हैं।

(1) विटामीन 'ए'$_1$ रेटीनॉलः केवल प्राणिल खाद्य पदार्थों जैसे दूध, मक्खन, में पाया जाता है। प्रो-विटामिन 'ए' के रूप में कॅरोटीनॉइड पिगमेंट के नाम से यह कई हरी तथा पीली सब्जियाँ जैसे–पालक, गाजर, पपीता इत्यादि में बीटा-कॅरोटीन के रूप में पाया जाता है। विटामिन 'ए' तथा कैरोटीन पर सामान्य उबालने की क्रिया का कोई असर नहीं पड़ता। खारे पानी में पायी जाने वाली मछलियों के विटामिने 'ए' को कहते हैं। विटामिन 'ए' प्रोटीन, ॲमिनो अन्न तथा वसीय अम्ल के साथ एस्टर्स का निर्माण अधिक स्थिर हो जाते हैं।

(2) **विटामिन 'ए'$_2$**–विटामिन 'ए'$_2$ केवल ताजे पानी की मछलियों के यकृत में पाया जाता है। विटामिन 'ए'$_2$ में 'ए'$_1$ की अपेक्षा रचना में एक डबल बॉण्ड रहता है।

(3) विटामिन 'ए' एल्डीहाइड–विटामिन 'ए' एल्डीहाइड के रूप में विटामिन 'ए' केवल आँख के रेटीन के रॉड्स तथा कोनस में पाया जाता है।

(4) विटामिन 'ए' ऍसिड–विटामिन 'ए' ऍसिड शरीर में बनता है तथा शारीरिक वृद्धि के लिये है। विटामिन 'ए' के अन्य का कार्य जैसे प्रजनन तथा आँख की दृष्टि में इसका कोई सहयोग नहीं रहता क्योंकि ये ऍसिड एल्डीहाइड या रेटीनॉल में नहीं बदलता।

क्रियाशीलता की दृष्टि से विटामिन 'ए'$_1$ 100 प्रतिशत तथा विटामिन 'ए'$_2$ 30 प्रतिशत क्रियाशील है।

अभिशोषण

विटामिन 'ए' कएस्टस का सॅपॉनिफिकेशन पॅन्क्रीयॅटिक लाइपेज से होता है विटामिन 'ए' का इमल्सीफिकेशन पक्वाशय तथा लेलूनम में होता है।

विटामिन 'ए' की पर्याप्त मात्रा अभिशोषित होने के लिये बाइल साल्ट्स है। बाइल साल्ट्स की भी यकृत के रोगों (Cirrhosis, Hepatitis) में हो जाती है जिसमें विटामिन 'ए' का नहीं हो पाता।

बाइल वर्णेक बीलीरूबीन तथा बीलीवरडीन से विटामिन 'ए' का ऑक्सीडेशन नहीं होता अतः इन दोनों वर्णकों को NaturalAntioxidants कहा जाता है।

सब्जियों का कॅरोबिन पाचन के अभाव में अनियमित मात्रा में तथा काफी कम मात्रा में (25–30 प्रतिशत) अभिशोषित होता है।

कैरोटीन के अभिशोषण के लिये आवश्यक है–

(1) कैरोटीन का विटामिन 'ए' में परिवर्तन।

(2) बाल्स की क्रियाशीलता।

विटामिन 'ए' के अभिशोषण के लिये छोटी अंतड़ियों के आरंभिक हिस्से में सामान्य क्रियाशीलता तथा संरचना की जरूरत होती है।

सामान्यतः विटामिन 'ए' के अभिशोषण को निम्न कारक प्रभावित करते हैं। जैसे–

1. आहार में विटामिन 'ए की मात्रा।
2. विटामिन 'ए' का प्रकार।
3. अंतड़ियों में अन्य घटकों का प्रभाव–जैसे Mineral Oil or Liquid Paraffin का प्रभाव।
4. शरीर में विटामिन 'ए' की मात्रा।
5. बाइल साल्ट्स के निर्माण में कमी।
6. प्रोटीन का अभाव।
7. रोग की अवस्था, उदाहरण–अतिसार।
8. आयु–वृद्धि तथा नवजात शिशु में अभिशोषण की गति काफी धीमी होती है।

खाद्य पदार्थ का विटामिन 'ए' छोटी अंतड़ियों की दीवारों में अभिशोषित होने के लिम्फॅटिक वाहिनी से थेरॅसिक एक्ट द्वारा रक्त में प्रवेश करता है। सामान्य व्यक्ति में विटामिन 'ए' एस्टर एवं एल्कोहॅल के रूप में वसा के माध्यम से अभिशोषित होते हैं।

रक्त से विटामिन 'ए' एस्टर तथा एल्कोहॅल यकृत में प्रवेश करते हैं जहाँ एस्टर का अपघब्न एल्कोहॅल में होता है। ये एल्कोहॅल प्रोटिन के साथ यौगिक लाइपोप्रोटीन बनकर रक्त में प्रवेश करते हैं तथा रक्त से ऊतकों द्वारा उपयोग में लाये जाते हैं। रक्त में इस प्रोटीन कैरियर की अनुपस्थिति विटामिन 'ए' की कमी को दर्शाता है।

रक्त में विटामिन 'ए'

रक्त में विटामिन 'ए' की सामान्य मात्रा (130 I.U./100ml उस) 130 इन्टरनेशनल यूनिट प्रति 100 मिलीलीटर है।

Normal Serum Level = ------- 80-300 I.U.è100 ml

or

25-90μg/100ml

गर्भावस्था के आखिरी तीन महीनों में यह 30% घट जाती है। नवजात शिशु में विटामिन 'ए' की मात्रा I.U/100ml or 15-27 μg/100ml होती है। संक्रमण के समय विटामिन 'ए' की मात्रा कम हो जाती है।

संग्रह—यकृत में 90% विटामिन 'ए' पाया जाता है।

मानव के लिये यह संगृहीत मात्रा तीन महीनों के लिये पर्याप्त होती है। एक वयस्क व्यक्ति के यकृत में विटामिन 'ए' की संग्रह की अधिकतम सीमा 100,000 μg है। जन्म के समय संग्रह की यह मात्रा कम होती है तथा उम्र के साथ बढ़ती रहती है।

उत्सर्जन

वसा में घुलनशील होने के कारण विटामिन 'ए' का उत्सर्जन मूत्र के द्वारा नहीं होता। यकृत में विटामिन 'ए' के संग्रह की सीमा अधिकतम होने के पश्चात् यह उत्सर्जित होता है। विटामिन 'ए' बाइल साल्ट्स के द्वारा मल के साथ शरीर से बाहर निकल जाता है। धात्रीवस्था में विटामिन 'ए' दूध के साथ उत्सर्जित होता है।

कार्य

(1) दृष्टि सामान्य बनाये रखने में—आँख की रेटीना में विटामिन 'ए' एल्डीहाइड या रेटीनॉल प्रोटीन ऑप्यीन से मिलकर प्होडॉप्सीन या व्हिजुअल परपल का निर्माण करता है।

प्होडॉप्सीन धुंधला प्रकाश अभिशोषित करके एल्डीहाइड तथा प्रोटीन ऑप्सीन में बंट जाता है।

यह एल्डीहाइड पुनः ऑप्सीन के साथ मिलकर प्होडोंप्सीन का निर्माण करता है।

इस क्रिया के सम्पन्न होने में विलंब होने पर व्यक्ति को दिखाई देने में कठिनाई होती है। इस क्रिया में कुछ मात्रा में विटामिन 'ए' रखें अल्डीहाइड नष्ट होता है। अतः विटामिन 'ए' का प्रतिदिन पर्याप्त मात्रा में रक्त में रहना दृष्टि के लिये आवश्यक है।

(2) कोमल त्वचा का संगठन—विटामिन 'ए' एसिड म्युकस स्राव को उत्तेजित करने वाले तत्वों को प्रभावित करता है। म्युकस स्राव से आँख, मुँह, छोटी अंतड़ियों की अंदर की दीवारें, श्वसन मार्ग तथा मूत्र मार्ग इत्यादि जगहों की झिल्ली तथा एपीथेलियम सुगठित बना रहता है। विटामिन 'ए' की उपस्थिति से बैक्टीरिया के संक्रमण की संभावना नहीं रहती।

(3) अस्थि तथा दाँतों का विकास—विटामिन 'ए' सामान्य अस्थि तथा दांतों की वृद्धि के लिये जरूरी है। अस्थि तथा दाँतों की वृद्धि का यह कार्य बचपन में विशेष रूप से महत्वपूर्ण होता है।

(4) नाड़ी-संस्थान तथा विटामिन 'ए'—विटामिन 'ए' सामान्य नाड़ी के ऊतक की कार्यप्रणाली के लिये विटामिन 'ए' आवश्यक है। विटामिन 'ए' शीघ्र की रचना के लिये विटामिन 'ए' आवश्यक है। विटामिन 'ए' के अभाव में नाड़ी-संस्थान की कोशिकाएँ समाप्त होने लगती हैं।

(5) प्रजनन तथा विटामिन 'ए'—सामान्य प्रजनन के लिये मनुष्य को विटामिन 'ए' जरूरी है। विटामिन की कमी से पुरुष एवं स्त्री दोनों में प्रजनन की क्षमता में कमी देखी जाती है तथा स्त्रियों में गर्भपात की संभावना अधिक होती है।

(6) विटामिन 'ए' तथा प्रोटीन की कमी—विटामिन 'ए' की सामान्य मात्रा शरीर में प्रोटीन की सामान्य गतिविधि को प्रभावित करती है एवं प्रोटीन की आवश्यकता विटामिन 'ए' के अभिशोषण एवं परिवहन के लिये आवश्यक लक्षण हैं। अतः दोनों की उचित मात्रा की कमी से प्रोटीन कुपोषण के लक्षण दिखाई देते हैं।

(7) विटामिन 'ए'—म्यूकोप्रोटीन तथा ग्लूकोप्रोटीन के सृजन के लिये विटामिन 'ए' आवश्यक है।

कमी के प्रभाव

विटामिन 'ए' खाद्य पदार्थों में काफी मात्रा में पाया जाता है तथापि इसकी शरीर में कमी होने के कई कारण हैं; जैसे—

1. भोजन में इसकी कमी,
2. अभिशोषण में बाधा,
3. संग्रह में बाधा,
4. कैरोटीन का विटामिन 'ए' में परिवर्तन में बाधा,
5. विटामिन 'ए' का अत्यधिक मात्रा में उत्सर्जन,
6. आवश्यकता में वृद्धि

विटामिन 'ए' की कमी हो जाने पर कुछ प्रारंभिक लक्षण पाये जाते हैं; जैसे—

(1) शारीरिक विकास में रुकावट—विटामिन 'ए' का अभाव कार्बोज पदार्थ, वसा तथा प्रोटीन के चयापचय एवं शरीर में हॉरमोन्स तथा अन्य विटामिनों के कार्य को प्रभावित करता है। इससे सामान्य शारीरिक विकास प्रभावित होता है।

(2) **रोगरोधक क्षमता में कमी**—विटामिनों की कमी अधिक समय तक रहने पर निम्नलिखित रोग के लक्षण प्रकट होते हैं—

1. रतौंधी
2. झिरोसिस ऑफ कन्जान्क्टाइवा
3. झिरोसिस ऑफ कॉर्निया
4. बिटॉट स्पॉट्स
5. किरॅटोमलेशिया
6. हड्डी में परिवर्तन

1. रतौंधी—प्होडॉप्सीन द्वारा रेटीना के पास स्थित रॉड्स धुंधले प्रकाश में दृष्टि को नियंत्रित करते हैं तथा रेटीना के पास के कोन्स में पाया जाने वाला विजुअल व्हायलेट तेज प्रकाश में दृष्टि को नियंत्रित करता है। व्हिजुअल परपल तथा व्हियलेट दोनों के पुनः निर्माण के लिये विटामिन 'ए' अनिवार्य है। अतः विटामिन 'ए' की कमी से धुंधले प्रकाश में कम या न दिखाई देना जिसे रतौन्धी भी कहा जाता है के लक्षण प्रकट होते हैं।

2. झिरोसिस ऑफ कन्जंक्टाइवा—विटामिन 'ए' की कमी से कन्जक्टाइवा सूखा हो जाता है एवं फूल जाता है। उसका रंग परिवर्तित हो जाता है तथा उस पर झुर्रियाँ आ जाती हैं। कुछ समय पश्चात् कन्जंक्टाइवा में सूजन हो जाती है रंग गहरा लाल हो जाता है तथा दर्द होता है। इस अवस्था को झिरोफ्थेलमिया कहते हैं।

3. झिरोसिस ऑफ कॉर्निया—आँख के कन्जंक्टाइवा के लक्षण जब कॉर्निया तक फैल जाते हैं। तो इसे झिरोसिस ऑफ कॉर्निया या झिरापेथेलमिया कहते हैं।

4. किरॅटोमलेशिया—विटामिन 'ए' की कमी से एपीथेलियल ऊतक नष्ट होने लगते हैं। आँख, श्वसन, पाचन, उत्सर्जन मार्ग के एपीथेलियल ऊतक प्रभावित होते हैं। झिरोसिस का उपचार न होने से आँख के ऊतक प्रभावित होते हैं वे नरम पड़ने लगते हैं। इस अवस्था को किरॅटोमलेशिया तथा परिवर्तन की इस प्रक्रिया को किरॅटीनाइजेशन कहा जाता है।

5. **अस्थि तथा कार्टीलेज में परिवर्तन**—विटामिन 'ए' की कमी हो जाने से हड्डी प्रमुखतः मस्तिष्क, स्पाइनल तथा नाड़ी के कार्टीलेजेस में परिवर्तन आ जाता है।

विटामिन 'ए' की अधिकता का प्रभाव

विटामिन 'ए' की अधिकता का प्रभाव भी स्वास्थ्य पर पड़ता है। एक व्यक्ति में 4000 से 25000_{iu}, विटामिन 'ए' प्रतिदिन प्रतिकिलो के हिसाब लगातार 6-15 महीनों तक लेने पर उसमें अधिकता के लक्षण दिखाई देते हैं जिनमें प्रमुख ये हैं—

भूख न लगना, बालों का झड़ना, चिड़चिड़ापन, सूखी त्वचा, सिर में दर्द, पीलिया, होठों पर फुंसियां/ छाले, शारीरिक विकास में कमी।

भोजन में 72 घंटे तक विटामिन 'ए' न दिये जाने पर आधिक्य के प्रभाव में सुधार आ जाता है।

विटामिन 'ए' पर पकाने का प्रभाव

विटामिन रेटीनॉल तथा कैरोटीन सामान्यतः पकाने की विधियाँ नष्ट नहीं होतीं। तथापि मक्खन तथा तेल की उपस्थिति में 100°C से अधिक तापमान पर पकाने से कुछ मात्रा नष्ट होती है। फलों को सूर्य की किरणों में सुखाने पर विटामिन 'ए' की मात्रा समाप्त हो जाती है।

डिब्बाबन्दी में कैरोटीन स्थिर होता है। मछली के यकृत के तेल को खुली जगह पर तथा सफेद रंग की बोतल में रखने पर काफी मात्रा में इनका विटामिन 'ए' रेटीनॉल समाप्त हो जाता है।

वसा का दुर्गन्धयुक्त होना उसकी विटामिन 'ए' की मात्रा को समाप्त कर देता है।

प्रतिदिन की निर्धारित मात्रा

विटामिन 'ए' तथा कैरोटीन की निर्धारित मात्रा सारिणी के अनुसार अलग अलग आयु के व्यक्तियों के लिये आइ.सी.एम.आर (ICMR) द्वारा निर्धारित की गई है।

सामान्यतः एक व्यक्ति को प्रतिदिन 750. माइक्रोग्राम विटामिन 'ए' अथवा 3000 माइक्रोग्राम कैरोटीन आवश्यक होता है।

सामान्यतः एक व्यक्ति को 750 माइक्रोग्राम विटामिन 'ए' अथवा 3000 माइक्रोग्राम कैरोटीन आवश्यक होता है।

प्राप्ति के साधन

मछलियों के यकृत के तेल में विटामिन 'ए' रेटीनॉल की मात्रा सर्वाधिक पाई जाती है। यकृत के तेल को खाद्य पदार्थ के रूप में उपयोग में नहीं लाया जाता वरन् उपचारात्मक रूप से उसका उपयोग किया जाता है। विटामिन 'ए' के सर्वोत्तम साधन हैं—आर्वीपत्ता, मक्खन, हरा धनिया, गाजर, आम, पालक, पपीता। मध्यम श्रेणी के साधनों में—पुदीना, मेथी, चौलाई, सब्जी इत्यादि। दूध, मक्खन तथा घी में विटामिन 'ए' रेटीनॉल के रूप में पाया जाता है।

विटामिन 'डी'

1919 में मेलनबाय ने कॉड-लीवर ऑइल से सूखारोग के उपचार के बारे में जानकारी दी। 1922 में मैकॉलम, स्टीलबॉक तथा ड्यूमॉण्ड ने कॉड-लीवर-ऑयल के ऑक्सीकरण से विटामिन 'ए' एवं विटामिन 'डी' को अलग किया एवं विटामिन डी को रिकट्रेस के उपचार के लिए उपयोगी बताया। 1924 में स्टीनबॉक तथा हेस् ने अलग-अलग प्रयोग द्वारा बताया कि खाद्य पदार्थों पर आल्ट्रा वॉयलेट लाइट पड़ने से उनमें विटामिन 'डी' के कार्य करने का गुण आ जाता है। 1931 में वॅन-विज्क् ने क्रियाशील अर्गोस्टेर्शल से विटामिन 'डी' के रवे तैयार किए। 1937 में स्कीन्क ने क्रियाशील 7-डीहैइड्रोकोलेस्टेरॉल से विटामिन 'डी' के रवे तैयार किए।

विशेषताएँ

विटामिन 'डी' सफेद, रंगहीन तथा वसा में घुलनशील है। यह उष्णता, अम्ल, एल्कली तथा ऑक्सीकरण की क्रिया से समाप्त नहीं होता। यह जल में अघुलनशील है।

प्रकार एवं रासायनिक संगठन

विभिन्न उपयोग की दृष्टि से विटामिन 'डी' के दो प्रकार हैं—

(1) विटामिन '$डी_2$' या कॅलसिफेरॉल—इसे अर्गोस्टेरॉल या प्रो-विटामिन 'डी' भी कहा जाता है।

विटामिन '$डी_2$' फफूंदी तथा खमीर में पाया जाता है।

अर्गोस्टेरॉल पर अल्ट्रा वॉयलेट किरणों की क्रिया से कॅलसिफेरॉल प्राप्त होता।

(2) विटामिन '$डी_3$' को 7-डीहाइड्रोकोलेस्टेरॉल या प्रो-विटामिन '$डी_3$' भी कहा जाता है।

यह मानव में कोलेस्टेरॉल से बनता है। विटामिन '$डी_3$' विटामिन '$डी_2$' की उपेक्षा अधिक क्रियाशील एवं स्थिर है।

शरीर में विटामिन '$डी_2$' एवं '$डी_3$' का हैड्रोक्सीलेशन काफी क्रियाशील कॅलिसिफेडीओल एवं कॅलसिट्रीओल है। रक्त में कैल्शियम की मात्रा घट जाने पर हॉरमोन पॅराथॉयराइड इस क्रिया को उत्तेजित करता है।

अभिशोषण

विटामिन 'डी' छोटी अंतड़ियों के म्यूकस झिल्ली से लिम्फॅटिक नलिका द्वारा रक्त वाहिनियों से होकर यकृत में पहुँचता है।

विटामिन 'डी' का अभिशोषण वसा के साथ होता है तथा बाइल सॉल्ट्स की जरूरत विटामिन 'डी' के अभिशोषण के लिये होती है। वसा के अभिशोषण को प्रभावित करने वाले कारक विटामिन 'डी' के अभिशोषण को भी प्रभावित करते हैं। अभिशोषण के समय विटामिन 'डी' कुछ मात्रा में नष्ट हो जाता है। वसा के दुर्गन्ध युक्त होने से विटामिन 'डी' अधिक मात्रा में नष्ट होता है।

मुख्य कार्य

इसके प्रमुख कार्य निम्नलिखित हैं–

(1) विटामिन 'डी' से कैल्शियम तथा फॉस्फोरस का छोटी अंतड़ियों में अभिशोषण बढ़ता एवं नियंत्रित होता है। विटामिन 'डी' के बिना कैल्शियम तथा फॉस्फोरस मल द्वारा बाहर हो जाता है।

(2) विटामिन 'डी' द्वारा गुर्दे से फॉस्फोरस के पुनः अभिशोषण में वृद्धि होती है।

(3) रक्त की कैल्शियम तथा फॉस्फोरस को नियमित करने का कार्य विटामिन 'डी' द्वारा होता है। विटामिन 'डी' के अभाव में रक्त की कैल्शियम तथा फॉस्फोरस की मात्रा बढ़ जाती है।

(4) पॅराथायरॉइड हॉरमोन विटामिन 'डी' से नियंत्रित होकर कैल्शियम तथा फॉस्फेट को हड्डियों से निष्कासित कर देता है। इस हारमोन का प्रभाव गुर्दे के कैल्शियम पर नहीं पड़ता। हारमोन के इस कार्य से रक्त का कैल्शियम तथा फॉस्फेट की मात्रा सामान्य बनाए रखने में मदद मिलती।

(5) विटामिन 'डी' अंतड़ियों के म्यूकोसा में प्रोटीन के सृजन से भी जुड़ा है।

(6) हड्डियों का निर्माण विटामिन 'डी' द्वारा होता है तथा हड्डियों में पर्याप्त मात्रा में कैल्शियम तथा फॉस्फेट का संग्रह विकास होता है।

(7) शारीरिक विकास के लिये विटामिन 'डी' आवश्यक है।

(8) दाँतों की मजबूती के लिये विटामिन 'डी' अनिवार्य है।

(9) सिट्रीक एसिड चयापचय (जिसमें शरीर में उर्जा उत्पादन होता है) में विटामिन 'डी' सहयोग प्रदान करता है।

संग्रह

विटामिन 'डी' यकृत में संगृहीत रहता है। यह मस्तिष्क, त्वचा, हड्डी एवं वसायुक्त ऊतकों में भी पाया जाता है। सामान्यतः रक्त के प्लाज्मा में यह 5-80 नॅनोग्राम कॅलसीफेडीऑल प्रति 100 मिलीलीटर पाया जाता है एवं सीरस में 25-75 पिकोग्राम प्रति मिलीलीटर कॅलसीफेडीऑल (25-75) पाया जाता है।

कमी का अभाव

विटामिन 'डी' की कमी प्रमुखतः भोजन में विटामिन 'डी' तथा त्वचा पर सूर्य की किरणों की कमी से होती है। विटामिन 'डी' की कमी के आरंभिक लक्षणों में रक्त में अल्कलाइन फॉस्फेटेज एन्जाइम की मात्रा बढ़ जाती है तथा विटामिन 'डी' की कमी से निम्न रोगों के लक्षण प्रकट होते हैं।

(1) **सूखा रोग**—बच्चों में विशेषतः अपरिपक्व शिशु में विटामिन 'डी', कैल्शियम कैल्शियम तथा फॉस्फोरस की कमी से सूखा रोग (Rickets) हो जाता है। इसके मुख्य लक्षण हैं—

- पाँवों में मोड़ आ जाना।
- सिर के मध्य का भाग नरम होना।
- बेचैनी तथा चिड़चिड़ापन।
- सारस में फॉस्फेटज का बढ़ना तथा रक्त में फॉस्फोरस की कम मात्रा।
- जोड़ों में सूजन।
- पेट फूलना।
- पसलियों का उभार।

उपर्युक्त लक्षणों का प्रभाव बच्चे के सामान्य वृद्धि तथा विकास पर होता है।

(2) **टिटॅनी**—सूखा रोग का उपचार समय पर न होने से अकस्मात टिटॅनी हो जाता है। इससे व्यक्ति/ बालक बेहोश हो जाता है। यह अवस्था कैल्शियम एवं फॉस्फोरस का चयापचय, विटामिन 'डी' की कमी तथा पॅराथायरॉइड ग्रंथि में गड़बड़ी, इनमें में किसी भी कारण से हो सकती है।

(3) **दन्तक्षय**—विटामिन 'डी' की कमी दाँतों की बनावट को प्रभावित करती है। दाँतों के बनने में काफी विलंब होता है तथा स्वस्थ दाँत का निर्माण नहीं हो पाता।

(4) **ऑस्टीओमलेशिया**—किशोरावस्था तथा वयस्क अवस्था में विटामिन 'डी' की कमी से ऑस्टीओमलेशिया होता है। इस अवस्था में अस्थियों प्रक्रिया रुक जाती है। गर्भावस्था में यह स्थिति अधिकतर देखी जाती है। इस अवस्था के व्यक्तियों का वजन अत्यधिक होने से कई अस्थियों में अनुचित विकास होता है जिससे चलने फिरने में कठिनाई होती है तथा अचानक हड्डी टूट सकती है।

आधिक्य का प्रभाव

विटामिन 'डी' की अधिक मात्रा गठिया तथा क्षयरोग होती है। विटामिन 'डी' की 1000 I.U.या 45μg किलोग्राम अथवा 100,000 I.U/दिन) लम्बे समय तक

लेने से बच्चों में विषैले परिलक्षित हात ह। वयस्कों में विटामिन 'डी' की अधिकता एवं पॅराथायरॉइड हॉरमोन की अधिकता के कारण रक्त के कैल्शियम तथा फॉस्फेट उत्सर्जित होता है। कैल्शियम कई स्थानों पर इकट्ठा हो जाता है जैसे हृदय, रक्तवाहिनियाँ, फेफड़े तथा गुर्दे। अन्य लक्षणों में भूख का न लगना, जी मिचलाना, उल्टी आना, सिर में दर्द, चक्कर आना, पेचिश, वजन घटना तथा मूत्र की अधिक बनना आदि है।

प्रतिदिन की आवश्यक मात्रा एवं प्राप्ति के साधन

विटामिन 'डी' की मात्रा400 I.U.या 10μg /दिन एक शिशु बालक, गर्भवती तथा धात्री स्त्री के लिये जरूरी है। किशोरावस्था 200I.U.या 5μg विटामिन 'डी' प्रतिदिन चाहिए।

खाद्य पदार्थों में बहुत कम मात्रा में विटामिन 'डी' प्राप्त होता है। यह अण्डे का पीला भाग, यकृत तथा मछलियों में थोड़ी मात्रा में प्राप्त होता है। खाद्य पदार्थों में कोलेस्टेरॉल तथा अरगोस्टेरॉल पाया जाता है जो शरीर में क्रमशः विटामिन '$डी_3$' एवं '$डी_2$' में है। सूर्य की अल्ट्रा वॉयलेट किरणें शरीर की त्वचा में विटामिन '$डी_2$' बना सकती हैं, परन्तु मिट्टी के कण, धुआँ, कपड़े इत्यादि से इस क्रिया में अवरोध पैदा होता है।

विटामिन 'ई'

सर्वप्रथम 1923 में इवान्स तथा बिशप ने इसे विटामिन 'ई' तथा बाँझपन हटाने वाला घटक कहा। 1936 में इवान्स ने गेहूँ के अंकुर के तेल से विटामिन 'ई' को नाम दिया। 1038 में कारेर तथा उसके सहयोगियों ने मिलकर विटामिन 'ई' के निर्माण के बारे में बताया।

रासायनिक संगठन एवं गुणधर्म

विटामिन 'ई' अथवा टोकोफेरॉल आजकल कई रूपों में प्राप्त है। सभी की क्रियाशीलता तथा गुर्णों में काफी समानता है बिटामिन 'ई' का सृजन (Synthesis) अधिकतर अल्फा–टाकोफेरॉल के रूप, में किया जाता है जिसमें विटामिन 'ई' की कार्यक्षमता सबसे अधिक है। विटामिन 'ई' या टोकोफेरॉल के अन्य रूप बीटा टोकोफेरॉल इसी क्रम में क्रियाशील हैं।

विटामिन 'ई'

विटामिन 'ई' पीले रंग का, तरल, वसा में घुलनशील तथा अम्ल एवं उष्णता

में स्थिर रहता है। वसा की उपस्थिति में विटामिन 'ई' कुछ मात्रा में ऑक्सीडाइड होता है एवं इसकी कार्यक्षमता कम हो जाती है। वसा का ऑक्सीडेशन विटामिन 'ई' की उपस्थिति में नहीं होता परिणामतः वसा में दुर्गंध/ नहीं होती। विटामिन 'ई' की इस क्रिया को एन्टी ऑक्सीडेशन प्रापर्टी कहां जाता है। तथा विटामिन 'ई' के इस गुण से विटामिन 'ए' तथा कैरोटीन का ऑक्सीडेशन नहीं हो पाता एवं वे दोनों भली भांति शरीर में कार्य कर पाते हैं। बहुत अधिक सड़न/युक्त वसा, उष्णता लोहे की उपस्थिति में विटामिन 'ई' का ऑक्सीडेशन होता है तथा अल्ट्रा व्हायलेट किरणों से विटामिन 'ई' का विघटन होता है।

अभिशोषण एवं संग्रह

विटामिन 'ई' छोटी अंतड़ियों में वसा तथा वसा में घुलनशील अन्य विटामिनों के साथ रक्त में अभिशोषित हो जाता है। एक वयस्क के रक्त में विटामिन 'ई' या टोकोफेरॉल की सामान्य मात्रा 1 ग्राम/100 मिलीलीटर है। शरीर में यकृत, मांसपेशियाँ तथा शरीर की वसा में विटामिन 'ई' संगृहीत रहता है।

कार्य

इसके प्रमुख कार्य निम्नलिखित हैं–

(1) यह शरीर में एन्टी–ऑक्सीडन्ट के रूप में है। स्वयं अल्फा टोकोफेरॉल शीघ्र ही क्रियाशील रहता है ऑक्सीडाइज्ड हो जाता है जिससे विटामिन 'सी', 'ए' तथा वसा का ऑक्सीडेशन नहीं हो पाता। विटामिन 'ई' इन विटामिनों तथा असंतृप्त वसीय अम्ल का ऑक्सीडेशन रोकता है। इस कार्य के फलस्वरूप शरीर में विटामिन 'सी', 'ए' एवं वसीय अम्ल के सामान्य कार्य पूर्णतः सम्पन्न हो सकते हैं। शरीर में इस कार्य का महत्त्व अत्यधिक है।

(2) लाल रक्त कणिका के निर्माण में बाधक तत्त्वों को विटामिन 'ई' रोकते हैं। इससे लाल रक्त कण का निर्माण अन्य तत्त्वों द्वारा पूर्ण हो जाता है। जिसके अभाव में रक्ताल्पता होने की संभावना बढ़ जाती है।

(3) सामान्य चयापचय के लिये आवश्यक।

(4) सामान्य प्रजनन के लिए आवश्यक।

(5) ऊतक तथा कोशिका झिल्ली में असंतृप्त वसीय के पर-ऑक्सीडेशन को रोकना।

(6) यकृत को विषैले तत्त्वों से होने वाले घाव के प्रति सुरक्षा।

कमी एवं अधिकता का प्रभाव

इसकी कमी के प्रभाव मनुष्य के आहार में इस विटामिन की कमी से उत्पन्न नहीं होते अपितु, आहार में पॉली–असंतृप्त वसीय अम्ल की अधिकता से होते हैं। वयस्क मनुष्य में विटामिन 'ई' की कमी प्रायः विकसित नहीं होती, केवल बाल्यावस्था में यह कभी-कभी देखी जाती है। जिसमें लाल रक्त के हीमोग्लोबीन का हीम विटामिन 'ई' की कमी से पृथक् हो जाता है। इससे शिशु में रक्ताल्पता के लक्षण हैं।

विटामिन 'ई' निम्नलिखित अवस्था'में प्रकट हो प्रभावकारी कार्य करता है। जैसे–

- गर्भपात का बार-बार होना
- बाँझपान
- मांसपेशियों की दुर्बलता
- मधुमेह
- हृदय रोग
- त्वचा संबंधी विकार
- शिशुओं में रक्ताल्पता
- विटामिन 'ई' की अधिकता का विषाक्त प्रभाव मानव में नहीं देखा जाता।

आवश्यक मात्रा एवं प्राप्ति

सामान्य व्यक्ति की विटामिन 'ई' की प्रतिदिन की आवश्यक मात्रा 30 मिलीग्राम है।

प्रायः सभी खाद्य पदार्थों में विटामिन 'ई' पाया जाता है। पादप खाद्य पदार्थों में इसकी मात्रा अधिक होती है। प्राणिज खाद्य पदार्थों में यह विटामिन कुछ कम मात्रा में पाया जाता है। मक्का, सोयाबीन, मूँगफली के दाने, नारियल तथा अनाज में इसकी काफी मात्रा होती है। वनस्पति तेल तथा वसा इसकी प्राप्ति के सर्वोत्तम साधन हैं।

विटामिन 'के'

1934 में डॅम तथा स्कोनहेयर ने यह सिद्ध किया कि वसा हीन आहार से रक्तवाहिनियाँ टूटने जैसे रोग हो जाते हैं। 1935 में इन्हीं वैज्ञानिकों ने उसे विटामिन

'के' नाम दिया तथा बताया कि रक्त की जमने की क्रिया के लिये यह जरूरी है। 1939 में डॅम तथा केरर ने इस विटामिन को सब्जियों से पृथक् किया। साथ ही इस विटामिन का निर्माण भी किया। इन्होंने अल्फा नामक सब्जी से विटामिन 'के'$_1$ को पृथक् किया तथा सड़ी-गली मछलियों से विटामिन 'के'$_2$ प्राप्त किया।

विटामिन 'के' का संगठन काफी जटिल है। यह वसा में घुलनशील है तथा उष्णता से शीघ्र नष्ट नहीं होता। विटामिन 'के' में नेफ्थोक्विनॉन रींग पायी जाती है। विटामिन 'के' दो रूपों में—विटामिन 'के'$_1$ तथा विटामिन 'के'$_2$ के रूप में पाया जाता है।

विटामिन 'के'$_1$

अभिशोषण व संग्रह तथा उत्सर्जन—विटामिन 'के' वसा के साथ सरलता से अभिशोषण हेतु बाइल्स की जरूरी है। विटामिन 'के' अभिशोषण के बाद लिम्फॅटीक सिस्टम द्वारा रक्त में पहुँचते हैं। विटामिन 'के' शरीर में एकत्रित नहीं रहता। इस विटामिन k का उत्सर्जन मल के साथ होता है।

कार्य, कमी एवं सृजन—विटामिन 'के' यकृत में प्रोथॉम्बीन के निर्माण के लिये आवश्यक है। प्रोथॉम्बिन रक्त की जमने के लिये आवश्यक है। प्रोथॉम्बिन रक्त की जमने के लिये मनु आवश्यक है। मनुष्य में इस कार्य हेतु विटामिन 'के' आवश्यक है। विटामिन 'के' की कमी दो कारणों से हो सकती है –

कार्य, कमी एवं सृजन—विटामिन 'के' यकृत में प्रोथॉम्बिन के निर्माण के लिये आवश्यक है। प्रोथॉम्बिन रक्त की जमने के लिये आवश्यक है। मनुष्य में इस कार्य हेतु विटामिन 'के' आवश्यक है। विटामिन 'के' की कमी दो कारणों से हो सकती है–

(1) विटामिन 'के' की आहार में कमी,

(2) विटामिन 'के' का छोटी अंतड़ियों द्वारा कम मात्रा अभिशोषण। नवजात शिशुओं में विटामिन 'के' की कमी आहार/ दूध द्वारा हो जाती है। अपर्याप्त अभिशोषण से विटामिन 'के' की कमी निम्न परिस्थिति में संभव है–

(i) बाइल की अपर्याप्त मात्रा,

(ii) डायरिया/अतिसार अथवा पेचिस/ डिसेन्ट्री होने पर।

बड़ी अंतड़ियों में ई-कोलाई नामक बैक्टेरिया विटामिन 'के' का निर्माण करते हैं।

विटामिन 'के' अन्टा–गोनिस्ट्स—विटामिन के अन्टागोनिस्ट्स अर्थात् जैसे तत्व यकृत में प्रोथॉम्बिन का निर्माण रोकते हैं। जिससे रक्त का निरन्तर श्राव देखा

गया है। विटामिन 'के' की मात्रा दवा के रूप में दी जाने पर सुधार होता है।

आवश्यक मात्रा एवं प्राप्ति–विटामिन 'के' की मनुष्य के लिये कोई आवश्यक मात्रा नहीं है। सामान्य आहार पर्याप्त मात्रा में विटामिन 'के' मनुष्यों को प्रदान करता है। स्वस्थ व्यक्ति के यकृत में विटामिन 'के' का निर्माण होता है तथा विटामिन 'के' हरी पत्तेवाली सब्जियाँ जैसे पालक, पत्तागोभी में काफी मात्रा में पाया जाता है–

पत्तागोभी	125 माइक्रोग्राम/100 ग्राम
पालक	89 माअक्रोग्राम/100 ग्राम
मटर	19 माइक्रोग्राम/100 ग्राम
टमाटर	5 माइक्रोग्राम/100 ग्राम
आलू	3 माइक्रोग्राम/100 ग्राम

विटामिन 'सी'

1734 में बाचस्टॉर्म तथा 1753 में जेम्स लिंड ने अपने जहाजों पर किये गये प्रयोगों के आधार पर बताया कि ताजी सब्जी तथा फलों में एक ऐसा तत्त्व है जिसकी कमी से स्कर्वी (Scurvy) नामक रोग हो जाता है। 1970 में होल्सूट ने बताया कि केवल गिनीपिग्ज में ही स्कर्वी रोग हो सकता है, अन्य किसी प्राणियों में नहीं। 1928 में झेन्ट जिऑरजी ने एक अम्ल को पत्तागोभी, एड्रीनल ग्रंथी तथा संतरे से पृथक किया तथा बताया कि इस अम्ल में स्ट्राँग रीडयुसिंग प्रॉपर्टी है। इस अम्ल का नाम हैक्जूरोनिक ऍसिड रखा गया। 1932 में व्हाउग तथा ग्लीन किंग ने इसी अम्ल को नींबू के रस से अलग किया तथा इसे विटामिन 'सी' नाम दिया। इसी समय झेन्ट–जिऑरजी ने बताया कि हैक्जूरोनिक ऍसिड तथा विटामिन 'सी' एक ही तत्त्व के दो नाम हैं। इस विटामिन 'सी' की एन्टी–स्कॉरब्यूटिक गुणधर्म के कारण ही इसका नाम ऍस्कॉरबीक ऍसिड पड़ा।

रासायनिक गुण एवं रचना

विटामिन 'सी' शुद्ध रूप में सफेद, रवेदार, गंधहीन अम्ल है जिसका ऑक्सीडेशन शीघ्र ही डी–हाइड्रो–ऍस्कॉरबिक ऍसिड में हो जाता है। विटामिन 'सी' खुली हवा, प्रकाश, उष्णता तथा धातुओं के प्रभाव से समाप्त हो जाता है।

विटामिन 'सी' OpticallyActive है। L-AscorbicAcid में विटामिन 'सी' की कार्यशीलता है D-AscorbicAcid में नहीं। इस विटामिन में है।

अभिशोषण, संग्रहण, उत्सर्जन एवं सृजन

विटामिन 'सी' का अभिशोषण छोटी–अंतड़ियों से पोर्टल–शिरा द्वारा रक्त में होता है।

यकृत, ऊतक तथा कई अंगों जैसे एड्रीनल, पिट्यूटरी ग्रंथी में विटामिन 'सी' कम मात्रा में संगृहीत रहता है।

विटामिन 'सी' के चयापचय के उपरांत इस विटामिन की अतिरिक्त मात्रा मूत्र में डाय-कीटा-ग्लूकोनिक ऍसिड या ऑक्जेलिक ऍसिड के रूप में उत्सर्जित होती है।

विटामिन 'सी' की बहुत थोड़ी मात्रा का निर्माण मात्र शिशु के जन्म के उपरांत स्त्री के गर्भनाल में होता है।

कार्य

इसके प्रमुख कार्य निम्नलिखित हैं–

(1) **कोलॅजन का निर्माण**–विटामिन 'सी' कोलॅजन नामक तन्तु के निर्माण के लिये जरूरी है। शरीर में हड्डी, रक्तवाहिनयाँ तथा दाँतों के निर्माण में कोलॅजन से अस्थिमज्जा तथा अस्थि–मॅट्रीक्स दोनों के कार्य तथा संगठन व्यवस्थित रहते हैं।

(2) **अमिनो ऍसिड टायरोसीन का चयापचय**–वटिामिन 'सी' से ॲमिनो ऍसिड फिनाइल अलॅनाइन का परिवर्तन टायरोसीन में होता है तथा टायरोसीन के ऑक्सीडेशन में भी यह सहायक होता है।

(3) **लोहे का अभिशोषण**–विटामिन 'सी' से लोहे का अभिशोषण अधिक होता है। फेरिक लोहा विटामिन 'सी' से फेरस लोहे में परिवर्तित हो जाता है।

(4) **घाव भरना**–शरीर के घाव को भरने हेतु आवश्यक संयोजी ऊतक के निर्माण में विटामिन 'सी' सहायक है।

(5) **विटामिन 'सी'** की उपस्थिति में फोलिक एसिड के कार्य सुचारु रूप से चलते हैं।

(6) **Vitamin 'c' as Reductant** : शरीर के एन्जाइम्स के कार्य में इस विटामिन की मुख्य भूमिका अपचायक के रूप में होती है जिससे हाइड्रोक्सीलेशन प्रणाली में बाधा नहीं आती।

विटामिन 'सी' इस कार्य को निम्नांकित घटकों के साथ करता है –

Nor epinephrine

ट्रीप्टोफीन का डिहाइड्रोक्सीलेशन

AscorbicAcid dependent - DPNH - oxidase,

इरोसीन ऑक्सीडेशन

(7) लाल रक्त कणिकाओं को परिपक्व होने में।

विटामिन 'सी' की कमी का प्रभाव

विटामिन 'सी' की कमी निम्नांकित तीन कोशिकाओं को प्रभावित करती है जिससे ऊतकों का निर्माण अपूर्ण एवं असंभव हो जाता है; जैसे–

(1) फाइब्रोब्लास्ट कोशिका से कोलॅजन का निर्माण।

(2) ऑस्टीओब्लास्ट कोशिका से ऑस्टीऑइड का निर्माण।

(3) ओडोन्टोब्लास्ट कोशिका से डेन्टीन का निर्माण।

कोलॅजन के न बन पाने के कारण घाव पूर्णतः नहीं भर पाते। ऑस्टीऑइड के ठीक से न बन पाने के कारण अस्थि की कोशिकाओं के बीच कैल्शियम इकट्ठा नहीं हो पाता जिससे अस्थि के बनने से हड्डियों के टूटने की संभावना बढ़ जाती है। डेन्टीन के ठीक से न बन पाने के कारण दाँत तथा मसूड़ों में पीड़ा होती है। मसूड़ों से खून निकलता है।

वयसकीय स्कर्वी–वयस्कों में विटामिन 'सी' की कमी के अन्य लक्षण पाये जाते हैं। कमी से विकसित रोग वयस्क स्कर्वी काफी कम पाया जाता है। मानव के भोजन में विटामिन 'सी' 90 दिन तक नहीं रहने से इनमें वयस्क स्कर्वी के निम्न लक्षण प्रकट होते हैं–

कमजोरी,

थकान,

बेचैनी,

श्वसन में कठिनाई,

हड्डी, जोड़ों व मांसपेशियों में दर्द,

त्वचा का रंग काला, सूखा, खुरदरा दिखना।

विटामिन 'सी' की कमी 120 दिन तक बने रहने से जोड़ों में रक्तस्राव हो जाता है, दर्द होता है एवं सूजन एवं चलने-फिरने में कठिनाई आ जाती है। मसूड़े सूज जाते हैं उनका रंग नीला या लाल दिखाई देता है। दाँत हिलने व दर्द करने लगते हैं। रक्ताल्पता भी पायी जाती है। शरीर का तापमान बढ़ने लगता है। नाड़ी की गति तेज हो जाती है, रक्तदाब घट जाता है नाखून एवं होठ की रचना में बदलाव आ जाता है। श्वसन में कठिनाई हो जाती है तत्पश्चात् विस्मरण, बेहोशी के दौरे तथा मृत्यु भी सम्भव है।

बच्चों में स्कर्वी

वयस्कों की अपेक्षा बाल्यावस्था में स्कर्वी या विटामिन 'सी' की कमी पायी जाती है। शिशु, जिन्हें कृत्रिम दूध विशेष रूप से पाश्चरीकृत दूध प्राप्त होता है उनमें

5-24 महीने की आयु में विटामिन 'सी' की कमी हो जाती है। विटामिन 'सी' अन्य किसी माध्यम से (दवा, फल) न दिए जाने पर स्कर्वी रोग के लक्षण प्रकट होते लगते हैं; जैसे–

भूख न लगना,	दस्त लगना
दस्त में खून आना,	आँख के आसपास का रंग बदल जाना,
दर्द के कारण रोना	हड्डी तथा जोड़ों में दर्द,
मसूड़ों से रक्त स्राव,	रक्ताल्पता
हड्डियों के सिरे में सूजन,	रक्त का जमना,
श्वसन में कठिनाई,	बेहोशी के दौरे

उपचारों में विटामिन 'सी' की भूमिका

विटामिन 'सी' की कमी से किसी भी अवस्था में 25 मिलीग्राम से 50 मिलीग्राम विटामिन प्रतिदिन देने से इन लक्षणों में 24 घंटे के अन्दर तेजी से सुधार होता है। उपचार के तीन से चार सप्ताह में शिशु/व्यक्ति (वयस्क) सामान्य हो जाता है तथा विटामिन 'सी' की कमी से कोई लक्षण नजर नहीं आते। विटामिन 'सी' निम्न रोगों के उपचार में सहायता प्रदान करता है–

Rheumatic Fever, RheumatoidArthritis,Acute & Chronic Infections,Allergies, Intoxication, Bleeding Gums, Common Cold, Hepatitis and Renal Diseases.

उपचार के समय दी गई विटामिन 'सी' की मात्रा से शरीर में लोहे का अभिशोषण 10-30 प्रतिशत अधिक होने लगता है।

पकाने की क्रिया का प्रभाव

पकाने से विटामिन 'सी' शीघ्रता से नष्ट हो जाता है। गरम हवा, खुली हवा, उष्णता, क्षार तथा अधिक गरमी में खाद्य पदार्थों का विटामिन 'सी' समाप्त होने लगता है। सब्जियाँ या फल काटने से उनसे ऑक्सीडेटिव एन्जाइम निकलते हैं। काटने से पृष्ठ क्षेत्र बढ़ जाता है जिससे विटामिन 'सी' पानी में घुल जाता है। खाद्य पदार्थ के बनने/ पकाने में प्रयुक्त खाने का सोडा विटामिन 'सी' को नष्ट करता है। साथ ही व्यंजन स्वादिष्ट एवं सुगंधित जाता है। खाने के सोडे के प्रयोग से भोज्य पदार्थ का हरा रंग खिल उठता है। अतः कम पानी के उपयोग से, प्रेशर कुकर में कम समय तक भोजन पकाने से अथवा रेफ्रिजिरेटर में रखने से विटामिन 'सी' की कम मात्रा नष्ट होती है। भोज्य पदार्थों में खट्टे फल तथा टमाटर का विटामिन 'सी' कुछ अधिक समय तक सुरक्षित रहता है।

आवश्यक मात्रा एवं प्राप्ति

सामान्यतः इसकी आवश्यकता व्यक्ति को प्रतिदिन 50 मिलीग्राम विटामिन 'सी' की होती है। प्राणिज भोज्य पदार्थों में विटामिन 'सी' नहीं पाया जाता है। खट्टे, रसीले फलों में तथा हरी पत्तेवाली सब्जियों में इसकी काफी मात्रा पाई जाती है। अनाज तथा दालों के अंकुरण से इनमें विटामिन 'सी' उत्पन्न होता है।

खाद्य पदार्थों में विटामिन 'सी' की मात्रा

(मिलीग्राम प्रति 100 ग्राम)

आँवला	600	पपीता	57
जामफल	212–300	फूलगोभी	56
सहजन की पत्ती	220	मौसमी	50
शिमला मिर्च	137	ग्वारफली	49
हरा धनिया	135	नींबू	45
पत्तागोभी	124	शलजम	43
सहजन की फजी	120	नींबू का रस	39
हरी मिर्च	111	अनन्नानास	39
करेला	88–96	सीताफल	37
मूली का पत्ता	81	बथुआ भाजी	35
बेरी	76	हरा टमाटर	31
संतरे का रस	64	संतरा	30
कागजी नींबू	63	परवल	29
अरवीपत्ता	63	पालक	28
अजवाइन का पत्ता	62	लाल टमाटर	27
चने की भाजी	61	खरबूजा	26

विटामिन 'बी'

टकाकी, इज्कमॅन तथा ग्रोज्नूस सिद्ध किया कि पॉलिश किये गए चावल के उपयोग से बेरीबेरी नामक रोग होता है जो भोजन में सब्जी, मछली तथा मांस के उपयोग से ठीक हो जाता है।

1911 में कासिमिर तथा फन्क ने चावल के पॉलिश में पाये जाने वाले तत्त्व को विटामिन कहा तथा इसका नाम एन्टी–बेरीबेरी फैक्टर रखा।

1926 में जानसन तथा डोनाथ ने विटामिन 'बी'$_1$ को चावल के पॉलिश से पृथक् किया।

1931 में विलियम्स तथा कलीन ने विटामिन 'बी'$_1$ के रवे तथा इसकी रचना बनायी।

1936 में विलियम्स ने ही विटामिन 'बी'$_1$ का निर्माण किया तथा इसका रासायनिक सूत्र बताया।

रासायनिक गुण संगठन एवं रचना

शुद्ध विटामिन 'बी'$_1$ का कोई रंग एवं गंध नहीं होता। सामान्य रूप में इसका गंध एवं स्वाद खमीर जैसा होता है। यह जल में घुलनशील है। क्षारीय घोल में यह विटामिन तेजी से नष्ट होकर अपने घटक पिरमिड एवं थायाजोल रींग में बंट जाता है।

अम्लीय घोल में यह विटामिन कुछ समय तक स्थिर तथा क्रियाशील रहता है। मनुष्यों के शरीर में आमाशय में अम्लीय माध्यम होने से विटामिन 'बी'$_1$ पर विपरित प्रभाव नहीं पड़ता, परन्तु पक्वाशय के पैनक्रियाटिक रस तथा बाइल्स कुछ क्षारीय होने से यह तेजी से नष्ट हो जाता है। खाने का सोडा एवं ताँबा धातु की उपस्थिति में नष्ट हो जाता है। अन्य धातु जैसे लोहा, जिंक, टिन का इस पर कोई विपरीत प्रभाव नहीं पड़ता। विटामिन 'बी'$_1$ 100 सेंटीग्रेट तापमान पर भी अम्लीय माध्यम में स्थिर रहता है। कच्ची मछली में थायमिनेज नामक एन्जाइम पाया जाता है जिससे थयमिन (vitamin B_1) नष्ट होता है।

अभिशोषण

विटामिन 'बी'$_1$ छोटी अंतड़ियों के म्यूकोसा में अभिशोषित होकर कॉस्फोरीलेटेड बन जाता है तथा थायमिन–पायरो–फॉस्फेट एवं एडीनीलिक ऍसिड में बदल जाता है। विटामिन 'बी'$_1$ के साल्ट्स अर्थात् थायमिन हैड्रोक्लोराइड पूर्णतः अभिशोषित नहीं हो पाते तथा क्षारीय माध्यम से शीघ्र नष्ट हो जाते हैं।

चाय, सुपारी एवं कच्ची खमीरीकृत मछली में थायमिन विरोधी तत्त्व विद्यमान होते हैं जिससे थायमिन अभिशोषित नहीं हो पाता। विटामिन 'सी' इस प्रक्रिया को रोकने में मदद करता है।

कार्य एवं संग्रहण

(1) को-एन्जाइम के रूप में कार्य करना। कारबॉक्सिलेज एन्जाइम का को-एन्जाइम पायरो–फॉस्फेट–एस्टर–थायमिन है।

पायरो–फॉरफेट–एस्टर ऑफ थायमिन कार्बोज पदार्थ के चयापचय के दौरान इस क्रिया के लिये आवश्यक है।

उपर्युक्त क्रिया ऊर्जा उत्पादन के दौरान कई स्थानों पर अनिवार्य रूप से होती है, जैसे–

(अ) सिट्रीक ऍसिड चक्र के शुरू होने में।

(ब) ग्लूकोज का ऑक्सीडेशन द्वारा उर्जा एवं वसीय अम्ल के निर्माण में।

(स) अल्फा-किटो-ग्लूटेरीक ऍसिड का डी-कारबॉक्सिलेशन के लिये।

(2) मस्तिष्क तथा नाड़ी का रेस्पीरेशन कोशन एक होता है। अतः इन दोनों अवयवों को ऊर्जा की अधिक मात्रा आवश्यक होती है जो कि कार्बोज पदार्थ के ऑक्सीडेशन से प्राप्त होती है उसके लिये थायमिन कार्य करता है।

(3) ॲमिनो ऍसिड्स के चयापचय में।

(4) थायमिन के सेवन से भूख बढ़ जाती है। परिणामस्वरूप शरीर की वृद्धि में मदद मिलती है।

(5) मानसिक एवं नाड़ी संबंधी थकान, चिड़चिड़ापन तथा बेचैनी की अवस्था थायमिन से नियंत्रित होती है।

संग्रहण

विटामिन 'बी'$_1$ का संग्रह शरीर में नहीं होता अतः उसका सेवन भोजन के माध्यम से आवश्यक है।

(1) थायमिन स्वतंत्र रूप में हड्डी, हृदय, यकृत, गुर्दे, मस्तिष्क की कोशिकाओं में पर्याप्त मात्रा में पाया जाता है तथा ऊर्जा उत्पादन में सहायता प्रदान करता है।

(2) थायमिन ऊतकों में थायमिन मानो–फॉस्फेट, पायरों–फॉस्फेट तथा को–कारबॉक्सीलेज के रूप में रहता है।

रक्त में थायमिन

रक्त में थायमिन दो रूपों में पाया जाता है–

(1) प्लाज्मा में स्वतंत्र थायमिन के रूप में,

(2) श्वेत रुधिर कणिक तथा लाल रुधिर कणिक में ट्रान्सकीटोलेस एवं पायरोफॉस्फेट के रूप में।

थायमिन मूत्र द्वारा एवं सीमित मात्रा में मल द्वारा उत्सर्जित होता है।

कमी के प्रभाव

विटामिन 'बी'$_1$/थायमिन की कमी निम्नांकित कारणों से होती है–

(1) आहार द्वारा विटामिन 'बी'$_1$ की कम मात्रा ग्रहण होना।

(2) विटामिन 'बी' की आवश्यकता में वृद्धि।

थायमिन की कमी का अनुमान लाल रक्त कण में ट्रान्सकीटोलेस एवं प्लाज्मा के थायमिन पायरो-फॉस्फेट को मापकर किया जाता है।

विटामिन 'बी'$_1$/थायमिन की कमी के लक्षण—0.2 मिलीग्राम विटामिन 'बी'$_1$ की कमी किसी भी उम्र में होने पर निम्न लक्षण प्रकट होते हैं—

(1) प्रारंभिक लक्षण—अधिक थकान, भूख न लगना, दुर्बलता, संवोगात्मक अस्थिरता, चिड़चिड़ापन, क्रोध, भय, शक्ति/ वजन में कमी एवं कब्ज। प्रारंभिक लक्षण किसी रोग की अवस्था को प्रकट नहीं करते।

(2) बाल बेरी बेरी—जन्म के बाद माता के दूध से कम मात्रा में विटामिन 'बी'$_1$ शिशु को प्राप्त होने से बाल बेरी बेरी रोग का प्रारंभ उल्टियाँ होने से होता है। इसके साथ-साथ बेचैनी, भूख न लगना तथा नींद न आना एवं कब्ज इत्यादि होने लगते है। बाल बेरी बेरी की इस आरंभिक अवस्था की प्रगति तीन रूपों में दृष्टिगोचर होती है जैसे—

(अ) उल्टियाँ न रुकना, भूख न लगना, अनिद्रा में वृद्धि एवं नाड़ी की गति (Pulse Rate) का बढ़ जाना।

(ब) उल्टियाँ न रुकना, भूख न लगना, गर्दन में खिंचाव, निर्जीव/प्राणरहित अस्तित्व, मूत्र कम बनना, कब्जी तथा एडीमा इत्यादि।

(स) उल्टियाँ होना, सूजन आना, मूत्र कम बनना, पेट में दर्द, बेहोशी आना तथा रोने हेतु शक्ति/आवाज न रहना अत्यादि।

उपर्युक्त तीनों लक्षणों का अन्त सामान्यतः हृदयगति का रुक जाना, ऐंठना, बेहोशी तथा मृत्यु इस क्रम में विकसित होता है।

(3) शुष्क बेरी बेरी—विटामिन 'बी'$_1$ की कमी से शुष्क बेरीबेरी केवल वयस्कों में दिखाई देती है।

इस अवस्था में शरीर की वे नाड़ियाँ प्रभावित होती हैं जो मस्तिष्क से दूर हैं, जैसे पाँव एवं हाथ की नाड़ियाँ। हाथ एवं पाँव की नाड़ियों की रचना में मायलीन शीथ तथा ॲक्सीस सिलेंडर का डीजनरेशन होता है जिसे पॉलीन्यूरोपॅथी कहते हैं।

इस अवस्था के प्रारंभिक लक्षणों में अपचन, कब्जा, सिरदर्द, अनिद्रा, भारीपन तथा पाँवों में कमजोरी प्रमुख है। उसके बाद दोनों पाँवों हाथों में एक साथ झिनझिनी, ऐंठन, जलन तथा संवेदन शून्य लक्षण विकसित होते हैं। हाथ-पाँव के मांसपेशियों में सुई चुभने जैसा दर्द तथा खुजली जिसे पेरीफेरल न्यूराइटीस कहते हैं। इस लक्षण के साथ व्यक्ति की मानसिक कार्यक्षमता भी प्रभावित होती है।

(4) आर्द्र बेरी बेरी—आर्द्र बेरी बेरी में शुष्क बेरी बेरी के लक्षणों के अलावा निम्नलिखित लक्षण होते है।

हृदय का आकार बढ़ना

पाँवों में पानी जमना

श्वांस लेने में कठिनाई

(5) **पॉलीन्युरोपॅथी**—इस अवस्था के दौरान विटामिन 'बी'$_1$ की कमी से मधुमेह तथा काफी समय तक बुखार हो जाता है। पॉजीन्युरोपॅथी लक्षण शुष्क बेरी बेरी के लक्षणों से मिलते-जुलते हैं।

प्रयोगों द्वारा विटामिन 'बी'$_1$ की कमी से शुष्क अथवा आद्र बेरी बेरी पैदा नहीं की जा सकती।

'बी'$_1$ की आवश्यकता, अधिकता एवं प्राप्ति

विटामिन 'बी'$_1$/थायमिन की अधिकता से एलर्जी जैसे लक्षण जिनमें जलन, जी—मचलना, पसीना आना, बेहोशी इत्यादि हैं प्रकट होते हैं जिनका इलाज समय पर न होने से मृत्यु भी हो सकती है।

एक स्वस्थ, व्यक्ति की विटामिन 'बी'$_1$ की प्रतिदिन की आवश्यकता 1.2 मिलीग्राम है। स्वस्थ एवं वयस्क व्यक्ति को 0.4 मिलीग्राम विटामिन 'बी'$_1$/थायमिन प्रति 1000 कैलेरीज आवश्यक होता है। विटामिन 'बी'$_1$ की प्रतिदिन की आवश्यक मात्रा निम्नांकित कारकों से प्रभावित होती है—

(1) चयापचय की गति में वृद्धि से

(2) गर्भावस्था में

(3) कार्बोज पदार्थ की कुल मात्रा के अनुरूप

प्राप्ति के साधन

विटामिन 'बी'$_1$ की प्राप्ति के श्रेष्ठ स्रोत हैं यीस्ट, चावल का पॉलिश तथा गेंहूँ का अंकुर आदि। मध्यम स्रोतों में—सभी अनाज, दाले, तेल, बीज तथा मेवे और निम्न स्रोतों में कुछ अनाज, सब्जियाँ, फल, दूध इत्यादि हैं।

पकाने की क्रिया का विटामिन 'बी' पर प्रभाव

(1) विटामिन 'बी' जल में अत्यधिक घुलनशील है। धोने, पकाने, सुखाने इत्यादि क्रियाओं में प्रयुक्त पानी फेंक देने से विटामिन 'बी'$_1$ नष्ट हो जाता है।

(2) क्षारीय माध्यम में विटामिन 'बी'$_1$ शीघ्र एवं आसानी से नष्ट हो जाता है।

अतः खाद्य पदार्थ पकाने एवं धोने-भिगोने में खारे पानी के प्रयोग तथा सोडियम बायकार्बोनेट या खाने का सोडा प्रयोग करने पर यह विटामिन खत्म हो जाता है।

(3) अत्यधिक तापमान से भी विटामिन 'बी'$_1$ नष्ट हो जाता है। लगभग 25-50 विटामिन 'बी'$_1$ पकाने की क्रिया में नष्ट होता है।

विटामिन 'बी'$_2$

वॉरबर्ग तथा क्रिश्चन 1932 ने फ्लेवा–प्रोटीन की खोज की। जिसमें विटामिन बी'$_2$ अथवा फ्लेविन पीले रंग का वर्णक पाया जाता है। 1933 में कुन्ह तथा उनके साथियों ने इस विटामिन को दूध से पृथक् किया तथा इसे उष्णता में स्थिर रहने वाला तथा वृद्धि में सहायक गुण वाला तत्त्व बताया। आरंभ में इस विटामिन का नाम विटामिन 'बी' अमेरिका में तथा इंग्लैण्ड विटामिन 'बी'$_2$ रखा गया। तत्पश्चात् इसे विटामिन बी'$_2$ या राइबोफ्लेविन नाम से जाना गया। 1935 में कुन्ह तथा करेर ने इसका निर्माण किया।

रासायनिक संगठन, रचना एवं गुण विटामिन 'बी'$_2$/राइबोफ्लेविन में आइसो-एलॉक्साझिन न्यूक्लीयस तथा राइबोज पायी जाती है।

विटामिन 'बी'$_2$ नारंगी पीले रंग का, रवेदार पदार्थ है। शुद्ध रूप में इसका स्वाद कड़वा है। यह जल में शीघ्र घुलनशील है। तीव्र अम्ल तथा ऑक्सीडाइजिंग एजेन्ट्स की उपस्थिति में यह स्थिर है, परन्तु क्रियाशीलता प्रभावित होकर यह धीरे-धीरे नष्ट होने लगती है। प्रकाश की तीव्रता से यह नष्ट हो सकता है।

पकाने की क्रिया का विटामिन 'बी'$_2$ फॉस्फोरिक ऍसिड के साथ यौगिक मोनो न्यूक्लीओटाइड के रूप में रहता है। मोनो–न्यूक्लीओटाइड प्रोटीन के साथ मिलकर फ्लेवो-प्रोटीन बनाते हैं जो ऑक्सीडेशन रिडक्शन एन्जाइम तथा को एन्जाइम के रूप में कार्य करते हैं। फ्लेविन-एडीनाइन-डाय-न्यूक्लीओटाइड 'टीश्य- ऑक्सीडेशन में महत्त्वपूर्ण को-एन्जाइम जैसा कार्य करता है।

विटामिन 'बी'$_2$ पानी में घुलते समय विशिष्ट हरा तथा पीला फ्लोरेसेन्स देता है।

अभिशोषण एवं उत्सर्जन

विटामिन 'बी'$_2$ खाद्य पदार्थों में जिस रूप में पाया जाता है उसी रूप में छोटी अंतड़ियों से रक्त में अभिशोषित होता है। बाइल साल्ट्स की उपस्थिति में अभिशोषण शीघ्र होता है एवं विटामिन 'बी'$_2$ पायरोफोस्फेटेज एवं फॉस्फेटेज द्वारा एफ एम एन (FMN = FlarinAdenine Flarin mono Nucleotide) एवं एफ ए डी

(FAD = FlavinAdenine Dinucleotide) में परिवर्तित होकर रक्त में पहुँच जाता है।

रक्त में विटामिन 'बी'$_2$ रक्त के सीरम, श्वेत रक्त कणिका तथा लाल रक्त कणिका तीनों में पाया जता है। सीरम में विटामिन 'बी'$_2$ की कुल मात्रा 3.2 माइक्रोग्राम/100 मिलीलीटर है जिसमें विटामिन 'बी'$_2$ के दोनों स्वरूप फ्लेविन-मोनो-न्यूक्लिओटाइड तथा फ्लेविन-ॲडिनिन डाय न्यूक्लीओटाइड शामिल हैं। लाल रक्त कणिका में 22.4 माइक्रोग्राम/100 मिलीलीटर तथा सफेद रक्त कणिकाओं में 252 माइक्रोग्राम/100 मिलीलीटर रक्त विटामिन 'बी'$_2$ पाया जाता है।

उत्सर्जन—विटामिन 'बी'$_2$ की अधिक मात्रा मूत्र द्वारा उत्सर्जित होती है। इसी से मूत्र का रंग पीला है।

कार्य

(1) ऊतकों में कोशिका के श्वसन कार्य में को-एन्जाइम के रूप में कार्य करना।

(2) फ्लेविन-मोनो-न्यूक्लिओटाइड तथा फ्लेविन-एडीनाइन-डाय-न्यूक्लीओटाइड का कार्य ऊतकों में ऑक्सीडेशन-रीडक्शन क्रिया में हाइड्रोजन की मात्रा को बढ़ाना या कम करना है।

उपर्युक्त कार्य कार्बोज पदार्थ, प्रोटीन तथा वसा की चयापचय में महत्त्वपूर्ण है जिससे ऊर्जा का उपयोग तथा कुछ तत्त्वों का सृजन संभव होता है।

(3) लाल रक्त कण के निर्माण में विटामिन 'बी'$_2$ सहायता करता है।

(4) आंख के स्वास्थ्य के लिये तथा सामान्य दृष्टि के लिये आवश्यक है।

(5) सामान्य वृद्धि एवं घाव के ठीक होने में आवश्यक।

संग्रह

शरीर में विटामिन 'बी'$_2$ यकृत में (16 माइक्रोग्राम/ ग्राम) गुर्दे में (20-25 माइक्रोग्राम/ ग्राम) एवं मांसपेशियों में (2.3 माइक्रोग्राम/ ग्राम) प्राप्त होता है। उक्त अवयवों में विटामिन 'बी'$_2$ अवंयव के घटक के रूप में पाया जाता है। स्वतंत्र अतिरिक्त मात्रा में नहीं पाया जाता। अतः विटामिन 'बी'$_2$ की आवश्यकता मनुष्यों को प्रतिदिन रहती है। विटामिन 'बी'$_2$ की अतिरिक्त मात्रा मूत्र द्वारा बाहर हो जाती है।

कमी के प्रभाव

मनुष्यों में विटामिन 'बी'$_2$ की कमी का प्रमुख कारण आहार में विटामिन 'बी'$_2$ की मात्रा का कम होना ही है। कभी-कभी अभिशोषण तथा उपयोगिता में अवरोध

उत्पन्न होने से भी विटामिन 'बी'$_2$ का अभाव शरीर में हो जाता है। शारीरिक वृद्धि के समय जैसे बाल्यावस्था, गर्भावस्था तथा धात्रीवस्था में विटामिन 'बी'$_2$ की कमी के लक्षण अन्य अवस्था की अपेक्षा जल्दी दिखाई देते हैं।

कमी के प्रारम्भिक लक्षण

खाने तथा निगलने में कठिनाई

होठों का लाल होना

होठों के मध्य तथा कोनों में घाव हो जाना आदि।

विटामिन 'बी'$_2$ की मात्रा 0.5/प्रतिदिन लगातार 5-6 महीनों तक शरीर में पहुँचने पर इसकी कमी के लक्षण प्रकट होने लगते हैं। प्रारम्भिक लक्षणों के अलावा आँखों को प्रकाश सहन न होना, धुँधला दिखना, आँख में खुजली, आँख से पानी आना, आँख में बारीक फुंसी होना तथा आँख के सफेद भाग में रक्त के निशान दिखते हैं।

त्वचा में बदलाव आ जाता है विशेषतः नाक से समीप की त्वचा में धब्बे, धब्बों से छिलके निकलना इत्यादि लक्षण दिखाई देते हैं।

प्रतिदिन की आवश्यक मात्रा एवं प्राप्ति के स्रोत

विटामिन 'बी'$_2$ की प्रतिदिन की जरूरत 0.55 मिलीग्राम प्रति 1000 कैलोरीज है। मनुष्यों को विटामिन 'बी'$_2$ दो स्रोतों से प्राप्त होता है–

(अ) भोज्य पदार्थों से–प्राणिज भोज्य पदार्थ जैसे–दूध विटामिन 'बी'$_2$ के श्रेष्ठ सा धन है। अनाजों में यह विटामिन काफी कम मात्रा में पाया जाता है।

(ब) बैक्टेरिया द्वारा निर्माण से–मनुष्यों की अंतड़ियों में बैक्टेरिया द्वारा विटामिन 'बी'$_2$ का निर्माण होता है।

खाद्य पदार्थों में विटामिन 'बी'$_2$ की प्रतिशत मात्रा

क्र.सं.	*भोज्य पदार्थ का नाम*	*विटामिन 'बी'$_2$ (मिलीग्राम/ 100 ग्राम)*
1.	यकृत (भेड़ का)	1.70
2.	सप्रेटा दूध का पाउडर	1.64
3.	दूध का पाउडर	1.36
4.	बादाम	0.57
5.	गेहूँ का अंकुर	0.54
6.	मूली के पत्ते	0.47

7.	सूरण	0.47
8.	अरवी के पत्ते (काले)	0.45
9.	सीताफल	0.44
10.	सूखी मिर्च	0.43
11.	खोआ	0.41
12.	अण्डा	0.40
13.	अखरोट	0.40
14.	मूँग की दाल	0.39
15.	हरी मिर्च	0.39
16.	सोयाबीन	0.39
17.	उड़द की दाल	0.37
18.	खीर (दूध की)	0.35
19.	तिल	0.34
20.	मेथी	0.31
21.	आटा	0.29
22.	मैदा	0.26
23.	अरवी के पत्ते (हरे)	0.26
24.	पुदीना और पालक	0.26
25.	पपीता और बाजरा	0.25
26.	काजू, मटर, रागी, किशमिश	0.19
27.	गाय का दूध, अरहर की दाल	0.19
28.	चने की दाल	0.18
29.	दही	0.16
30.	बथुआ	0.14
31.	मूँगफली के दाने	0.13
32.	उबला चावल	0.12
33.	बैंगन	0.11
34.	दूध	0.10

नायसिन

1911-1913 में फंक ने सर्वप्रथम इस विटामिन को खमीर तथा पॉलिशिंग चावल से अलग किया।

1920 में गोल्डकरगर के इस विटामिन को पैलेग्रा-अवरोधक विटामिन नाम दिया।

एल्व्हेजेम ने इस विटामिन के दो रूपों निकोटिनिट ऍसिड तथा निकोटीनामाइड दोनों पेलेग्रा अवरोधक बताया।

व्हील्टर, सारेल्ट तथा गोल्डस्मिथ के प्रयोगों से ज्ञात हुआ कि शरीर में अमिनो ऍसिट्रीप्टोफीन नायसिन में बदल जाता है। तम्बाकू में पाये जाने वाले निकोटिन तत्त्व से निकोटिनिक ऍसिड में हैं। प्राणियों के ऊतकों में निकोटिनिक ऍसिड निकोटिनोटिनामाइड के रूप में विटामिन 'बी' का कार्य करता है। निकोटिनामाइड उष्णता में स्थिर है एवं पकाने की क्रिया में समाप्त नहीं होता।

रसायनिक संगठन, रचना एवं गुणधर्म—नायसिन/ निकोबिनिक ऍसिड ऑफ पिरिडीन है।

नायसिन पानी में सरलता से घुलनशील है। यह गंधहीन है तथा इसके रवे सफेद रंग एवं सूई के आकार के होते हैं। नायसिन पर उष्णता, अम्ल तथा क्षार का असर नहीं होता।

अभिशोषण

नायसिन का अभिशोषण तथा निर्माण आसानी से तथा शीघ्र छोटी अंतड़ियों में होता है। शरीर में यह इकट्ठा नहीं होता, परन्तु सभी कोशिकाओं में ऊतकों के चयापचय हेतु उपस्थित रहता है। नायसिन की अतिरिक्त मात्रा मूत्र द्वारा बाहर आ जाती है।

रक्त में नायसिन

रक्त में सामान्यतः 35 माइक्रोग्राम/मिलीलीटर नायसिन रहता है उसकी अधिकतम मात्रा लाल रक्त कणिक में पायी जाती है।

कार्य

(1) त्वचा आंतड़ियाँ तथा नाड़ी-संस्थान के सामान्य कार्य करने के लिये आवश्यक।

(2) निकोटिनामाइड शरीर के दो प्रमुख को-एन्जाइम्स = (phate NADP) के घटक है जो कार्बोज पदार्थ, वसा तथा प्रोटीन के चयापचय के लिये आवश्यक है।

(3) निकोटिनिक ऍसिड से पाचक रसों की अधिकतम मात्रा आमाशय में स्रावित होती है।

कमी का प्रभाव

नायसिन की कमी मनुष्यों में नायसिन तथा ट्रीप्टोफीन ॲमिनो अम्ल के अभाव के कारण पायी जाती है। मूत्र की निकोटिनामाइड की मात्रा का उपयोग नायसिन की कमी ज्ञात करने हेतु किया जाता है। नायसिन की कमी से पाचन संस्थान त्वचा तथा नाड़ी संस्थान मुख्य रूप से प्रभावित होते हैं। कमी की प्रारंभिक अवस्था के लक्षण हैं–

- थकावट एवं बेचैनी,
- सिर तथा पीठ में दर्द,
- वजन में कमी।
- भूख न लगना,
- कब्ज,
- मुँह में जलन एवं
- सामान्य स्वास्थ्य का स्तर भिन्न हो जाना।

नायसिन का अभाव निरन्तर रहने पर पेलेग्रा नामक रोग होता है। पैलेग्रा रोग के लक्षण–

(1) **डरमॅटाइटिस** अर्थात् त्वचा में विकार उत्पन्न होना जिसमें त्वचा लाल रंग की हो जाती है, सूज जाती है तथा त्वचा में जलन एवं खुजली होती है। कुछ समय के बाद झुर्रियाँ पड़ जाती हैं। जीभ, मुँह तथा गले में सूजन हो जाती है।

(2) **अतिसार, पेचिश**–पाचन संस्थान में विकार उत्पन्न होता है जिसमें प्रारंभ में भूख न लगना, जी मचलना, उल्टियाँ आना, अपचन आदि होता है। कुछ समय के बाद दस्त/जुलाब अधिक मात्रा में होते हैं तथा मल में रक्त तथा म्यूकस भी पाया जाता है।

(3) **मानसिक विकार**–नाड़ी संस्थान के प्रभावित होने पर कई लक्षण जस– नींद न आना सिर में दर्द, तीव्र श्वसन की गति, स्मरण न रहना, भय, चिड़चिड़ाहट तथा कँपकँपी इत्यादि।

(4) **पैलेग्रा** की तीव्र अवस्था में मृत्यु भी हो सकती है।

संक्षेप में पैलेग्रा को Disease fo Four D's कहते हैं अर्थात् वह रोग जिसमें 'डी' (D) अक्षर से प्रारंभ होने वाले विकार/ लक्षण क्रमशः प्रकट होते हैं अर्थात्–

(i) त्वचा का रोग, (ii) अतिसार, (iii) मानसिक विकार, (iv) मृत्यु।

प्राप्ति के साधन

कॉफी, खमीर, यकृत, मूँगफली के दाने विटामिन नायसिन की प्राप्ति के श्रेष्ठ

साधन हैं। अनाज एवं सभी दालें नायसिन की प्राप्ति के अच्छे स्रोत हैं। मक्का, कन्द तथा जड़ वाली सब्जियाँ तथा दूध एवं अण्डा नायसिन की प्राप्ति के साधन हैं।

खाद्य पदार्थ का नाम	नायसिन मिलीग्राम/100 ग्राम
1. खमीर	27-40
2. मूँगफली के दाने	19.9
3. यकृत (भेड़ का)	17.6
4. मांस	6.8
5. गेहूँ	5.5
6. बार्ली	5.4
7. बादाम	4.4
8. तिल	4.4
9. परमल	4.1
10. चावल/पोहा	4.0

पकाने का नायसिन पर प्रभाव

पकाने की क्रियाओं से नायसिन नष्ट नहीं होता।

प्रतिदिन की निर्धारित मात्रा

वयस्क मनुष्य के लिये नायसिन की प्रतिदिन की आवश्यक मात्रा 17 मिलीग्राम है अथवा 6.6 मिलीग्राम नायसिन प्रति 1000 कैलोरिज।

नायसिन की प्रतिदिन की आवश्यक मात्रा चयापचय के दर से प्रभावित होती है तथा आहार में ट्रीप्टोफीन ॲमिनो अम्ल की मात्रा से प्रभावित होती है।

ट्रीप्टोफीन से नायसिन बनना

शरीर की 6-8 मिलीग्राम नायसिन की आवश्यकता ट्रीप्टोफीन ॲमिनो अम्ल द्वारा पूरी की जाती है। 60 मिलीग्राम ट्रीप्टोफीन शरीर में मिलीग्राम नायसिन का निर्माण करता है। इस क्रिया में विटामिन बी$_{1,}$ बी$_2$ एवं बी$_6$ मदद करते हैं। ट्रीप्टोफीन से नायसिन के बनने की क्रिया को ल्यूसीन ॲमिनो ऍसिड की अधिक मात्रा बाधा उत्पन्न करती है एवं ल्यूसीन से नायसिन द्वारा ऊतकों में को-एन्जाइम का निर्माण भी प्रभावित होता है।

विटमिन 'बी$_6$'

बर्च तथा ग्यिॉर्जी ने 1938 में विटामिन 'बी'$_6$ का पता लगाया 1939 में स्टिलर, हैरीस तथा फॉकर्स ने इस विटामिन की रासायनिक रचना बताई कुन्ह तथा वेन्ट ने इस विटामिन का निर्माण कर इसे विटामिन 'बी'$_6$ नाम दिया। 1956 में टॉवर ने नाड़ी तन्तु के चयापचय में विटामिन 'बी'$_6$ की कमी के प्रभाव को बताया।

रायसायनिक संगठन तथा गुण

विटामिन 'बी'$_6$ में तीन घटक पिरीडीन न्यक्लीयस या पॉयरीडॉक्सॉल तथा पॉयरीडॉक्सीन पाये जाते हैं। तीनों घटकों में विटामिन की क्रिया क्षमता पायी जाती है।

क्षारीय माध्यम में यह विटामिन धीरे-धीरे नष्ट होता है। ऑटोक्लेव करने पर यह समाप्त होने लगता है। विटामिन 'बी'$_6$ रंगहीन, रवेदार तथा पानी एवं एल्कोहॅल में घुलनशील है। पॉयरीडॉक्सीन का नाम ऍडरमीन रखा गया जिसका अभिप्राय होता है त्वचा के विकार सुधारने वाला विटामिन।

अभिशोषण, कार्य, उत्सर्जन एवं संग्रहण

विटामिन 'बी'$_6$ जेजुनम तथा त्वचा से रक्म में अभिशोषित होता है। अंतड़ियों के बैक्टरिया थोड़ी मात्रा में विटामिन 'बी'$_6$ का निर्माण कर सकते हैं।

मनुष्यों नें विटामिन 'बी'$_6$ के कार्य हैं–

(1) नाड़ियों के सामान्य अवस्था में रहने के लिये आवश्यक।

(2) मनुष्यों के लाल रक्त कणिका में विटामिन 'बी'$_6$ या पॉयरीडॉक्सीन शीघ्र पॉयरीडॉक्सीन-5 फॉस्फेट में परिवर्तित हो जाता है जो ॲमिनो अम्ल के चयापचय में को-एन्जाइम का कार्य करता है। एन्जाइम की क्रिया से निम्न चयापचय क्रियाएँ सम्पन्न होती हैं–

(अ) ट्रान्सएमीनेज सिस्टम

(ब) डी-कारबॉक्सीलेशन प्रतिक्रिया।

(स) सिस्टेइन डीसल्फहैइड्रज क्रिया।

(3) ट्रीप्टोफॅन ॲमिनो अम्ल से विटामिन नायसिन बनने की क्रिया में आवश्यक।

(4) ग्लाकोजन को ग्लूकोज में परिवर्तित कर कोशिका में वितरण।

(5) हीमोग्लोबीन बनाने तथा एन्टीबॉडी तैयार करने में सहायक।

(6) लाल रक्त कणों को परिपक्व बनाने की क्रिया में सहायक

(7) वसा के चयापचय में सहायक।

विटामिन 'बी'$_6$ पायरीठॉक्सीन एवं इसके अन्य घटक मूत्र में उत्सर्जित होते हैं। शरीर में विटामिन 'बी'$_6$ संगृहीत होता है। एक स्वस्थ व्यक्ति के शरीर में आठ सप्ताह तक उपयोग कर सके उतनी मात्रा में विटामिन 'बी'$_6$ संगृहीत हो सकती है।

कमी के प्रभाव

किसी भी आयु के व्यक्ति में विटामिन 'बी'$_6$ की कमी से निम्नलिखित लक्षण प्रकट होते हैं–

- शारीरिक शिथिलता
- पाँव में दर्द
- भूख में कमी
- चलने-फिरने में कठिनाई
- नींद में कमी
- मूत्र में सायट्रेट की कमी
- मुँह का सूखा होना
- ऑक्जेलेट में वृद्धि
- गुर्दे में पथरी की संभावना।

वयस्कों में सामान्यतः विटामिन 'बी'$_6$ की स्वाभाविक कमी इतनी नहीं हो पाती कि कमी के लक्षण दिखने लगें।

कृत्रिम रूप में विटामिन 'बी'$_6$ की कमी डी-ऑक्सी-पायरीडीन देकर विकसित करने पर दो सप्ताह में ही त्वचा सम्बन्धी विकार जिनमें आँख, नाक तथा मुँह की त्वचा पर होने लगते हैं। साथ जी मचलाना, वमन, दुर्बलता तथा धुँधला दिखाई देता है। बालकों में डिब्बाबन्द दूध में विटामिन 'बी'$_6$ की मात्रा ऑटोक्लेव होने से कम हो जाती है। इससे बालकों में चिड़चिड़ापन तथा बेहोशी के लक्षण प्रकट होते हैं। ये लक्षण केवल विटामिन 'बी'$_6$ की मात्रा का उपयोग करने पर ही ठीक होते हैं। डी-ऑक्सी-पॉयरीडॉक्सीन विटामिन 'बी'$_6$ की कमी हो जाती है।

प्रतिदिन की आवश्यकता

ओजोन में प्रोटीन की मात्रा अधिक होने पर विटामिन 'बी'$_6$ जरूरत बढ़ जाती है। सामान्यतः स्वस्थ वयस्क व्यक्ति को 2.0-2.5 मिलीग्राम विटामिन 'बी'$_6$ की जरूरत बढ़ जाती है।

प्राप्ति के स्रोत

खाद्य पदार्थों में विटामिन 'बी'$_6$ अपने तीनों रूपों में पॉयरीडॉक्सीन पायरीडॉक्साल तथा पॉयरीडॉक्सॅमिन मिलता है। सूखा खमीर पॉलिश किया हुआ चावल, गेहूँ का अंकुर विटामिन 'बी'$_6$ के श्रेष्ठ स्रोत हैं। अनाज, दालें, तेजबीज, इसकी प्राप्ति के अच्छे स्रोत हैं। अनाजों के पदार्थ कंद, फल तथा हरी पत्तेवाली सब्जियाँ इसकी प्राप्ति के निम्नलिखित स्रोत हैं—

खाद्य पदार्थों में विटामिन 'बी'$_6$ की प्रतिशत मात्रा (मिलीग्राम)

खमीर	0.7-4.0	गेहूँ	0.52
पॉलिश किया हुआ चावल	2.0	मसूर	0.49
गेंहूँ का बाह्य आवरण	1.1-1.3	पीला मक्का	0.46
अण्डा	1.0	ब्रेड (आटे का)	0.42
भुनी मूंगफली के दाने	0.30	केला	0.32
अखरोट	0.96	शकरकन्दी	0.32
गेहूँ का अंकुर	0.91	आलू	0.32
यकृत (भेड़ का)	0.64	पालक	0.19
दूध का पावडर	0.7-0.4	फूल गोभी	0.17
सोयाबीन	0.64	हरे मटर	0.15
मूँग	0.57	पत्तागोभी, गाजर	0.12
बार्ली	0.54	फल	0.02

पॅन्टोथेनिक ऍसिड

विलीयम्स ने 1938 में पॅन्टोथेनिक ऍसिड का पृथक्करण किया। 1940 में उसने इस विटामिन का निर्माण किया तथा इसे पॅन्टोथेनिक ऍसिड अर्थात् प्रत्येक खाद्य पदार्थ में पाया जाने वाला बताया।1940 में मर्क प्रयोगशाला में इस विटामिन का कैल्शियम के साथ क्रिस्टल बनाया गया एवं इस विटामिन की रासायनिक संरचना तैयार की गई।

रसायनिक गुण

पॅन्टोथेनिक ऍसिड अल्कली, अम्ल तथा उष्णता में आसानी से समाप्त नहीं होता। यह हैड्रॉक्सी अम्ल (डाय-मिथाइल ऑफ ब्युटरिक एसिड) है एवं बीटा

एलानाइन से पैदा होता है।

PantothenicAcid ($C_9 H_{17} O_5N$)

स्वतंत्र रूप में पॅन्टोथेनिक अम्ल पीले रंग का, तेल जैसा तथा जल में घुलनशील है। पॅन्टोथेनिक अम्ल विटामिन के क्रिस्टल कैल्शियम के साथ साल्टस् के रूप में ही बनते हैं। मनुष्य में छोटी अंतड़ियों में बैक्टीरिया द्वारा इस विटामिन का निर्माण होता है।

अभिषोषण एवं उत्सर्जन

अंतड़ियों में पॅन्टोथेनिक अम्ल का अभिशोषण होता है तथा प्रतिदिन लगभग 3 मिलीग्राम पॅन्टोथेनिक अम्ल मूत्र द्वारा बाहर हो जाता है।

कार्य

(1) पॅन्टोथेनिक अम्ल शरीर में को-एन्जाइम अथवा को-एसिटीलेझ जैसा कार्य करता है–

(अ) कुछ ॲरामेटिक अमिन्स तथा कोलीन का एसिटीलेशन।

(ब) ॲसिटो–ॲसीटिक ॲसिड कोलेस्टेरॉल, वसीय अम्ल, फॉस्फोलीपीड्स। साइट्रेअ्स तथा स्टीरॉइड हारमोन्स का निर्माण।

(स) क्रेब-चक्र में पायरूवेट तथा ऐसटालडीहाइड का ऑक्सीकरण।

(द) हीमाग्लोबीन के लिये मॉरफीरीनूस का निर्माण।

(2) एड्रीनो–कॉरटीकले–हॉरमोन के क्रियाशील ॲसिटेट तथा कोलेस्टेरॉल के बनने आवश्यक है।

(3) कार्बोज पदार्थ, वसा तथा प्रोटीन की चयापचय में क्रियाशील। जैसे–ॲमीनो अम्ल का चयापचय।

वसीय अम्ल एवं कोलेस्टेरॉल का निर्माण

स्टील के निर्माण संबंधी कार्य।

रक्त में पॅनटोथेनिक अम्ल की सामान्य मात्रा 0.225 माइक्रोग्राम/मिलीलीटर है।

कमी के प्रभाव

पॅन्टोथेनिक अम्ल लगभग सभी खाद्य पदार्थों में पाया जाता है तथा अंतड़ियों में–कोलाई जीवाणु से इस विटामिन का निर्माण भी होता है। इस कारण मनुष्यों में इस विटामिन की कमी नहीं होती।

पॅन्टोथेनिक ऍसिड के एन्टेगोनिस्ट है।

ओमेगो-मिथाइले-पॅन्टोथेनिक ऍसिड।

इस तत्त्व की उपस्थिति में पॅन्टोथेनिक ऍसिड की कमी उत्पन्न होती है इसके प्रमुख लक्षण हैं–

- सिर में दर्द,
- बेचैनी,
- जी मिचलाना
- चिड़चिड़ापन,
- पेट में दर्द,
- नींद न आना
- वमन,
- अत्यधिक थकावट
- पाँव में जलन; झिनझिनी, दर्द, चुभन एवं सुन्न होना,
- व्यक्तित्व में परिवर्तन।

पॅन्टोथेनिक ऍसिड का प्रयोग

- नाड़ी संबंधी विकार, पैरों की जलन को ठीक करने में उपयोगी।
- त्वचा के रोगों का उपचार।

दैनिक आवश्यकता एवं प्राप्ति

पॅन्टोथेनिक ऍसिड की प्रतिदिन की आवश्यक माात्रा वयस्क हेतु 10 मिलीग्राम प्रति 2500 कैलोरीज है।

शिशु	....	1.5-2.5 mg./दिन
बालक	....	5-8 मिलीग्राम
किशोर	....	8-10 मिलीग्राम
गर्भस्थ/धात्रीअवस्था	....	10-15 मिलीग्राम

प्राप्ति के साधन

पॅन्टोथेनिक अम्ल सभी खाद्य पदार्थों में पाया जाता है। यकृत, मूँग, अंकुरित गेहूँ इसके श्रेष्ठ स्रोत हैं। दालें, मेवे एवं अनाजों में इसकी काफी मात्रा पायी जाती है! फलों में यह बहुत कम मात्रा में प्राप्त होता है।

खाद्य पदार्थों में पॅन्टोथेनिक एसिड की प्रतिशत मात्रा (मिलीग्राम में)

पॉलिश किया हुआ चावल	3.33	गेहूँ	1.37
मूँग	2.50	फूलगोभी	1.01
अंकुरित गेहूँ	2.20	अखरोट	0.97
मूँगफली के भुने दाने	2.14	शकरकन्दी	0.93
सोयाबीन	1.68	हरे मटर	0.82
मसूर	1.50	चावल	0.75
चावल (उबला)	1.37	पीला मक्का	0.64
		बादाम	0.58

फोलिक ऍसिड

विल्स ने 1934 में खमीर में पाये जाने वाले तत्त्व से मनुष्य में होने वाली रक्ताल्पता के ठीक हो जाने के गुणधर्म को बताया। 1945 में इस तत्त्व को फोलिक अम्ल नाम से जाना गया। विटामिन फोलिक अम्ल को प्रारंभ में वैज्ञानिकों ने भिन्न-भिन्न नाम दिये। जैसे–फोलॅसिन, टेरॉइल–ग्लूटॅमिक ऍसिड, लॅक्टो–बॅसीलस कोसी फॅक्टर, विटामिन विटामिन तथा विटामिन।

वर्तमान में इस विटामिन को केवल फोलिक ऍसिड तथा फोलॅसिन नाम से जाना जाता है। 1945 में ॲनजिअर एवं उसके साथियों ने इस विटामिन को यकृत से प्राप्त किया तथा इसका निर्माण भी किया।

फोलिक ऍसिड पीले रंग का क्रिस्टलीय यौगिक है। हरे पत्तेवाली सब्जियों में यह अत्यधिक मात्रा में ग्लूटॅमिक ऍसिड के साथ प्टेरीडीन–न्यूक्लीयस एवं पॅरा ॲमिनो बेन्लोइक अम्ल के साथ संयुक्त/यौगिका के रूप में पाया जाता है।

फोलिक ऍसिड अम्ल माध्यम में अस्थिर है तथा सूर्य के प्रकाश में समाप्त होने लगता है।

कार्य

(1) फोलिक अम्ल का प्रमुख कार्य शरीर में रक्त की पॉरफीरिन रिंग बनाने में सहायता देना है जिससे रक्त का हीमोग्लोबीन का अणु बनता है एवं परिपक्व होता है।

(2) उससे शरीर में एन्जाइम्स, फोलिक ऍसिड रिडक्टेज के कार्य में मदद मिलती है। इस एन्जाइम का कार्य है एक कार्बन के अणु को एक जगह से हटाकर दूसरी जगह पर जोड़ना। इस क्रिया से कई ॲमिनो अम्लों का निर्माण होता है।

(3) फोलिक अम्ल प्यूरीन्स एवं पिरीमिडीस के चयापचय में कार्य करता है जिससे डी-ऑक्सी-रायबोन्यूक्लिक ऍसिड के निर्माण में सहायता मिलती है।

(4) टायरोसीन ॲमिनो ऍसिड के ऑक्सीडेशन तथा डी-कारबॉक्सीलेशन में महत्त्वपूर्ण भूमिका निभाता है।

(5) न्यूक्लिओ-प्रोटीन का पुनः निर्माण।

अभिशोषण एवं उत्सर्जन

फोलिक ऍसिड जेजुनम से रक्त में अभिशोषित होता है। फॉलिक ऍसिड की कुछ मात्रा का निर्माण शरीर में होता है।

कमी के प्रभाव

फोलिक ऍसिड की कमी से मनुष्यों में तीन प्रकार की रक्ताल्पता होती है

- परनिशियस ॲनिमिया
- मॅक्रोसाइटीक ॲनिमिया
- मेगोलोब्लास्टिक ॲनिमिया

शरीर में लोहे की कमी से फोलिक ऍसिड का चयापचय प्रभावित होता है। फोलिक ऍसिड की कमी विटामिन के अभाव से नहीं वरन् ॲमिनोप्टेरीन नामक ॲन्टागोनिस्ट विटामिन 'सी' द्वारा फोलिक ऍसिड को रीडयुस्ड फॉर्म में होने की क्रिया में बाधा होती है।

प्रतिदिन की आवश्यकता

औसत रूप में एक वयस्क व्यक्ति की एक दिन की फोलिक ऍसिड की आवश्यकता 0.1-0.4 मिलीग्राम है। विभिन्न आयु समूह में फोलिक ऍसिड की प्रतिदिन की आवश्यकता इस प्रकार है :

0-6 माह	25 माइक्रोग्राम	वयस्क	100	माइक्रोग्राम
7-12 माह	50-100 "	गर्भावस्था	150-300	माइक्रोग्राम
1-12 वर्ष	50-100 "	धात्रीअवस्था	150	माइक्रोग्राम

प्राप्ति के साधन

फोलिक ऍसिड प्राणी तथा पादप दोनों प्रकार के खाद्य पदार्थों में पाया जाता है। खमीर, यकृत, अण्डा, तिल, पालक इस विटामिन के श्रेष्ठ स्रोत हैं। दालें, तेल

बीज एवं अनाज इस विटामिन की प्राप्ति के मध्यम स्रोत हैं। सब्जियाँ, फल तथा दूध में इसकी बहुत कम मात्रा प्राप्त होती है।

बॉयोटीन

बोएस ने 1927 में अण्डे के सफेद भाग के उपयोग से हुए घाव के बारे में बताया कि इस घाव का उपचार यकृत, खमीर तथा अण्डे के पीले भाग से किया जा सकता है जिससे इन भोज्य पदार्थ में पाये जाने वाले तत्त्व को एन्टी एग-वहाइट-इन्जुरी-फैक्टर कहा।

जिऑरजी ने 1931 में उसे विटामिन एच नाम दिया। 1943 में इस विटामिन की रासायनिक रचना का पता चला।

रासायनिक संगठन सूत्र एवं गुण

बॉयोटीन मोनो-कारबॉक्सीलिक ऍसिड है। यह गरम पानी में आसानी से घुल जाता है। तीव्र अम्ल तथा क्षार में बॉयोटीन अस्थिर होता है। अल्कोहॅल में कम मात्र में घुलनशील है तथा अन्य वसा के घोलक में अघुलनशील है।

कार्य

(1) शरीर में कारबॉक्सीलेशन क्रिया में भागीदारी।

(2) त्वचा तथा तंत्रिका संस्थान के स्वस्थ रहने में सहायक।

(3) बॉयोटीन पायरुविक ऍसिड से एसिटल-को-ए एवं ऑक्जेलो ऍसीटिक ऍसिड तथा इन दोनों से मॅलोनीलका-ए के निर्माण के लिए अनिवार्य। मॅलोनीलका-ए वसीय अम्ल के सृजन एवं वसा के चयापचय के लिये आवश्यक।

कमी के प्रभाव

बॉयोटीन की कमी से प्रारंभिक लक्षणों के रूप में त्वचा पर प्रभाव पड़ता है इसके बाद बेचैनी, स्नायु में दर्द, भूख का न लगना तथा जी मचलाना इत्यादि उत्पन्न होता है बॉयोटीन की कमी 2-3 महीने लगातार रहने पर रक्ताल्पता तथा रक्त में कोलेस्टेरॉल की मात्रा का बढ़ना पाया जाता है। कच्चे अण्डे के सफेद भाग में ऍवीडीन नामक प्रोटीन प्राप्त होता है जो अण्डे के बॉयोटीन के साथ मिलकर उसकी क्रियाशीलता को समाप्त कर बॉयोटीन की कमी का प्रभाव उत्पन्न करता है। अण्डे के उबालने या पकाये जाने पर ऍवीडीन विघटित हो जाता है।

दैनिक आवश्यकता एवं प्राप्ति

स्वस्थ व्यक्ति के लिये 50 माइक्रोग्राम बॉयोटीन पर्याप्त है। बालकों के लिए 20-40 माइक्रोग्राम तथा शिशुओं को 10-15 माइक्रोग्राम बॉयोटीन पर्याप्त है। खाद्य पदार्थों से बॉयोटीन की प्राप्ति आसानी से हो जाती है।

खाद्य पदार्थों में बॉयोटीन की प्रतिशत मात्रा

खमीर	100-200	सोयाबीन	61.0
पकृत (भेड़ या बकरी)	100-127	अखरोट	37.0
पॉलीशिंग	57.0	मूँगफली	34.0
बार्ली	31.0	मूँग	7.5
मक्का	21.0	हरे मटर	9.4
फूलगोभी	17.0	पालक	6.9
बादाम	18.0	केला	4.4
गेहूँ	16.0	शकरकन्दी	4.3
मसूर	13.2	पत्तागोभी	2.4
चावल	10.0	गाजर	1.4

विटामिन 'बी$_{12}$'

1920 तक रक्ताल्पता का कोई उपचार ज्ञात नहीं था। 1920 में मिनोट एवं मर्फी नामक वैज्ञानिकों की यकृत के उपयोग से इस रक्ताल्पता का इलाज हो सकता है। अतः यकृत में कुछ ऐसा गुणकारी तत्त्व है जो रक्ताल्पता से उत्पन्न नाड़ी संस्थान के विकारों का उपचार कर सकता है।

कॅस्टल ने यकृत के इस तत्त्व को बाहरी तत्त्व नाम दिया जिसे विटामिन 'बी$_{12}$' के नाम से भी जाना जाता है। 1930 में इस विटामिन को यकृत से अलग किया गया एवं इन्जेक्शन के द्वारा रक्ताल्पता के इलाज में उपयोग में किया गया। 1948 में इस तत्त्व को लाल रवेदार तत्त्व के रूप में अलग किया गया। 1955 में इसकी रासायनिक रचना का पता चला। 1973 में वुडवर्ड ने इसका निर्माण किया।

विटामिन 'बी$_{12}$' का मुख्य घटक कोबालामिन है। संश्लेषित रूप में यह साइनोकोबालामिन के नाम से जाना जाता है। कोबालामिन के अन्य रूप हैं–

- रक्त के प्लाज्मा में मिथाइलकोबालामिन एवं हाइड्रोक्सीकोबालामिन के रूप में।
- ऊतकों में एडीनोसील कोबालामिन के रूप में, शरीर में इस विटामिन की काफी कम मात्र होती है। साइनोकोबालामिन गाढ़े लाल रंग के सुई के आकार के क्रिस्टल बनाता है जो–
  - (i) जल में कम घुलनशील है,
  - (ii) उष्णता के प्रभाव में स्थिर अतः पकाने की क्रिया में नष्ट नहीं होता,
  - (iii) तीव्र किरणों, अम्ल एवं क्षार से अक्रियाशील,
  - (iv) विटामिन 'सी' की अधिक मात्रा से नष्ट हो जाता है।

अभिशोषण एवं संग्रहण

विटामिन का अणु बहुत बड़ा होने से इसके अभिशोषण में विशिष्ट जटिल प्रक्रिया की जरूरत होती है, जैसे–

आन्तरिक कारक के नियमित प्रभाव से प्रतिदिन केवल 2.5 से 3.0 माइक्रोग्राम विटामिन 'बी$_{12}$' का अभिशोषण होता है।

विटामिन 'बी$_{12}$' अधिकतर यकृत में ही एकत्रित रहता है। 2000 से 5000 माइक्रोग्राम की मात्रा में यकृत में यह विटामिन संगृहीत होता है। जो 3-5 वर्ष तक के लिये पर्याप्त है। यह अस्थि-मज्जा में थोड़ी मात्रा में एकत्रित होता है।

रक्त में

रक्त के सीरम में विटामिन 'बी$_{12}$' की सामान्य मात्र 200-900$_{\text{चह}}$/मिलीलीटर है। 80$_{12}$ मिलीलीटर की स्थिति में विटामिन 'बी$_{12}$' की कमी के प्रभाव प्रकट होने लगते हैं।

कार्य

विटामिन 'बी$_{12}$' लगभग सभी कोशिकाओं में क्रियाशील होता है, परन्तु मुख्य रूप से पाचन, नाड़ी-संस्थान एवं अस्थि मज्जा में ही।

(1) अस्थि मज्जा में विटामिन 'बी$_{12}$' के सहयोग से डीएनए का संश्लेषण।

(2) मिथिओनाइन एवं कोलीन अँमिनो ऍसिड के संश्लेषण में उपयोगी।

कमी के प्रभाव

प्राणिज खाद्य पदार्थ मांस, अण्डा, दूध का उपयोग करने वाले व्यक्तियों में विटामिन 'बी$_{12}$' का अभाव नहीं होता। विटामिन 'बी$_{12}$' की कमी होने का मुख्य कारण अभिशोषण क्षमता में कमी या आनुवंशिक कारण हो सकता है। शाकाहारी

व्यक्ति जो दूध का इस्तेमाल बहुत ही कम करते हैं। इनमें इस विटामिन की कमी हो सकती है जिसे परनिशियस एनिमिया कहते हैं, इसके लक्षण–

- रक्त में हिमोग्लोबीन की कमी।
- भूख न लगना,
- रक्त के जमने में अधिक/अत्यधिक समय का लगना,
- पेट में बेचैनी,
- वजन घट जाना,
- नाड़ी संवेदना में गड़बड़ी,
- मानसिक तनाव एवं कुंठा।

आमाशय एवं उसके समीप शल्यक्रिया के पश्चात् आमाशय से स्रवित इन्ट्रीन्सिक फैक्टर के उपलब्ध न होने से विटामिन 'बी$_{12}$' की कमी से मेगॅलाब्लास्टिक ॲनीमिया उत्पन्न होता है। इस स्थिति में शल्यक्रिया के 3-5 साल तक बीच- बीच में विटामिन 'बी$_{12}$' के इन्जेक्शन से ही रक्ताल्पता की स्थिति में होता है। माँ के आहार में दूध की कमी होने से शिशु में इस विटामिन 'बी$_{12}$' की कमी का प्रभाव परिलक्षित है। मूत्र में मिथाइल-मेलोनेट की मात्रा में वृद्धि विटामिन 'बी$_{12}$' की कमी के प्रभाव की पहचान है।

प्रतिदिन की आवश्यक मात्रा

1-6 माह	0.5 माइक्रोग्राम प्रतिदिन
6 माह-1 वर्ष	1.5 माइक्रोग्राम प्रतिदिन
1-3 वर्ष	2.00 माइक्रोग्राम प्रतिदिन
4-6 वर्ष	2.5 माइक्रोग्राम प्रतिदिन
6 वर्ष	0.3 माइक्रोग्राम प्रतिदिन
वयस्क	0.6-1.2 माइक्रोग्राम प्रतिदिन
गर्भावस्था, धात्रीअवस्था	4.0 माइक्रोग्राम प्रतिदिन

प्राप्ति के साधन

केवल प्राणीज खाद्य पदार्थों में ही विटामिन 'बी$_{12}$' पाया जाता है। खाद्य प्रदार्थों में विटामिन 'बी$_{12}$' की मात्रा (माइक्रोग्राम में)

गाय का मांस	-	2-8	सूअर का मांस	-	0.1-5.0
व्हील मछली	-	2.0	भेड़ का पाँव	-	8.0
गाय का दूध	-	0.2-0.6	चीझ/ पनीर	-	1.4-3.6
अण्डे का पीला भाग	-	1.2	अण्डे का सफेद भाग	-	00.0

विटामिन 'बी' समूह के अन्य घटक

(1) **कोलीन**—कोलीन सभी कोशिकाओं के झिल्ली एवं लाइपोप्रोटीन तथा फॉस्फोलीपिड लिसिथिन का प्रमुख घटक है।

मुख्य कार्य

(1) Essential for Nerve Impulse Transmission, (2) *मिथाइल ग्रुप* के साथ कई प्रतिक्रियाओं को सम्पन्न करने में सहायक (ट्रान्समिथिलेशन)।

इसका निर्माण शरीर में होता है। अण्डे के पीले भाग में कोलीन की अधिक मात्रा पायी जाती है। दालें, दूध, मांस, अनाज में भी कोलीन की मात्रा पायी जाती है। कोलीन की कमी से वसा तथा कोलेस्टेरॉल यकृत में इकट्ठा होकर फॅटी लीवर अवस्था विकसित हो जाती है। कोलीन यकृत में वसा इत्यादि जमा नहीं होने देता इसलिये, इसे लाइपोट्रॉपीक फॅक्टर कहा जाता है।

(2) **मायो-इनॉसिटॉल**—मानव के लिये यह आवश्यक नहीं 'माना जाता' कुछ प्रकार के यीस्ट की वृद्धि के लिये यह आवश्यक है।

(3) **पॅरा-ॲमिनो-बेन्जोइक ॲसिड**—विटामिन 'बी' समूह का यह तत्त्व मानव के लिये अनिवार्य नहीं है कुछ प्राणियों की वृद्धि के लिये यह आवश्यक कार्य करता है।

विटामिन 'पी'

कोशिका झिल्ली की पारगम्यता को सुचारु रूप से बनाये रखने वाला तत्त्व अर्थात् बॉयोफ्लेवोलॉइड्स है। कई तत्त्वों में बॉयोफ्लेवोलॉइड्स जैसा कार्य करने के गुणधर्म हैं। वे हैं—सिट्रीन, हेस्पीरिडीन, रूटीन, इरिओडीक्टीन तथा कर्सिट्रीन।

विटामिन 'पी' जल में घुलनशील, पीले रंग के अल्कोहॅल एवं ॲसीटिक अम्ल में घुलनशील, परन्तु बेन्जीन व क्लोरोफॉर्म में अघुलनशील है। इसके प्रमुख कार्य हैं—

(1) रक्त कोशिकाओं से रक्त स्राव को रोकना।

(2) एन्टी-ऑक्सीडेन्ट होने के कारण विटामिन 'सी' को ऑक्सीडेशन क्रिया से नष्ट होने से रोकना।

प्राप्ति के साधन

विटामिन 'पी' नींबू एवं संतरे के छिलकों में सर्वाधिक पाया जाता है।

कमी के प्रभाव

विटामिन 'पी' की कमी से शरीर में आन्तरिक रक्तस्राव होता है। आरंभिक अवस्था में थकावट, मानसिक बेचैनी, हाथ-पाँव में दर्द आदि लक्षण प्रकट होते हैं।

छिलकेयुक्त एवं विटामिन 'सी'युक्त फल के प्रयोग से इस अवस्था में सुधार होता है।

9

खाद्य अवयवों के पारस्परिक सम्बन्ध

भोज्य तत्त्वों के पारस्परिक सम्बन्धों के बारे में हाल ही में अनेक वैज्ञानिकों के परिक्षण के आधार पर यह ज्ञात हुआ है कि किसी भोज्य तत्त्व की कमी या अधिकता से दूसरे भोज्य तत्त्व की जरूरत, उपापचय या शोषण प्रभावित हो जाते हैं। निम्नलिखित प्रकार के सम्बन्ध ध्यान देने योग्य हैं—

(1) कैलोरी व मौटिन का पारस्परिक सम्बन्ध।
(2) हार्मोन का प्रोटीन के उपापचय के साथ सम्बन्ध।
(3) ॲमीनों अम्ल के आपस में सम्बन्ध।
(4) विटामिन पर ॲमीनो अम्ल, वसा तथा कार्बोज का प्रभाव।
(5) विटामिनों के आपस में सम्बन्ध।
(6) विटामिन व खनिज लवण के लिए आपस में सम्बन्ध तथा
(7) खनिज लवणों के आपस में सम्बन्ध।

(1) प्रोटीन व कैलोरी का आपस में सम्बन्ध—कैलोरी, प्रोटीन की सुरक्षा के लिए जरूरी होती है। परिक्षणों द्वारा यह देखने में आया है कि 1,500 कैलोरी से कम सेवन से तन्तु प्रोटीन (Tissue Protein) का अधिक मात्रा में विभाजन होने लगा तथा प्रोटीन का विसर्जन भी बढ़ गया। इस स्थिति को अधिक समय तक बढ़ाने से वसा का संग्रहण कम होने लगता है व अन्त में मृत्यु भी हो जाती है। भारत में सन् 1967 में नारायणराव नामक वैज्ञानिक ने अनेक प्रयोगों के माध्यम से यह पता लगाया था कि जब कैलोरी की आवश्यकताओं की 50% तक कम कर दिया गया, तो उस व्यक्ति के लिए 2,400 कैलोरी की आवश्यकता है व उसका 50% केवल 1,200 कैलोरी ही होगी तब शारीरिक शक्ति को पूरा करने के लिए 74% भोज्य प्रोटीन का शरीर में ऑक्सीकरण (Oxidataion) हुआ। केवल 20% भोज्य प्रोटीन का ही शरीर की अन्य प्रोटीन की माँग को पूरा करने के लिए उपयोग हुआ। प्रोटीन

का उपयोग रोजमर्रा के जीवन में पर्याप्त हाने के बावजूद भी यकृत में प्रोटीन का संग्रह कम होता गया व अन्य शारीरिक प्रोटीन की मात्रा भी कम होने लगी। जब ग्लूकोज का इन्जेक्शन दिया गया तब प्रोटीन का विभाज तथा विसर्जन होना कम हो गया। मधुमेह या मोटे व्यक्तियों को भोजन करते समय यह देखना बहुत जरूरी है कि शारीरिक नाइट्रोजन का सन्तुलन पोजिटिव है या नहीं। बहुत कम कैलोरी के सेवन से शरीर में प्रोटीन का उपयोंग पूर्ण रूप से (Satisfactory) नहीं हो पाता है।

(2) हार्मोन तथा प्रोटीन के आपस में सम्बन्ध–(क) प्रोटीन के उपापचय पर उपचयात्मक हार्मोन (Anabolic Hormones) का असर रहता है। अन्सं इन्सुलीन तथा कार्बोज के सेवन से नाइट्रोजन का विसर्जन कम हो जाता है। एण्ड्रोजन (Andorogen) व वृद्धिकारक हार्मोन (Growth Hormones) प्रोटीन के उपापचय में मददगार सिद्ध हुए हैं।

(ख) प्रोटीन के उपापचय पर अपचयात्मक हार्मोन (Catabolic Hormones) का भी असर पड़ता है। थायरॉक्सीन, (Thyroxine), कार्टिसोन (Cortisonm) व प्रजनन सम्बन्धी हार्मोन (Reproductive or Sex Hormones)के देने से प्रोटीन की टूट-फूट (Breakdown) व मूत्र में नाइट्रोजन (Nitrogen) के विसर्जन की मात्रा बढ़ जाती है।

इन्सुलीन प्रोटीन के अलावा कार्बोज के उपापच पर भी प्रभाव डालता है।

(3) ॲमीनो अम्ल के आपस में सम्बन्ध–अधिक से अधिक मात्रा में ॲमीनो अम्ल की उपस्थिति से वृद्धि की कमी एवं जहरलेपन की स्थिति पैदा हो जाती है इस वजह से आवश्यक ॲमीनों अम्ल से शरीर में अत्यावश्यक ॲमीनो अम्ल से शरीर में अत्याव.्यक ॲमीनो अम्ल का संश्लेषण हो जाता है जैसे–मेथियोनीन (Methionine) से शरीर में ही सिस्टिन (Cystine) बन जाता है। किसी एक ॲमीनो अम्ल की अधिकता से अन्य ॲमीनो अम्ल का शोषण ठीक तरह से नहीं हो पाता है, जैसे ल्यूसिन की अधिकता से वे लीन का शोषण नहीं हो पाता है, जैसे ल्यूसिन (Lecine) की अधिकता से ल्यूसिन का शोषण नहीं हो पाता है। जब टाइरोसिन नामक ॲमीनो अम्ल की अधिकता से ल्यूसिन का शोषण नहीं हो पाता है। जब टाइरोसिन (Tyrosine) नामक ॲमीनो अम्ल अधिक मात्रा में दिया गया तब आँखों में रासायनिक बदलता, सजन आदि लक्षण प्रकट हुए, लेकिन जब ग्लाइसीन (Glycine) एवं सिस्टिन (Cystine) दिया गया तब उपर्युक्त लक्षण समाप्त हो गए। सन् 1956 में, ल्यूसिन का शरीर पर क्या असर पड़ता है, इससे सम्बधित शोध के आधार पर बच्चों में ल्यूसिन का अधिक सेवन से खून में गलूकोज

का स्तर कम होने लगा क्योंकि ल्यूसिन क्लोम ग्रन्थियों में उपस्थित लैंगरहेन के द्वीपपुंज से निकलने वाले इन्सुलीन के निष्कासन प्रोत्साहित करता है। लेकिन आर्जिनीन (Argenine) नामक ॲमीनो अम्ल के उपापचय में बाधा डालता है। प्रयोगों द्वारा यह उपस्थित हुआ है कि गैलेक्टोज की मात्रा को बढ़ाया गया तब उनमें दस्त व आँखों के विकार पैदा हो गए वसा के सेवन से ये लक्षण खत्म हो गए अतः गैलेक्टोज के शोषण के लिए वसा जरूरी है।

(4) विटामिन पर कार्बोज, वसा तथा प्रोटीन का प्रभाव—विटामिन की माँग को कार्बोज, वसा तथा प्रोटीन प्रभावित करते हैं, क्योंकि विटामिन के संश्लेषण या अवशोषण को ये नियन्त्रित करते हैं। कार्बोजयुक्त भोजन के अभाव से बच्चों में विटामिन या 'बी$_2$' या रिबोफलेविन का विसर्जन बढ़ जाता है। अतः कार्बोजयुक्त भोजन को अधिक मात्रा रिबोफलेविन के संश्लेषण में मदद करता है। वसा की अधिक मात्रा से कैरोटीन के शोषण की गति बढ़ जाती है कार्बोज के उपापचय के लिए थायमिन की जरूरत होती है। थायमिन पाइरोफॉस्फेट नामक को-एन्जाइम, कार्बोज का अन्तिम रूप पाइरूविक अम्ल (Pyruvic Acid) के ऑक्सीकरण के लिए आवश्यक है, लेकिन वसा के उपापचय के लिए थायमिन जरूरत होती है। थायमिन पाइरोफाफस्फेट नामक को-एन्जाइम, कार्बोज का अन्तिम रूप पाइरूविक अम्ल के आक्सीकरण के लिए आवश्यक है, लेकिन वसा के उपापचय के लिए थायमिन जरूरी नहीं है। अतः अत्यधिक वसा की उपस्थिति के कारण थायमिन की मात्रा शरीर में कम हो जाती है। प्रोटीन के अनुपात के साथ रिबोफ्लेविन (Riboflavin) का प्रत्यक्ष सम्बन्ध होता है। आहार में उपस्थित ट्रिप्टोफेन (Tryptophan) ही शरीर में जाकर अंशतः नायसिन की माँग को पूरा करता है। अतः प्रोटीन, जिसमें ट्रिप्टोफेन की मात्रा ज्यादा होती है, वह नायसिन की जरूरतों को पूरा करता है। विटामिन 'बी$_6$' की आवश्यकताओं को वसा, प्रोटीन की मात्रा व गुण दोनों ही प्रभावित करते हैं। उच्च प्रोटीन की मात्रा से विटामिन B_6 की कमी के लक्षण प्रकट होने लग जाएगा क्योंकि मेथियोनीन (Methionine) विटामिन B_6 की माँग को बढ़ा देता है। यद्यपि ट्रिप्टोफेन (Tryptophan) के उपापचय के लिए विटामिन की जरूरत पड़ती है तथापि ट्रिप्टोफेन को अधिक मात्रा में लेने से भी विटामिन B_4 की माँग में वृद्धि नही होती हैं। अधिक मात्रा में ग्लाइसीन (Glycine) के सेवन से चूहों की गति में बढ़ोत्तरी में अवरोध पैदा हो जाता है। शरीर में उपस्थित विटामिन 'ए' के संग्रह पर प्रोटीन का प्रत्यक्ष प्रभाव पड़ता है। प्रोटीन की कमी से पीड़ित बच्चों विटामिन 'ए' की मात्रा बढ़ने लग गई। कैरोटीन का अवशोषण वसा की उपस्थिति में ही होता है। मक्खन के खराब होने से उसमें उपस्थित विटामिन 'ए' खत्म हो

जाता है। विटामिन 'डी' ग्रुप के कोलीन (Choline) की उपस्थिति में ला सकता है क्योंकि कोलीन में उपस्थित मीथाइल ग्रुप होमोसिस्टिन (Homocystine) को उपयोग में ला सकता है क्योंकि कोलीन में उपस्थित मीथाइल (Methyl) ग्रुप होमोसिस्टिन में जाकर उसको मेथियोनीन (Methionine) में बदल देता है इस प्रक्रिया में विटामिन व फोलिक अम्ल भी सम्मिलित होते हैं। आँतों में विटामिन 'बी' ग्रुप का संश्लेषण होता है। संश्लेषित विटामिनों B_{12} की मात्रा भोज्य कार्बोज की प्रकृति पर निर्भर करती है। वसा रिबोफ्लेविन व फोलिक अम्ल के संश्लेषण में बाधा पहुँचाती है। प्रयोगों द्वारा यह स्पष्ट होता है कि कुछ ही B ग्रुप के विटामिनों का संश्लेषण आँतों में होता है।

(5) विटामिनों के पारस्परिक सम्बन्ध—अधिक-से-अधिक मात्रा में विटामिन 'ए' के सेवन से चूहों में रक्तस्राव के लक्षण दिखाई देते हैं। विटामिन B_1 की कमी से विटामिन B_{12} के शोषण में अवरोध पैदा हो जाता है। यकृत में विटामिन 'ए' का संग्रह एवं उपयोग विटामिन 'ई' पर कुछ सीमा तक निर्भर होता है। परीक्षण द्वारा यह स्पष्ट होता है कि विटामिन 'ई' को शरीर में प्रवेश कराने पर यकृत में विटामिन 'ए' का संग्रह बढ़ जाता है। थायमिन व रिबोफलेविन की कमी से विटामिन 'सी' का संश्लेषण शरीर में नहीं हो पाता हैं। चूहों को विटामिन 'ए' थायमिन या रिबोफ्लेविन की उपापचय में सन्तुलन आ जाता है एवं रिबोफ्लेविन के विसर्जन की मात्रा बढ़ जाती है। पैंटोथीनिक अम्ल की कमी के कारण यकृत से रिबोफ्लेविन के मात्रा ज्यादा हो जाती है। नायसिन, थायमिन तथा रिबोफ्लेविन भी आपस में सम्बन्धित है। नायसिन की कमी से थायमिन व रिबोफ्लेविन की कमी हो जाती है तथा उनकी कमी से ये लक्षण पैदा हो जाते हैं। फोलिक अम्ल फोलिकनिक अम्ल (Folic Acid) में बदलने पर ही आँतों द्वारा शोषित हो जाता है। यह बदलाव विटामिन 'बी$_{12}$' की उपस्थिति में ही ह़ो सकता है। बहुत 'वसायुक्त अतिसार' (Spure) के रोबियों को फोलिक अम्ल के इंजेक्शन देने से रक्तवारी में विटामिन 'ई' की मात्रा में बढ़ोतरी की जाती है। विटामि B_{12} की कमी से शरीर में फोलिक अम्ल की कमी हो जाती है।

(6) विटामिन व खनिज लवण के पारस्परिक सम्बन्ध—अनेक विटामिन विशेष खनिज लवणों के उपापचय को प्रभावित करते हैं। जैसे—

(क) विटामिन डी, कैल्शियम, फॉस्फोरस-विटामिन डी की कमी में कैल्शियम व फॅस्फोरस के शोषण की दर कम हो जाती है। अतः विटामिन 'डी' का सेवन करने पर यह अपने आप ही ठीक हो जाता है।

(ख) विटामिन 'सी', लोहे के शोषण मे विटामिन 'सी' बहुत ही मदद करता

है। फेरिक (Feric) लोहे को फेरस (Ferrous) लोहे में बदल देने पर उसका शोषण पूर्णतः हो जाता है। इसके लिए विटामिन 'सी' की उपस्थिमि जरूरी है।

(ग) विटामिन 'ई' तथा सेलिनियम (Selenium) - सेलिनियम एक कार्बनिक तत्त्व होता है, जिसे कारक-3 (Factor-3) भी कहते हैं। विटामिन 'ई' की कमी से पीड़ित जानवरों में सेलिनियम अत्यधिक कोषीय वसा के ऑक्सीकरण को रोकता है। प्रोटीन की कमी से होने वाले यकृत के तन्तुओं की विकृति को रोकने में भी यह लवण विटामिन की तरह काम करता है।

(7) खनिज लवणों (Minerals) के आपस में सम्बन्ध—(क) मैग्नीशियम के अधिक इस्लेमाल करने से कैल्शियम के उपापचय की गति बढ़ जाती है तथा फॉस्फेट के अधिक इस्तेमाल से लोहे का शोषण रूक जाता है तथा वह शरीर से विसर्जित हो जाता है।

(ख) ताँबा-लोहा—हिमोग्लोबिन में लोहे को शोषित करने के लिए ताम्बे की जरूरत होती है।

(ग) ताँबा-जिंक—जिंक के अधिक इस्तेमाल 'रक्ताल्पता' (Anemia) नामक रोग हो जाता है, लेकिन ताँबे के इस्तेमाल से यह रोग ठीक हो जाता है। ताँबा, लोहा तथा कोबाल्ट तीनों ही हिमोग्लोबिन की सान्द्रता को सन्तुलित स्थिति में लाने में महत्त्वपूर्ण योगदान रखते हैं।

(घ) कैल्शियम-मैग्नीशियम-लोहा-फॉस्फोरस—अधिक-से-अधिक मात्रा में कैल्शयम के इस्तेमाल से फॉस्फोरस के शोषण में अन्तुलन की स्थिति पैदा हो जाती है। लोहा तथा मैग्नीशियम के शोषण में फॉस्फेट अवरोध पैदा करता है।

(च) ताँबा-मालिब्डीनम—अधिक मात्रा में मालिब्डीनम की उपस्थिति में ताँबे का शोषण नहीं हो पाता है व अत्यधिक मॉलिब्डीनम चूहों में ताँबे की उत्पत्ति करता है।

10

कुछ प्रमुख खाद्य पदार्थ

सभी खाने वाले पदार्थों के पौष्टिक मूल्य भिन्न-भिन्न होते हैं। भोज्य पदार्थों को उनके पौष्टिक मूल्यों के आधार पर नौ वर्गों में विभक्त किये जा सकते हैं–(1) अनाज, (2) दाल, (3) तेलयुक्त बीज तथा मेवे, (4) सब्जियाँ–(i) हरी पत्तेदार सब्जियाँ, (ii) कन्दमूल या जड़दार सब्जियाँ, (iii) अन्य सब्जियाँ, (5) फल, (6) वसा व तेल, (7) दूध व उससे अनी वस्तुएँ, (8) शक्कर व गुड़, (9) मसाले व सुगन्धित वस्तुएँ।

इनके पौष्टिक मूल्य के बारे में जानकारी लेना बहुत जरूरी है क्योंकि जब तक हम इन भोज्य पदार्थों के पौष्टिक मूल्य के बारे में अनजान हैं, तब तक उसकी जरूरत को पूरा करना मुश्किल है। हमारे देश में भारतीय चिकित्सा अनुसंधान समिति द्वारा भोज्य तत्त्वों का विश्लेषण किया गया है। इनको फूड-टेबल्स कहते है। जिनमें प्रति 100 ग्राम आहार पदार्थ में उपस्थित भोज्य तत्त्वों की मात्रा दी गई होती है। इन टेबल्स द्वारा यह ज्ञात होता है कि किन पदार्थों में पौष्टिक तत्त्व ज्यादा हैं और किन में कम।

अनाज

मनुष्य का मूल आहार अनाज ही है। इसके अनुसार गेहूँ, चावल, मक्का, जौ आदि आते हैं। इनमें कार्बोज अधिक मात्रा में, प्रोटीन मध्यम मात्रा में तथा खनिज लवण अंशतः तथा न्यूनतम मात्रा में विटामिन 'बी' पाए जाते हैं। गेहूँ के दानों में 3 भाग होते हैं– (i) अन्तःस्थल (Germ) जिसमें प्रोटीन व तेल होता है, (ii) एन्डोस्प में जिसमें कार्बोज व आंशिक प्रोटीन होते हैं। (iii) बाह्यपर्त जो सेल्यूलोज की होती है। गेहूँ के प्रोटीन की कीमत उसकी प्रकृति पर निर्भर करता है। इसमें 9 से 16 प्रतिशत तक प्रोटीन होता है। गेहूँ में दो तरह के प्रोटीन पाए जाते हैं– ग्लूटोलिन (Glutelin) और ग्लाइडिन (Gliadin)। दोनों मिलकर ग्लूटेन (Gluten) बनते हैं।

गेहूँ में कम मात्रा में ग्लोब्यूलिन और अल्ब्यूमिन व प्रोटियोज (Globulin, Albumin& Proteose) भी पाए जाते हैं। इसमें आठ बहुत जरूरी ॲमीनो अम्ल पाए जाते है। बल्कि लाइसिन (Lysin) तथा थ्रियोनीन (Threonine) नहीं पाए जाते। सन् 1946 में प्रयोग के लिए गेहूँ की पौष्टिकता को बढ़ाने के लिए नाइट्रोजन ट्राइक्लोराइड नामक रासायनिक पदार्थ को आटे के साथ मिलाकर उपयोग में लाया गया, लेकिन सर एडवर्ड मेलाम्बी (Sir Edward Mellamby) ने प्रयोगों द्वारा यह स्पष्ट किया कि कुत्तों में इस नाइट्रोजन ट्राइक्लोराइड (Nitrogen Trichloride) के साथ आटे में उपस्थित मेथियोनिन (Methoionine) की प्रतिक्रिया से एक जहर उत्पन्न होता है जिसे मेथियोनिन (Methoionine) सल्फोक्सिम कहते हैं। तत्पश्चात् सब देशों में यह प्रतिबन्ध लगाया गया कि आटे में नाइट्रोजन (Sulphoxime) ट्राई-क्लोराइड (Nitrogen Tri-Chloride) का उपयोग कोई न करे। आजकल क्लोरीन डाई-ऑक्साइड (Chlorine Di-Oxide) को मिलाया जाता है। गेहूँ के अन्तःस्थल (Wheatgerm) में से तेल भी निकाला जाता है जिसमें विटामिन 'इ' अधिक से अधिक मात्रा में होता है। ग्लूटेन (Gluten) की वजह रोटी की बनावट भी प्रभावित होती है। सूजी जितनी सख्त होती है, उतनी अच्छी होती है। मैदे को डबलरोटी, केक आदि बनाने के उपयोग में लिया जाता है। आजकल जो मॉडर्न ब्रेड बाजार में उपलब्ध है उसमें निम्न प्रवमन् पदार्थों को मिलाया जाता है–लाइसिन (Lysine) कैल्शियम, लोहा, विटामिन ए, थायमिन, रिबोफ्लेविन तथा नायसिन।

चावल

एशिया में चावल का अधिक से अधिक उपयोग किया जाता है। दक्षिण भारत व बंगाल में चावल को ही तुलनात्मक रूप से अधिक पसन्द करते हैं क्योंकि इसको पकाने में समय कम लगता है तथा मेहनत कम करनी पड़ती है। यह नरम होता है जो बच्चों, रोगियों व दाँतरहित वृद्धों के लिए मुनासिब है। 100 ग्राम चावल में 6.8 ग्राम प्रोटीन, 0.12 ग्राम खनिज लवण, 105 माइक्रोग्राम थायमिन, 100 माइक्रो ग्राम रिबोफ्लेविन होता है। उस्ना (Parboiled) चावल में विटामिन B_1 अधिक होता है। कुछ समय तक संग्रह से चावल और भी ज्यादा उत्तम हो जाता है। स्टार्च में दो तरह के पदार्थ होते हैं– एमाइलो पेक्टीन (GAmylo Pectin) तथा एमाइलोज (Amylose)। नए चावल में एमाइलोज अधिक होता है, अतः वह उबालने पर लेई की तरह बन जाता है, लेकिन पुराने चावल में धीरे-धीरे एमाइलोज की मात्रा कम होती जाती है और एमाइलोज पेक्टिन (Amylo Pectin) की मात्रा बढ़ती जाती है। कुछ निर्जलीकरण हो जाने के कारण भी धोने की प्रक्रिया द्वारा पुराने

चावल में कम ही तत्त्व नष्ट होते हैं। पुराने चावलों को पकाने के लिए अधिक पानी की आवश्यकता पड़ती है। उसना चावल को तैयार करने के लिए, पानी में भिगोकर, भाप द्वारा थोड़ी देर पकाकर निर्जलीकृत किया जाता है तथा मिलों द्वारा सुखाया जाता है। इससे बाह्य पर्त में उपस्थित थायमिन अन्तःस्थल तक पहुँच जाता है। चावलों में प्रोटीन 6 से 9 प्रतिशत तक होता है। मुख्य रूप से प्रोटीन ग्लूटेलीन (Glutelin) होता है। इसमें लाइसिन, थ्रियोनीन एवं मेथ्योनीन (Methionine) नहीं होता है।

मक्का

अफ्रीका के लोगों का यह मुख्य आहार होता है। वहाँ शिशु एवं छोटे बच्चों को अधिक मात्रा में मक्के के व्यंजन दिए जाते हैं, अतः उन बच्चों में निम्नलिखित रोग उत्पन्न हो जाते हैं जैसे मरास्मस (Marasmus) या प्रोटीन-कैलोरी का कुपोषण व नायसिन की कमी से उत्पन्न पेलेग्रा रोग। मक्के में मुख्य प्रोटीन ग्लूटोलिन, (Glute-lin), प्रालेमिन (Prolamine) तथा जीन होते हैं। मक्के के जीन (Zein) में लाइसिन व ट्रिप्टोफेन (Lysine and Tryptophan) बिल्कुल नहीं होते हैं। अतिरिक्त मात्रा में ल्यूसीन ॲमीनो अम्ल पाया जाता है जो ट्रिप्टोफेन को नायसिन में बदलने में अवरोध उत्पन्न करता है जिससे पोलेग्रा रोग की संभावना बढ़ जाती है। मक्के में थायमिन, पाइरिडोक्सीन, पैंटोथीनिक अम्ल पर्याप्त मात्रा में, रिबाफ्लेविन कम मात्रा में व नायसिन बिल्कुल नहीं पाया जाता है।

ज्वार

भोजन में ल्यूसीन (Leucin) की मात्रा अधिक होने से आइसोल्यूसीन (Iso-Leucin) के शोषण में अवरोध डालता है।

मेथी में लाइसीन व आइसोल्यूसीन (Lysine and Isoleucine) अधिक से अधिक मात्रा में होते हैं, अतः इसको मक्का व ज्वार के साथ उपयोग में लाना ही ठीक है। पीले मक्के में केराटीन (Carotine) ज्यादा होता है।

बाजरा

बाजरे के प्रोटीन में लाइसीन, मेथियोनीन व ट्रिप्टोफेन (Lysine] Methion-ine and Tryptophan) अधिक से अधिक 9 से 18 प्रतिशत होते हैं। 5 से 6 प्रतिशत वसा भी होती है। थायमिन 0.4 मिलि ग्राम प्रति 100 ग्राम में मिलता है। रिबोफ्लेविन 0.2 से 0.3 मिलीग्राम होता है। इसमें लोहे की मात्रा अन्य अनाजों के तुलना में अधिक होती है।

जौ

इसमें प्रोटीन 9 से 12% तक होता है। इसमें अल्ब्यूमिन, ग्लोब्यूलीन, प्रोलेमिन, ग्लटेलिन (Albumin,Globulin, Prolamin, Glutaline) पाए जाते हैं। इसमें लाइसिन थ्रियोनीन (Lysin and Threonine) को छोड़कर बाकी सभी ॲमीनो अम्ल न्यूनाधिक मात्रा में पाए जाते हैं। इसमें थायमिन, नायसीन, पैनटोथीनिक अम्ल, विटामिन आदि भी पाए जाते हैं तथा अत्यधिक कम मात्रा में रिबोफ्लेविन भी पाया जाता है।

रागी

अक्सर इसका उपयोग दक्षिण भारत में होता है। गुज़रात, मध्य प्रदेश में भी इसका उपयोग किया जाता है। इसमें प्रोटीन 6 से 9% तक होता है व कैल्शियम अधिक से अधिक मात्रा में व नायसिन, रिबोफ्लेविन कम मात्रा में पाया जाता है। इसमें लार्यसिन व थ्रियोनीन को छोड़कर बाकी सभी ॲमीनो अम्ल पाए जाते हैं एवं मेथियोनिन (Methionine) अधिक मात्रा में पाया जाता है।

आल, तेलयुक्त बीज तथा मेवे

दालों को अनेक तरह से काम में लाया जाता है, जैसे–उसी रूप को उबालकर, दो भागों में विभक्त करने के बाद तथा आटे के रूप में पीसकर। सभी दालों को रातभर भिगोकर सुबह 30 मिनट पकाकर खाया जा सकता है। धुली हुई या अलग की गयी दाल को 30 मिनट पकाने से मुलायम बन जाती है व दालों को पीसकर आटा भी बनाया जाता है जिससे अनेक प्रकार के व्यंजनों को बनाने में उपयोग लाया जाता हैं। इनमें 18 से 25% तक प्रोटीन होता है। इनमें थायमिन, रिबोफलेविन अधिक होते हैं व नायसिन कम मात्रा में पाया जाता है। इनमें फास्फोरस, कैल्शियम तथा लोहा भी पाया जाता है अनाजों की तुलना में अधिक लाइसिन तथा थ्रियोनीन (Lysine, Threonine) पाए जाते हैं लेकिन सल्फरयुक्त ॲमीनो अम्ल तथा ट्रिप्टोफेन (Tryptophan) नहीं होते हैं। दालों में कुछ दूषित भी पाई जाती है, जैसे–(1) ट्रिप्सिन प्रतिरोधक तत्त्व, (2) हीमाग्लूटानिन व वृद्धि प्रतिरोधक तत्त्व तथा (3) अन्य विष। प्रथम दो तो ताप से नष्ट हो जाते है। और अन्य विष जैसे–घेंघा (Goitre), जो कि रोग उत्पन्न करने वाला कारक (Cyanogenic) है, को भिगोकर, पकाकर निकाला जा सकता है। ये पदार्थ खेसरी, मसूर की दाल में ही पाए जाते हैं अन्य दालों में नहीं। ये तत्त्व शरीर में जाकर लेथइरिज्म (Lathyrism) रोग उत्पन्न

करते हैं। दालों को भिगोकर, अंकुरित अवस्था में लाने के बाद उनका इस्तेमाल करने पर उनकी पाचनशीलता बढ़ जाती है व पकाने में समय भी कम लगता है इससे विटामिन 'सी' तथा विटामिन 'बी' कॉम्प्लेक्स की मात्रा भी बढ़ जाती है सेयाबीन के अधिक पाचनशील नहीं होने की वजह से उसमें ट्रिप्सिन प्रतिरोधक पदार्थ की मात्रा अधिक होती है सोयाबीन को अंकुरित अवस्था में बिना पकाकर खाने से नाड़ी व मांसपेशीय सम्बन्धी खराबी पैदा हो जाते हैं। सोयाबीन सूखा दूध (Milk Powder) या गाय के दूध के साथ पकाया जाता है जो पौष्टिक होता है। सोयाबीन में वसा, प्रोटीन, कैल्शियम, तथा केरोटीन अत्यधिक मात्रा में पाए जाते हैं।

तेलयुक्त बीज

तेलयुक्त बीज के अनुसार मूँगफली, तिल, सोयाबीन, बिनौले, नारियल, सूर्यमुखी के बीज आदि आते हैं जिनसे तेल निकाला जाता है। मूँगफली में कभी-कभी दूषित पदार्थ भी प्रवेश कर जाता है, अतः इसको अच्छी तरह सुखाना चाहिए। इनमें 22 से 28 प्रतिशत प्रोटीन एवं 30 प्रतिशत तेल होता है। इनमें थॉयमिन, नायसिन, पैंटोथिनिक अम्ल (Pantotheni c Acid) होते हैं व कम मात्रा में पाया जाता है। इनमें प्रोटीन ग्लोव्यूलीन के रूप में पाया जाता है। इनमें लाइसिन, मेथीयोनीन (Lysine, Threonine Metheonine) थ्रियोनीन को छोड़कर बाकी सभी ॲमीनो अम्ल पाए जाते हैं। इसको विटामिन 'ए', 'डी', 'बी^{2}' तथा कैल्शियम लवणों से मजबूत बनाया जा सकता है। इस क्रिया को 'फोर्टीफिकेशन' (Forification) कहते हैं। सोयाबीन में ग्लाइसिनिन (Glycinin) पाया जाता है। सोयाबीन एवं मूँगफली, नारियल तथा खनिज लवण से कृत्रिम प्रोटीन का भोजन बनता है जो प्रोटीन की कमी से होने वाले रोगों को खत्म करता है। सोयाबीन का तेल अमेरिका में अधिक मात्रा में उपयोग किया जाता है।

तिल दो तरह के होते हैं—सफेद व काले। इसमें प्रोटीन 16 से 20 प्रतिशत तक व तेल 55 से 60 प्रतिशत तक होता है। थायमिन अधिक मात्रा में तथा नायसिन, रिबोफ्लेविन न्यून मात्रा में पया जाता है। तिल में अधिक से अधिक कैल्शियम होता है लेकिन तिल के बाह्य आवरण में उपस्थित ओक्सेलेट (Oxalate) कैल्शियम को शरीर काम में नहीं आने देता है। इसके तेल में अत्यावश्यक वसा अम्ल अत्यधिक होता है। प्रोटीन ग्लोब्यूलीन के रूप में पाया जाता है। इसमें लॉयसिन नहीं होता है, लेकिन ट्रिप्टोफेन (Tryptophan) व मेथीयोनीन (Methionine) ज्यादा मात्रा में पाया जाता है। प्रोटीनयुक्त भोजन, शिशु आहार आदि के निर्माण में यह काम आता है। केरल (kerala) में नारियल का सबसे अधिक उत्पादन होता है।

असमें 4% प्रोटीन, 3.8% वसा, 1% खनिज लवण, 8% कार्बोज होता है। नारियल के पानी में स्वतन्त्र रूप में ॲमीनो अम्ल अधिक होता है। शक्कर व खनिज लवण, विशेषकर पोटैशियम अधिक मात्रा में होता है जो कि बच्चों के लिए पाचनशील होता है। खसखस भी तेल का एक उपयुक्त साधन है, लेकिन यह कम प्रयोग में आता है। इसमें प्रोटीन वसा की मात्रा तेल के बराबर है।

मेवे जैसे बादाम, पिस्ता, चिरौंजी, काजू, अखरोट आदि में प्रोटीन व कैलोरी की मात्रा ज्यादा से ज्यादा होती है लेकिन ये व्ययसाध्य होते हैं। कुछ लोग कद्दू के गीज, ककड़ी, खरबूजे के बीज, इमली के बीज आदि को सुखा कर मेवे के रूप में काम में लाते हैं। यद्यपि मेथी में लाइसीन, मेथीयोनीन और आइसोल्यूसिन (Lysine, Methionine and Isoleucine) ॲमीनों अम्ल का संगठन मूँगफली के समान ही होता है। इसके कड़वापन का कारण उसमें उपस्थित कुछ एल्कलोइड्स (Alkaloids) ही होती है। अंकुरित मेथी में कड़वापन खत्म हो जाता है। इसके कसैलेपन के कारण इसको दाल के रूप में प्रयोग में नहीं लाया जा सकता। सूर्यमुखी के बीज में लाइसिन (Lysine) को छोड़कर सभी ॲमीनो अम्ल पाए जाते हैं। इसके तेल में अत्यावश्यक वसा अम्ल 58% तक पाया जाता है।

तेल तथा वसा

तेल व वसा अत्यधिक ऊर्जा के उत्पादक होते हैं व बहुत ही जरूरी वसा अम्ल के स्रोत हैं। कुछ में विटामिन 'ए' तथा 'ई' भी पाए जाते हैं। मक्खन, घी आदि में विटामिन 'ई' तथा अत्यावश्यक वसा अम्ल नहीं पाए जाते, लेकिन कोलेस्टीरोल (Cholesterol) इनमें अधिक होता है। वनस्पतिजन्य वसाओं में (नारियल के तेल को छोड़कर) अत्यावश्यक वसा अम्ल अत्यधिक पाए जाते है। इनमें विटामिन 'ई' भी पाया जाता है। मक्खन में 86 प्रतिशत वसा, 700 अन्तर्राष्ट्रीय इकाई विटामिन 'ए तथा 2.4 मिलीग्राम विटामिन 'ई' पाया जाता है। वनस्पति तेलों में 100 प्रतिशत वसा, 14 मिलीग्राम विटामिन 'ई' पाया जाता है, पर इसमें विटामिन 'ए' नहीं पाया जाता। वनस्पति घी, जैसे डालडा, रथ आदि में 100 प्रतिशत वसा, 700 अन्तर्राष्ट्रीय इकाई विटामिन 'ए' तथा 30 मिलीग्राम 'ई' होता है।

हमारे देश में 8 मिलियन (1 Million = 10 lakh) टन तक तेलयुक्त बीजों का उत्पादन होता है। इसमें ज्यादातर बीज मूँगफली के ही होते हैं। तिल व मूँगफली के तेलों का प्रयोग सभी प्रदेशों में होता हैं, लेकिन बंगाल में सरसों का तेल, केरल में नारियल का तेल व महाराष्ट्र में कर्डी का तेल का प्रयोग किया जाता है। जो अत्यधिक मात्रा में घी, मक्खन का सेवन करते हैं उनके खून में कोलेस्टीरोल

(Cholesterol) तथा लिपिड अधिक मात्रा में जमने लगते हैं। जो खून नलिकाओं को सँकरी बना देते है। ताकि वे मनुष्य हृदय रोग से ग्रस्त हो जाते हैं। बादाम व अखरोट के तेलों में जरूरी वसा अम्ल अधिक मात्रा में पाए जाते हैं।

बार-बार वसा या तेल को गर्म करके संग्रह करने से तेल में उपस्थित अंसतृप्त वसा अम्ल, ऑक्सीजन को ग्रहण करके पेरॉक्साइड (Peroxide) बना जाता है। ये आपस में मिलकर पोलिमर (Polymer) बन जाता है, जो कि बहुत ही जहरीला होता है। अतः एक-दो बार ही उपयोग में लेकर जले तेलों का संग्रह नहीं करना चाहिए। तेल अथवा वसा को बेकार होने से बचाने के लिए ऑक्सी प्रतिरोधक तत्त्वों को उपयोग में लाया जाता है जैसे टोकोफेरोल (Tocopherol) या विटामिन 'ई' का पाउडर। विटामिन 'ई' का पाउडर मक्खन अथवा तेल में मिलाने से तेल खराब नहीं होता है। मार्जोरम नामक जड़ी-बूटी को वसा के साथ मिलाने से उसको एक महीने तक ताजी अवस्था में रख सकते हैं। कभी-कभी टारटेरिक अम्ल (Tartaric Acid) भी मिलाया जाता है। तलने की क्रिया के बाद उसके तेल में इमली का एक टुकड़ा या कुछ आलुओं को तलने से वह तेल 3-4 दिन तक खराब नहीं होता है। ज्यादा बार उपयोगों लाए गए तेल में से रुधिर में में कोलेस्ट्रोरोल (Cholesterol) की मात्रा बढ़ जाती है।

स्टार्चयुक्त पदार्थ, शक्कर या चीनी

इसमें सिर्फ कार्बोज ही होता है, अतः ये ऊर्जा उत्पादक के रूप में काम करते है। स्टार्चयुक्त पदार्थ, जैसे—कस्टर्ड पाउडर, अरारोट, साबूदाना आदि में 86% तक कार्बोज होता है। कस्टर्ड पाउडर व मक्के के आटे में कुछ रंग व कुछ खुशबू होती है। साबूदाना सैगोपाम (Sagopalm) पेड़ से मिलता है। शहद में शक्कर, कुछ खनिज लवण, विटामिन तथा उच्च दर की शक्कर में 100% सुक्रोज होता है तथा गुड़ (Brown Sugar) को पुनः शुद्ध (Refine) नहीं किया जाता, अतः इसमें लोहे की मात्रा ज्यादा होती है तथा कैल्शियम भी पर्याप्त मात्रा में पाया जाता है। आजकल शक्कर के दामों में बढ़ोत्तरी के कारण उसकी जगह पर सैक्क्रीन (Saccharine) तथा सोडियम साइक्लामेट (Sodium Cyclamate) को प्रयोग में लाया जाता है।

दूध तथा दूध से बनी वस्तुएँ

दूध विश्व में सभी जगह उपलब्ध है। यह शिशुओं के आहार के रूप में व बच्चों, वृद्धों एवं युवा वर्ग के लिए भी उपयुक्त है। अनेक जगहों पर भैंस का दूध भोजन की जगह उपयोग में लाया जाता है। 100 ग्राम गाय के दूध में 3.50 ग्राम

वसा, 3.25 ग्राम प्रोटीन, 4.6 ग्राम लैक्टोज पाया जाता है। भैंस के दूध में वसा अधिक (4.65 ग्राम प्रति 100 ग्राम दूध में) होती है। दूध में कैसीन नामक एक फास्फोप्रोटीन, अल्ब्यूमिन व कम मात्रा में ग्लोग्यूलीन (Globulin) पाए जाते हैं पर सल्फरयुक्त ॲमीनो अम्ल नहीं होते हैं। इनमें लाइसिन (Lysine) थ्रियोनीन (Threonine) अत्यधिक होने के कारण अनाजों के साथ खाने से सम्पूर्ण आवश्यक ॲमीनो अम्ल शरीर के लिए मिल जाते हैं। दुग्ध-वसा की मात्रा गाय के दूध में 3.5% है, बल्कि भैंस के दूध में 7% है, लेकिन भैंस के दूध में जरूरी अम्ल बहुत ही कम होते हैं। दूध में विटामिन 'ए' 150 से 200 अन्तर्राष्ट्रीय इकाई तक होता है। थायमिन (Thiamin) 50 माइक्रोग्राम, रिबोफ्लेविन 200 माइक्रोग्राम, नायसिन 80 माइक्रोग्राम व कम मात्रा में 'बी$_{12}$' फोलिक अम्ल (Folic Acid) और विटामिन 'सी' भी होते हैं। कैल्शियम की मात्रा 0.12 से 0.19% तक होती है। इसके अलावा फॉस्फोरस, मैग्नीशियम व पोटैशियम भी अधिक मात्रा में पाए जाते हैं, पर लोहा बिल्कुल भी नहीं होता। ऊँट व गधे के दूध में रोग निवारक शक्ति होती है।

हमारे देश में दूध को दही के रूप में भी प्रयोग में लाया जाता है। लैक्टिक अम्ल के जीवाणु दूध में उपस्थित लैक्टोज को लेक्टिक अम्ल में बदल देते हैं जिससे दूध ख हो जाता है। दूध से दही बनाते समय दूध ना तो ज्यादा गर्म हो और नहीं ज्यादा ठण्डा होना चाहिए। करीब 35 से 40 डिग्री तक तापमान होना चाहिए। अच्छी तरह से दही को जमने में पाँच घण्टे लगते हैं। दही जमाने से दूध की सुरक्षा भी हो जाती है। क्योंकि लेक्टिक अम्ल (Lactic Acid) के जीवाणु के सम्पर्क में आते ही मर जाते हैं। अतिसार आदि रोगों में मट्ठा आदि का उपयोग अच्छा परिणाम माना जाता है। अन्य प्रकार के दूध–

1. रिकम्ड दूध–दूध की वसा को अलग करके उस दूध का उपयोग प्रौढ़ व्यक्ति ही कर सकते हैं, पर बच्चों को स्किम्ड दूध नुकसान करता है। क्योंकि उसमें वसा तथा विटामिन 'ए' नहीं होता है।

2. टोन्ड दूध–भैंस के दूध के साथ मिले हुए स्किम्ड दूध (Skimmed Milk)को टोन्ड दूध (Toned Milk) कहते हैं।

3. फिल्ड दूध–यह दूध शुद्ध वनस्पति तेल, दूध, पानी तथा विटामिन 'ए' के मिश्रण से बनता है।

4. वाष्पीकृत दूध–दूध को 140 डिग्री फारेनहाइट तक गर्म करने के बाद 15 मिनट उसी तापमान में रखकर उसे विसंक्रमित डिब्बों में डालकर सील बन्द कर देते हैं। 60 प्रतिशत पानी का वाष्पीकरण इसील विधि से ही हो जाता है। इसका उपयोग करते समय इसमें उचित मात्रा में गर्म पानी डालकर मिलाने से ये तैयार दूध बन जाता है।

5. कन्डैन्सड मिल्क—दूध के साथ 40 प्रतिशत सुक्रोज डालकर इसको गर्म किया जाता है। 100 डिग्री सेंटीग्रेड तापमान तक धीरे-धीरे गर्म किया जाता है। दूध में दूसरे पदार्थ 28 प्रतिशत तथा वसा 9.6 प्रतिशत रह जाते हैं।

6. दूध का पाउडर—गर्म बेलनों के बीच दूध को निकालने से दूध में पानी की मात्रा बिल्कुल नहीं रहती। इसे अधिक दिन तक रख सकते हैं। इसमें 35 प्रतिशत प्रोटीन, 1 प्रतिशत वसा होती है। इसमें कैल्शियम तथा विटामिन 'बी' अधिक मात्रा में होता है। पाश्चीकृत दूध को बनाते समय 72 डिग्री सेन्टीग्रेड पर 15 सैकिण्ड तक गर्म करने से सभी रोगोत्पादक जीवाणु मर जाते हैं। फिर उसको जल्दी से ठण्डा कर लिया जाता है।

7. इसके अलावा—दूध को मावा, रबड़ी, छेना, पनीर (Chees) के रूप में भी सुरक्षित किया जाता है। पनीर में प्रोटीन, विटामिन 'ए' वसा, विटामिन 'बी' ग्रुप के रिबोफ्लेविन व कैल्शियम पाये जाते हैं। दूध को सुखाकर कैल्शियम कैसीनेट (Calcium Casseinate) तथा सोडियम कैसीनेट (Sodium Casaeinate) की गोलियों के रूप में बाजार में बेचा जाता है, जो उन वरूक्तयो को दी जाती हैं जिन्हें प्रोटीन की कमी होती है। इनमें 85 प्रतिशत प्रोटीन होता है।

सब्जियाँ तथा फल

सब्जियों को हरी पत्तेदार, जड़दार व अन्य सब्जियों में विभक्त कर सकते हैं। हरी पत्तेदार सब्जियों में 27 प्रतिशत प्रोटीन, केरोटिन, विटामिन सी, फोलिक अम्ल तथा कैल्शियम पाए जाते हैं पर इनमें उपस्थित ओक्जेलिक अम्ल (Oxalic Acid) कैल्शियम के शोषण में अवरोध पैदा करता है। कन्द-मूल, जड़दार सब्जियों में स्टार्ज अधिक होता है। इनमें प्रोटीन की कमी पायी जाती है एवं विटामिन-बी, विटामिन-सी भी कम पाए जाते हैं। जड़दार सब्जियों के अनुसार आलू, शकरकन्द, गाजर, रतालू आदि आते हैं। आलू में कुछ मात्रा तक प्रोटीन, विटामिन-बी तथा विटामिन-सी कम मात्रा में पाए जाते हैं। चीनी शकरकन्द में कैरोटिन (Carotene) अधिक होता है। गाजर में कैरोटिन (Carotene) अत्यधिक होता है। इसमें कार्बोज भी पाया जाता है, लेकिन प्रोटीन तथा विटामिन बी की कमी पायी गयी है। रतालू में प्रोटीन बिल्कुल नहीं होता है। मूली में सल्फर पाया जाता है।

फल तथा सब्जियाँ पेड़ों के भोजन का संग्रहालय होता है। फलों में विभिन्नता इसलिए पाई जाती है कि उनके तत्वों में अम्लीयता, नमी, कार्बोज तथा पेक्टीन (Pectin) की मात्रा अलग-अलग होती है। उवयों विटामिन व खनिज लवण की मात्रा भी अलग-अलग हाती है। अन्य सब्जियों को निम्न तरीके से विभक्त कर

सकते हैं–(1) हरे मटर व सेम (2) करेला (3) कद्दू (4) परवल एवं (5) भिण्डी, बैंगन आदि। हरे मटर एवं सेम में अधिक प्रोटीन व विटामिन 'बी' मिलता है।

कद्दू, भिण्डी, बैंगन आदि में विटामिन 'सी' तथा खनिज लवण अधिक पाये जाते है। हरे मटर तथा पीले कद्दू में कैरोटीन अधिक पाया जाता है। बन्दगोभी, धनिया पत्ता, पोदीना आदि में ओक्जेलिक (Oxalic Acid) कम मात्रा में होता है। फलों में ज्यादातर शक्कर, कार्बनिक अम्ल व विटामिन-'सी' पाए जाते है। कुछ में कैरोटीन भी पाया जाता है। लेकिन कुछ में विटामिन-'बी' भी पाया जाता है। अधिकतर फलों में पेक्टिन (Pectin) व पोटैशियम अत्यधिक पाये जाते हैं। फलों का मजेदार स्वाद, इनकी आकृति तथा अनेक फलों की खुशबू मानव को अपनी ओर स्वतः आकृष्ट कर लेती है एवं उसकी भूख को बढ़ा देती है।

फलों में ग्लूकोज, फैक्टोज तथा सुक्रोज 2 से 20 ग्राम प्रति 100 ग्राम तक पाया जाता है। विटामिन-'सी' की मात्रा 2 से 300 मि.ग्रा. होती है। खट्टे फलों में विटामिन 'सी' की मात्रा अधिक 60 से 80 मिलीग्राम होती है। आँवले व अमरूद में क्रमशः 700 मिलीग्राम तथा 300 मिलीग्राम विटामिन-'सी' पाया जाता है। सेब व केले में विटामिन 'सी' की कमी रहती है। फलों में विटामिन बी बहुत कम मात्रा में पाया जाता है। फोलिक अम्ल 9 माइक्रोग्राम प्रति 100 ग्राम पाया जाता है। आम, पपीता, सन्तरा, टमाटर तथा कटहल को छोड़कर बाकी किसी भी फल में कैरोटीन नहीं होता है। अमरूद व सेव में पैक्टिन अधिक होता है। सभी फलों में पोटैशियम की मात्रा अधिक होती है।

कॉफी तथा चाय

चाय व कॉफी नाड़ियों को उत्तेजित करती है तथा थकावट को मिटाती है क्योंकि इनमें कैफीन नामक उत्तेजित पदार्थ होता है।

कॉफी–इसमें बहुत अधिक मात्रा में कैफीन (Caffeine) होता है। इसमें कुछ जरूरी वसा अम्ल भी होते हैं। जो स्वाद को अत्युत्कृष्ट व श्रेष्ठ बनाते हैं। कॉफी आमाशय में रस के उत्पादन को बढ़ाती है, अतः कुछ सीमा तक पाचन क्रिया में मददगार भी सिद्ध होती है। यह आमाशय में अधिक देर तक रहती है। अतः भूख को तात्कालिक शान्ति भी देती है। बहुत अधिक कॉफी पीने से निद्रा की कमी, चिड़चिड़ापन, हृदय की तीव्र धड़कन आदि लक्षण भी हो जाते हैं जिससे नाड़ियों में बहुत अधिक उद्दीपन की वजह से हमेशा तनाव की स्थिति बनी रहती है।

चाय-चाय में भी उत्तेजित करने की शक्ति कैफीन नामक उत्तेजक पदार्थ के कारण ही होती है। इसका पौष्टिक मूल्य कॉफी से भी कम होता है। बहुत अधिक

चाय पीने पर भी शरीर पर हानिकारक प्रभाव पड़ता है। कॉफी की तुलना में चाय ज्यादा नुकसानदायक है। क्योंकि चाय में ओक्जेलिक अम्ल अधिक होता है। जो गुर्दों में जाकर पत्थर बनने लगता है। जिसको रीनल के पत्थर (Renal Calculi) कहते हैं, अतः दिन में 1-2 से अधिक बार चाय नहीं पीनी चाहिए। नारियल के पानी में 6% शक्कर, कुछ विटामिन व खनिज लवण होता है। गन्ने के रस में 9% शक्कर, विटामिन 'सी' (यदि नींबू का रस सम्मिलित हो तो) तथा कुछ खनिज लवण जैसे लोहा आदि पाए जाते हैं। इसमें 90% पानी होता है, 10% कैल्शियम, 1.1 मिलीग्राम लोहा 0.02 नायसिन, 0.02 रिबोफ्लेविन, 5 मिलीग्राम विटामिन 'सी' होता है।

एल्कोहल—कम मात्रा में एल्कोहल आमाशयिक रस को उत्तेजित करता हे व शक्ति उत्पादन करता है, लेकिन नाड़ी संस्थान की क्रियाओं को निरुत्साहित कर देता है। बहुत अधिक अल्कोहल लेने से दिमाग में निष्क्रियता हो जाती है जिससे हाथ-पैर बस में नहीं रहते और आखिर में बेहोशी आ जाती है।

मसाले—इनमें जरूरी वसा पाई जाती है। इनका पौष्टिक मूल्य अधिक नहीं है, लेकिन ये भोजन को सुगन्धित कर क्षुधावर्धन करते हैं। इनके पौष्टिक मूल्य को चार वर्गो में बाँटा सकता है। जैसे—

1. स्वाद व खुशबू को बढ़ाने वाले
2. भूख व पाचन पर असर डालने वाले
3. आँतों में जीवाणुओं पर प्रभाव डालने वाले तथा
4. बहुत ज्यादा इस्तेमाल से नुकसान पँहुचता है।

लाल मिर्च, काली मिर्च, हल्दी, धनिया, इमली का रस आदि चावल व सब्जी के स्वाद को बढ़ाते है। गर्म मसाले लौंग, दालचीनी आदि मसालों में उपस्थित सक्रिय तत्व मुँह, आमाशय व आँतों के श्लैष्मिक (Mucus)आवरणों पर क्रिया करके पाचक रस के उत्पादन को बढ़ाते हैं। केन्द्रीय आहार व तकनीकी अनुसंधान संस्थान (CFTRI) में दिए गए अध्ययन के आधार पर हींग, लहसुन आँतों के जीवाणुओं की संख्या को कम करके वायु उपार्जन को (Flatulence) कम करने में सहायता करते है। मसालों के बहुत अधिक सेवन से पौष्टिक अल्सर होने की संभावना रहती है। लालमिर्च, कालीमिर्च, हींग आदि में उपस्थित तत्व पाचन नली के श्लैष्मिक आवरण (Mucus Membrane) को जला देते हैं।

100 ग्राम हींग में 4 ग्राम प्रोटीन, 1 ग्राम वसा, 22 मि.ग्रा. लोहा तथा 0.3 ग्राम नायसिन पाया जाता है। मसाले एवं सुगन्धित पदार्थों के पौष्टिक मूल्य सारिणी में दिखाए गए हैं।

खाद्य पदार्थों के पौष्टिक मूल्यों को बनाए रखने के लिए निम्न प्रकार के निर्देश अपनाए जाने चाहिए–

1. क्षार का प्रयोग नहीं करना चाहिए।
2. खाने के समय से कुछ देर पहले पकाना चाहिए।
3. रेफ्रीजिरेटर (Refrigerator)द्वारा संग्रह करना चाहिए।
4. गर्म संग्रह नहीं करना चाहिए।
5. सब्जियों को बहुत अधिक देर तक नहीं भिगोना चाहिए।
6. सब्जियों के टुकड़े बड़े हो तो ज्यादा अच्छा रहता है।
7. पीतल व ताँबे के बर्तनों में खाना नहीं पकाना चाहिए।
8. पकाये गए पानी का उपयोग करना चाहिए।
9. डबल रोटी को सेंकने से विटामिन-बी$_1$ खत्म हो जाता है।
10. सब्जियों को अधिक गरम करने से उनमें उपस्थित विटामिन-B_1 तथा B_2 खत्म हो जाते हैं। अतः सब्जियों को बार-बार गरम नहीं करना चाहिए।
11. अधिकतर सब्जियों को कच्चे सलाद के रूप में लेना चाहिए।
12. हमें सब्जियों को जल्दी पकाना तथा स्वच्छ जलवायु में रखना चाहिए।
13. पदार्थों को कम पानी में तथा कम मात्रा में पकाना चाहिए।
14. भाप तथा दाब (Pressure) द्वारा पकाना चाहिए।
15. छीलने की तुलना में सब्जियों को सख्त ब्रुश से साफ करना चाहिए।

सलाद का महत्त्व

टमाटर, प्याज, ककड़ी, हरीमिर्च, मूली, गाजर, नींबू आदि को सलाद के रूप में कच्चा ही खाया जा सकता है। इनमें रेशे या सेल्यूलोज की अधिकता होने के कारण कब्ज (Constipation) के लिए यह रामबाण के समान होता है। इनमें खनिज लवण तथा विटामिन भी अधिक मात्रा में होता है। मोटापे से पीड़ित रोगियों के लिए उत्तम होता है। इससे पेट भी भर जाता है। तथा कैलोरी की मात्रा भी अधिक नहीं होती है। यह हल्का, सात्विक होता है, भूख को जगाता है, भोजन में विविधता लाकर एकरसता को दूर करता है। सब्जी तथा फलों के अलावा अंकुरदार दालें भी सलाद के रूप में काम में लाई जा सकती हैं। पकाने से जो पोषक तत्त्व खत्म हो जाते हैं, जैसे–विटामिन C, B_1, B_2, आदि उन्हें सलाद द्वारा प्रत्यक्ष रूप से प्राप्त कर सकते हैं।

11

भोज्य पदार्थों के प्राकृतिक विष

मानव के द्वारा उपभोग किए जाने वाले कई वनस्पति या प्राणिज भोज्य पदार्थों में विशेष तरह के रासायनिक तत्त्व उपस्थित होते हैं। जो शरीर में जाकर जहरीलापन पैदा करते हैं। यद्यपि मनुष्य ने जहरीले भोज्य पदार्थों के उपभोग से स्वयं को बचाना सीख लिया है तथापि कुछ विकासशील देशों में (जहाँ लोग इस मामले में अभी जागरूक नहीं है) इन जहरीले पदार्थों को उपयोग करते देखा गया है। फलतः वे अनेक तरह के रोगों के शिकार बन जाते हैं जिससे कभी-कभी मृत्यु भी हो सकती है। उदाहरण के रूप में भारत में लेथाइरस (Lathyrus)रोग मटर के सेवन से होता हैं यह रोग ज्यादातर मध्य प्रदेश, उत्तर प्रदेश तथा बिहार में होता है। इसका मूल कारण खेसरी (khesari) दाल को सेवल करना है। इसको खाने से पैरों की मांसपेशियों में कमजोरी, जोड़ों में बहुत दर्द तथा हाथ मोड़ने में कठिनाई का एहसास होता है। अन्त में पैरों की मांसपेशियाँ इतनी कमजोर हो जाती हैं कि बिना लकड़ी की मदद से चलना मुश्किल हो जाता है। बैठकर ही रेंगना पड़ जाता है। हकीकत में खेसरी की दाल शरीर के संयोजक तन्तुओं (Connective Tissue) को खत्म कर देती है। अतः उचित कदम उठाकर इस रोग को फैलने से रोकना चाहिए–

1. खेसरी व मसूर की दाल के स्थान पर अन्य दालों की पैदावार को बढ़ावा देना।

2. जन-साधारण को इन पदार्थों के सेवन से होने वाले रोगों से अवगत कराना।

3. इनको पहले गर्म पानी में कई घण्टों तक भिगोकर उसके बाद उस पानी को फेंककर वैसी दाल को काम में लाने से कोई नुकसान नहीं होतीं। इस प्रक्रिया को फैक्ट्री में करके की बाजार में लाना चाहिए। इसके विषय में जानकारी देने के लिए छोटी-छोटी किताबें छपवाकर विद्यालय, अस्पताल आदि में बाँट सकते हैं।

4. हिमाग्लूटिनिन एक तरह का प्रोटीन होता है, जो अरण्डी के बीजों (Castor Seeds) में पाया जाता है। ताप के प्रभाव से इनका जहर समाप्त हो जाता है। अरण्डी के बीजों में एक विषादयुक्त प्रोटीन (Recin) पाया जाता है। तेल निकालने के बाद जब उसकी खल (Castor bean meal) पशुओं को दी गई तब अनेक रुधिर कणों को गुच्छे के रूप में बदलकर शरीर को रक्तहीन बना देती है। यह आँतों की झिल्लियों में भी प्रतिक्रिया करके ॲमीनों अम्ल के शोषण में अवरोध पैदा करती है।

5. प्रेसर अमिन—पुराना पनीर, कच्चा केला, अनन्नास का रस, हरा नींबू आदि को अधिक मात्रा में लेने से उसके स्ट्रॉशियम (Strontium) लवण की उपस्थिति की वजह से व हिस्टमिन, ट्रिप्टामिन आदि की उपस्थिति के कारण, हृदय की पेशियों में गाँठें पड़ जाती है। एक विशेष तरह के कुकुरमुत्ते (Mushroom)के सेवन से शरीर में जहरीलेपन की स्थिति पैदा हो जाती है। एवं हाथ-पैर सुन्न (Numb) हो जाते हैं। विषयुक्त कुकुरमुत्ते दो तरह के पाए जाते है—अमीनीटा मसकेरिया तथा अमीनीटा फैलोइड्स (Aminita Muscaria and Aminita Phalloides)। इनसे यकृत के तन्तु खत्म होने से मनुष्य मर जाता है।

मसाले व सुगन्धयुक्त पदार्थों में विष

कुछ पदार्थों को लम्बे समय तक सेवन करने से विषाक्तता पैदा हो जाती है।

1. भूरे रंग के सरसों के बीजों को भिगोकर पीसने से उसमें विद्यमान एन्जाइम के कारण जहर पैदा हो जाता है जो आँतों की दीवारों को जला डालता है।

2. लाल मिर्च के पाउडर में एक कार्बनिक तत्व मिलता है, जिसे कैंपसाइसिन (Capsaicin) कहते हैं, जो शरीर की श्लैष्मिक झिल्लियों को उत्तेजित करता है।

3. जायफल, जावित्री आदि में एक उड़ने वाला (Volatile) तेल होता है जिसमें मिरिस्टिसिन (Myristicin) नामक सक्रिय तत्त्व पाया जाता है। इसकें सेवन से शरीर में दूषित पैदा होकर सिर दर्द, पैरों में दर्द व जी मचलाना आदि लक्षण पैदा हो जाते हैं।

4. लौग, काली मिर्च आदि ज्यादा मात्रा में लेने से इनमें पाए जाने वाले सक्रिय रासायनिक तत्व शरीर के श्लैष्मिक आवरण को जला देते हैं।

वसा व तेल में पाए जाने वाले विष

वसा व तेल में दो तरह के विष होते हैं—(1) जो प्राकृतिक रूप से विद्यमान होते हैं तथा (2) जो ताप संग्रह या अन्य पदार्थों की उपस्थिति के कारण बनते हैं।

1. **प्राकृतिक विषाक्तता**—बिनौले के तेल में एक फीनोलिक यौगिक पाया जाता है जिसे गोसीपोल (Gossypol) कहते हैं, यह शरीर में जहर पैदा करता है। सरसों के तेल के साथ कभी-कभी अर्जिमोन (Argemone) के बीज मिलकर जहर (Alkaloid) पैदा कर देते हैं, जो पेशीय-संकुचन (Dropsy) आदि रोगों कों जन्म देते हैं।

2. ताप, हवा, संग्रहीकरण व अन्य प्रभावों के कारण उत्पन्न होने वाला विष इस तरह का है—मक्खन के बिगड़ जाने पर विशेष तरह के जीवाणु उत्पन्न हो जाने की वजह से जहर बन ज़ाता है। मछली के तेल को कई दिन तक हवा में खुला रखने से जहर बन जाता है क्योंकि उसमें पेरॉक्साइड (Peroxide) उत्पन्न हो जाता है। एक प्रयोग में तेल (तिल, मूँगफली, सरसों आदि) को प्रयोग में लेने के बाद, या पके हुए तेल को कई दिन तक रखे रहने के बाद दुबारा काम में लेने से यह पता चला कि उसमें पोलि-असंतृप्त वसा अम्लों की उत्पत्ति के कारण जहर पैदा हो गया है। अतः एक बार काम में लेने के बाद उस तेल को एक-दो दिन से अधिक समय तक नहीं रखना चाहिए। तेलयुक्त बीजों पर विसंक्रामक पदार्थों के स्प्रे (Spray) करने से उन पर इन दवाइयों का अंश रह जाता है जो जहर पैदा करते हैं।

विटामिन प्रतिरोधक

कुछ भोज्य पदार्थों में विटामिन प्रतिरोधक पदार्थ पाये जाते हैं, जैसे—(1) विटामिन ई प्रतिरोध, (2) थायमिन प्रतिरोधक, (3) बॉयोटीन प्रतिरोधक, (4) पाइरिडोक्सीन प्रतिरोधक।

1. **पाइरिडोक्सीन प्रतिरोधक (Anti-'B_6') :** अलसी के बीज (Linseed)में एक पदार्थ होता है जिसके सेवन से विटामिन 'बी' की कमी के लक्षण प्रकट हो जाते हैं, लेकिन इसको पानी के साथ मिलाने से एण्टी 'बी$_6$' नष्ट हो जाता है।

2. **विटामिन 'डी' प्रतिरोधक (Anti Vitamin 'D'):** सोयाबीन को बिना पकाए खाने से रिकेट्स नामक रोग हो जाता है। कच्चे सोयाबीन में विटामिन 'डी' को खत्म करने वाला पदार्थ होता है।

3. **विटामिन 'ई' प्रतिरोधक (Anti Vitamin 'E'):** कच्चे सेम की फली (Raw bean) में विटामिन 'ई' प्रतिरोधक उपस्थित रहता है जो शरीर में जाकर विटामिन 'इ' की कमी से होने वाले लक्षण पैदा कर देता है।

4. **थायमिन प्रतिरोधक**—कुल मांस में थायमिन नामक एन्जाइम मिलता है, जो थायमिन को खत्म कर देता है। ताप से यह एन्जाइम नष्ट हो जाता है।

5. **बॉयोटीन प्रतिरोधक (Anti Biotin)**—कच्चे अण्डे के सफेद भाग में एक पदार्थ होता है जिसे एविडिन (Avidin) करते हैं, जो बॉयोटीन (Biotin) को

अपने साथ मिला लेता है व शरीर से विसर्जित होने लगता है। ताप से एविडिन खत्म हो जाता है। अतः कच्चे अण्डे को कभी नहीं लेना चाहिए।

सोलमीन विषाक्तता

आलू के छिलकों में ग्लाइकोसाइड अल्क्लाइड या सोलमीन नामक जहर होता है। हाल में किए गए अध्ययनों से यह ज्ञात हुआ है कि सभी आलुओं में यह पदार्थ 7.5 मि. ग्रा. होता है तथा छिलके रहित आलू में 1.2 मि. ग्रा. होता है। आलू के दब जाने या कट जाने से यह पदार्थ अधिक मात्रा में उत्पादित होने लगता है। आलू के कट जाने के चौथे दिन तक 120 मि. ग्रा. पैदा हो जाता है। अतः आलू को छिलकों सहित कम ही उपयोग में लाना चाहिए। इसकी (Solamine) विषाक्तता से उल्टी, पेट में असह्य दर्द, दस्त आदि लक्षण छिलकों सहित आलू के खाने के आठ घण्टे बाद ही दिखायी देने लगते हैं।

खनिज लवण की विषाक्तता

जिस भूमि में सेलिनियम की अधिकता होती है उससे पैदा हुए सब्जी व फलों में इस लवण की मात्रा ज्यादा होती है। इससे जानवरों एवं मनुष्यों में दूषिता पैदा होकर वृद्धि की कमी, भूख की कमी, बाल का झड़ जाना, नाखूनों का गिर जाना, यकृत का सूज जाना आदि लक्षण दिखायी देने लग .जाते हैं। पीने के पानी में फ्लोराइड की अधिकता से मनुष्यों में दूषिता की स्थित उत्पन्न हो जाती है। सन् 1931 में आन्ध्र प्रदेश में सार्वजनिक स्वाथ्य विभाग ने परीक्षणों द्वारा यह पता लगाया कि मनुष्यों एवं जानवरों में फ्लोरोसिस (Flourosis) रोग हो रहा है व इसका कारनण पानी में बहुत अधिक मात्रा में फ्लोरीन का होना (10 Part Per Million) ही है। इसका असर अस्थि तथा दाँतों पर अधिक होता है। दाँतों का एनमेल (Enamel) नष्ट होकर सफेद धब्बे भी पड़ जाते हैं। रीढ़ की हड्डी सबसे ज्यादा प्रभावित होती है। उसके बाद कूल्हे की हड्डी भी मजबूत हो जाती है क्योंकि इनमें कैल्शियम बहुत अधिक जम जाता है। समस्त कोमल तन्तु कठोर व सख्त होने लग जाते हैं, जिससे झुकने व अंगों को मोड़ने आदि में मुश्किल होती है। रीढ़ की हड्डी कठोर हो जाने के कारण पीठ एकदम सीधी हो जाती है।

अन्य कारणों से उत्पन्न विषाक्तता

कभी-कभी पानी व भोजन रेडियो-एक्टिव पदार्थों से प्रभावित हो जाते हैं। परमाणु परीक्षण केन्द्रों के पास होने वाली दुर्घटनाओं के कारण भी यह प्रभावित हो

जाते हैं। यह तन्तुओं पर प्रत्यक्ष असर डालते हैं। पाचन संस्थान इस सूक्ष्म विकिरण के कारण के निष्क्रिय हो जाता है। यह स्त्रियों में बाँझपन, पुरुषों में नपुंसकत्व (Sterility) पैदा करता है। जिन पदार्थों पर या भोजन पर रेडियो एक्टिव किरणें पड़ गई हों उन्हें उपयोग में नहीं लाना चाहिए।

सोयाबीन

सोयाबीन को पकाने से उसमें उपस्थित जहर खत्म हो जाता है लेकिन जब बच्चों को सिर्फ सोयाबीन के प्रोटीन पर ही आश्रित रहना पड़ता है तब उनमें जिंक की कमी के लक्षण पैदा हो जाते हैं। इसका मूल कारण सोयाबीन में उपस्थित फाइटिक अम्ल (Phytic Acid) ही है। इसी तरह के लक्षण तिल के सेवन से भी उपस्थित हो जाते हैं। सोयाबीन को बिना पकाए हुए खाने से घेंघा (Goitre) नामक रोग भी हो जाता है। मेकेरिसन (Macarrision) के अनुसार पकाने पर भी घेंघा (Goitre) उत्पन्न करने वाले पदार्थ आंशिक रूप में रह जाते हैं। यह सिर्फ उन व्यक्तियों में ही होता है जो प्रोटीन की जरूरतों को पूरा के लिए सोयाबीन पर निर्भर रहते हैं।

12

पाक कला

विविध पाक तरीकों द्वारा पदार्थों को सुपाच्य, पौष्टिक, जीवाणुरहित व आकर्षक बनाने की कला को पाक कला कहते हैं। गृहिणी को सिर्फ पाक तरीकों व आकर्षक ढंग से परोसने की कला में ही निपुण। कुशल नहीं होना चाहिए पर उसमें पोषण सम्बन्धी ज्ञान भी होना बहुत जरूरी है। इस ज्ञान से उसमें विभिन्न तत्त्वों जैसे—प्रोटीन, विटामिन आदि पर ताप के प्रभाव से होने वाले बदलाव, नाशक आदि के सम्बन्ध में सजगता पैदा होती है। पोषक तत्त्वों के अनावश्यक नाश को रोकने व उनको बचाने की विभिन्न तरीकों के बारे में जानकारी होने से वह पाक कला द्वारा परिवार के पौष्टिक एवं स्वास्थ्य के स्तर को उन्नत बना सकती है। कुछ भोज्य पदार्थ जैसे—सूखे मेवे, फल, कुछ सब्जियाँ आदि को छोड़कर अन्य सभी पदार्थ ज्यादातर पकाकर ही खाए जाते हैं। रोटी, पूड़ी, उपमा, केक, ब्रेड, शक्करपारे आदि के रूप में गेहूँ का ही उपभोग किया जाता है। अलग-अलग स्वाद, खुशबू व बनावट का मूल कारण विभिन्न तरह के पकाने तरीके हैं। भोजन को पकाने के स्वाद ही नहीं बल्कि नई सुगन्धियाँ भी पैदा हो जाती हैं। उनमें उपस्थित जीवाणु नष्ट हो जाते हैं तथा भोजन शरीर में जल्दी पच जाता है। इस प्रकार से संक्षेप में यह समझा जा सकता है कि भोजन पकाने के प्रमुख उद्देश्य इस तरह से हो सकते हैं—

1. भोजन को सुपाच्य बनाना—पकाने से भोजन पचाने योग्य हो जाता है। पके हुए भोजन पर पाचक रसों का प्रभाव शीघ्र पड़ता है। स्टार्च, पकाने पर फूलकर नर्म हो जाता है। मांस भोज्य पदार्थों के तन्तु पकाने पर अलग-अलग हो जाते हैं। इस प्रकार से पका हुआ भोजन कच्चे भोजन की तुलना में ज्यादा अच्छी तरह से पच सकता है।

2. जीवाणुओं को नष्ट करना—भोज्य पदार्थ जैसे—दूध, सब्जियाँ, मांसल पदार्थ आदि कई व्यक्तियों से होते हुए हम तक पहुँचते हैं। कई स्थानों, कई हाथों

व कई बर्तनों की गंदगी उनके अन्दर प्रवेश पर हानिकारक जीवाणु पैदा कर देती है। पकाते समय उष्णता के सम्पर्क में आने पर नुकसानदायक जीवाणु नष्ट हो जाते हैं व भोजन अधिक सुरक्षित हो जाता है।

3. पोषक मूल्य में वृद्धि—पकाने की विधि में जब बहुत से भोज्य पदार्थों को एक साथ मिलाकर पकाया जाता है तो उसके पोषक मूल्य में वृद्धि हो जाती है। उदाहरणस्वरूप दाल, चावल को मिलाकर जब खिचड़ी को बनाई जाती है या चावल को दूध में पकाकर खीर बनाई जाती है तो 'ॲमीनो एसिड' सप्लीमेंटेशन के कारण प्रोटीन उच्च स्तर का हो जाता है। इसी तरह से पकाने पर कुछ नुकसानदायक तत्त्व भी नष्ट हो जाते हैं जिससे पोषक तत्त्व शरीर को और भी ज्यादा उपलब्ध होने लगते हैं।

4. भोज्य पदार्थों की सुरक्षा अवधि में वृद्धि—पाक क्रिया के द्वारा भोज्य पदार्थों को सड़ाने वाले जीवाणुओं से भी आजाद कराया जा सकता है जिससे सुरक्षित रहने की अवधि बढ़ जाती है। कच्चे दूध तुलना में उबालकर रखा गया दूध अधिक सुरक्षित रहता है। फलों को सुरक्षित रखने के लिये उन्हें पकाकर हम जैम, जैली, चटनी, मुरब्बे व स्कनैश बना सकते है।

5. आहार में विविधता लाना—पकाने की क्रिया के द्वारा आहार की एकरसता को तोड़कर, उसके तरीकों में बदलाव लाया जा सकता है। नित्यप्रति अलग-अलग तरीकों से भोजन बनाकर उसके प्रति घर के सदस्यों की रुचि बढ़ाई जा सकती है। एक ही भोज्य पदार्थ का रूप, आकार व स्वाद पकाने के विभिन्न तरीकों से एकदम बदला जा सकता है। जैसे—1. उबालना, 2. भाप से पकाना, 3. भट्टी में पकाना, 4. सेंकना, 5. तलना, 6. भूनना, 7. माइक्रोवेव कुकिंग, 8. सोसर कुकिंग।

6. भोजन को स्वादिष्ट बनाना—यदि कच्ची अवस्था में भोज्य पदार्थों का सेवन किया जाये तो हर बार एक सा स्वाद ही आता है। जबकि पकाने के अलग-अलग तरीकों के प्रयोग से हर मामलों के मिश्रण से भोज्य पदार्थों में नया-नया स्वाद उत्पन्न किया जा सकता है। पकाने की प्रक्रिया से भोजन के स्वाद में कई गुना वृद्धि हो जाती है।

7. भोजन को नर्म व खाने योग्य बनाना—पकाने पर कड़े भोज्य पदार्थ नर्म व चबाने योग्य बन जाते हैं। विशेषतया पकाने की आर्द्र तरीकों से जिनमें पानी के द्वारा भोजन पकाया जाता है। कच्ची अवस्था में सभी अनाज काफी कड़े होते हैं पकने पर ये एकदम नर्म व मुलायम हो जाते हैं। बूढ़े, बच्चे व बीमार व्यक्ति भी पका हुआ नर्म भोजन से ग्रहण कर लेते हैं।

8. भोजन का रूप सुधारना—पकाने पर भोजन दिखने में बहुत ही आकर्षक हो जाता है। उसके रंग व बदबू में भी वांछित बदलाव आ जाता है। कुछ भोज्य पदार्थों की अरुचिकर बदबू पकाने पर दूर हो जाती है जैसे कि प्याज और लहसुन। कुछ भोज्य पदार्थों की खुशबू पकाने पर बढ़ जाती है यथा कि बासमती चावल।

विभिन्न तत्त्वों पर ताप का प्रभाव तथा उनके अनावश्यक क्षय को रोकने की विधियाँ

कार्बोज—गीले स्टार्च पर गर्मी के प्रभाव से स्टार्च के कण फूल जाते हैं व आवरण फट होने से स्टार्च बाहर निकल कर पानी में मिल जाता है। इस क्रिया को जिलेटिनाइजेशन (Gelationization) कहते हैं। स्टार्च के आवरण (Cellulose) को पूरी तरह से पचाने के लिए कोई एन्जाइम (Enzyme) नहीं होता है, अतः इसके लिए जिलेटिनाइजेशन की क्रिया के बाद ही पाचक रस स्टार्च पर अपनी क्रिया कर सकता है। पकाने से सब्जियों का बाह्य आवरण फट जाता है ताकि सब्जी मुलायम बन जाती है व उनमें उपस्थित प्रोटीन भी पाचनशील हो जाता है। पकाने से भोज्य पदार्थों के शोषण में अवरोध पैदा करने वाले तत्त्वों का नाश हो जाता है, यथा—ट्रिप्सिन प्रतिरोधक (Trypsin Inhibitors)। केक व डबलरोटी को भट्ठी में पकाते समय उनको फुलाने के लिए रासायनिक पदार्थों को प्रयोग में लाते हैं इन्हें 'लीविनिंग एजेन्ट्स' (Leavening Agents) करते हैं। इनका मूल कार्य कार्बन-डाई-ऑक्साइड पैदा करना है। खमीरयुक्त डबलरोटी में खमीर, गेहूँ की शक्कर को एल्कोहल तथा कार्बन-डाई-ऑक्साइड में बदलता है। बेकिंग सोडा (Banking Soda) या बेकिंग पाउडर भी कार्बन-डाई-ऑक्साइड पैदा करने में समर्थ है। जब कार्बोज के साथ इनको गरम किया जाता है तब इनके अन्दर पैदा दबाव (Pressure) से कार्बन-डाई-ऑक्साइड की उत्पत्ति अधिक जिससे पदार्थ फूल जाता है। बेकिंग सोडे में उपस्थित सोडियम बाईकार्बोनेट , कार्बोनेट में बदलकर क्षारीय प्रतिक्रिया करता है। इसकी अधिकता से स्वाद नष्ट हो जाता है तथा विटामिन नष्ट जो जाते हैं। बेकिंग पाउडर खाने से सोडे के अलावा साइट्रिक अम्ल तथा टार्ट्रिक अम्ल भी होते हैं जो सोडे की क्षारीयता को कम करते हैं, लेकिन बेकिंग सोडा सस्ता तथा सुलभ होने के कारण अधिक प्रयोग में आता है। 2-3 ग्राम बेकिंग पाउडर की जगह एक ग्राम सोडे से ही काम चल जाता है, अतः सोडे की कम मात्रा का ही उपयोग करना चाहिए। अंकुरित तथा खमीरीकृत अनाजों में विटामिन की मात्रा बहुत अधिक हो जाती है। गेहूँ को 6 से 12 घण्टों तक भिगोकर उसके खमीरीकरण के बाद यह देखा गया है कि थॉयमिन 44% तथा विटामिन 'सी' की 10% वृद्धि हुई।

वसा—सामान्यतः परिस्थितियों में तेल पर ताप का अधिक प्रभाव नहीं पड़ता, लेकिन लम्बे अधिक गर्म करने पर बहुत ही जरूरी वसा अम्ल अंशतः खत्म हो जाते हैं तथा एक विषोत्पादक पॉलिमेराइज्ड पदार्थ (Polymerized Products) का निर्माण होता है जिसे एक्रोलिन (Acrolein) कहते हैं। यह पाचन क्रिया में गड़बड़ी पैदा करता है। वसा, ताप के प्रभाव से पहले पिघल जाती है व बाद में उसमें से नीला धुआँ निकलने लगता है।

प्रोटीन—ताप के प्रभाव से प्रोटीन सिकुड़कर जम जाता है, लेकिन यह कच्चे प्रोटीन की तुलना में अधिक पाचनशील होता है। लेकिन बहुत अधिक ताप के प्रभाव से उल्टे परिणाम भी निकलते हैं, यथा—अनाज, तेलयुक्त बीज तथा प्राणिज भोज्य पदार्थों को तेज आग में पकाने, यथा—सेंकना, भट्ठी में पकाना, तलना आदि से प्रोटीन की पौष्टिकता की कीमत में कमी आ जाती है। इस उल्टे परिणाम का प्रमुख कारण मैलार्ड प्रतिक्रिया (Millard Reaction) होती है जिसमें अत्यावश्यक ॲमीनो अम्ल (Necessary Amino Acids) के अन्तिम ॲमीनो ग्रुप, प्रतिकर्मक शक्कर के साथ प्रतिक्रिया करता है। लाइसीन (Lysine) के अलावा आरजीनीन, ट्रिप्टोफेन, हिस्टीडिन (Argomome, Tryptophan, Histidin) भी तेज आग में शक्कर के साथ प्रतिक्रिया करते हैं, अतः बहुत जरूरी ॲमीनो अम्ल की कमी पकाने के बाद पाई जाती है। इसके विपरीत दालों के प्रोटीन का पौष्टिक मूल्य, ताप से आंशिक रूप में बढ़ता है क्योंकि दालों में ट्रिप्सिन प्रतिरोधक हिमोग्लूटेनिन व वृद्धि-प्रतिरोधक तत्त्व होते हैं जो प्रोटीन को शरीर में उपयुक्त बनने से रोकते हैं। ताप द्वारा ये तत्त्व खत्म अथवा निष्क्रिय हो जाते हैं। प्रोटीन में ताप से भौतिक बदलाव आ जाते हैं यथा—मध्यम आग पर प्रोटीन जम जाता है, लेकिन अधिक आग से कड़ा हो जाता है जो अत्यन्त अपाचनशील तथा कठोर होता है।

विटामिन 'ए'—पानी में अघुनशीलन होता है अतः पकाने से ज्यादा बदलाव नहीं आते हैं, लेकिन (Oxidation) तलने के तरीके से विटामिन ए अंशतः खत्म हो जाता है।

विटामिन 'बी'—पानी में घुलनशील होने के कारण यह यह दो तरह से खत्म होता है—(1) ताप के कारण, (2) पानी में घुलनशील होने के कारण। इसके खत्म होने की तीव्रता पाक-विधि पर निर्भर है। पानी को फेंक देने से तथा सोडे के प्रयोग से थॉयमिन 50 से 80 प्रतिशत तक खत्म हो जाता है। भाप से पकाने की तुलना में दबाव (Pressure) द्वारा पकाने से थॉयमिन का नाश अधिक होता है।

रिबोफ्लेविन मूलतः 4 तरह से नष्ट होता है—(1) पकाते समय तेज रोशनी के कारण (Exposure), (2) ताप से, (3) पानी में घुलकर, (4) सोडे के प्रयोग के

कारण। दूध के तेज रोशनी या धूप में रखने से उसमें उपस्थित रिबोफ्लेविन नष्ट हो जाता है।

पैंटाथीनिक अम्ल का नाश दो विधि से होता है जैसे सीधे आग पर पकाने से तथा पकाने में काम के लिए पानी को फेंक देने से। प्रेशर कुकर में 14 पौण्ड दाब से पकाने से पाइरीडोक्सीन (Pyridoxin) खत्म हो जाता है।

विटामिन 'सी'—पकाते समय विटामिन 'सी' युक्त पदार्थ वातावरण की हवा से ऑक्सीकृत हो जाता है तथा पानी में बहुत ही घुलनशील हो जाता है। ताँबे या पीतल के बर्तनों में पकाने से बहुत ही खत्म हो जाता है। सभी तत्त्वों में से विटामिन 'सी' सबसे नाजुक (Senstitive) होने के कारण अतिशीघ्र नष्ट हो जाता है। इसका नाश पकाने की विधि पर निर्भर करता है। साधारणतः 10 से 60% तक नाश हो सकता है। विटामिन 'सी' युक्त पदार्थों को हमेशा ताजी स्थिति में ही प्रयोग में लाना चाहिए। संग्रह से या कट जाने से इसमें एक अस्कार्बिक एसिड ऑक्सीडेज (Ascorbic Acid Oxidase) नामक एन्जाइम पैदा होकर जो विटामिन 'सी' को नष्ट करता है।

खनिज लवण—पानी की अधिक मात्रा से व पकाने में काम आए पानी को फेंकने से कैल्शियम व फॉस्फोरस लवणों का नाश होता है। चावल तथा सब्जियों को कठोर जल में पकाने से पानी में उपस्थित कैल्शियम खाद्य पदार्थों में प्रवेश करेगा। पकाए गए पानी को फेंक देने से लोहे का नाश होता है। सब्जियों को लोहे के चाकू से काटने से तथा लोहे की कढ़ाइयों में पकाने से लोहे के कुछ कण सब्जियों में प्रवेश करेंगे। सोडियम, पोटैशियम, मैंग्नीशियम आदि लवण पकाए गए पानी में घुल जाते हैं। नमक डालने से सोडियम का अंश दुबारा स्थापित हो जाता है। अन्य गौण पानी में घुल जाते हैं। इस पानी को फेंकने से इन तत्वों का नाश हो जाता है।

पकाने का विभिन्न भोज्य पदार्थों के पौष्टिक मूल्य पर प्रभाव

अनाज—चावल को बहुत अधिक नहीं धोना चाहिए। पकाने के लिए पानी की मात्रा उससे दुगुनी या ढाई गुनी होनी चाहिए। माँड़ नहीं निकालना चाहिए। इनसे 'बी', 'बी$_2$' आदि विटामिन सुरक्षित कहते हैं। उस्ना चावल (Parbioled rice) में विटामिन 'बी$_1$' की मात्रा अरवा चावल की तुलना में अधिक होती है। कम, मध्यम तथा अधिक पकी रोटियों में क्रमशः 82, 80, 74 प्रतिशत थायमिन की मात्रा बच जाती है। सोडे का बेकिंग पाउडर के प्रयोग से विटामिन B_1 का अधिक नाश होता है।

दाल—दाल के द्वारा ही विटामिन बी या प्रोटीन प्राप्त किया जा सकता है। अनाज के साथ ये अनुपूरक हैं। इनमें उपस्थित ट्रिप्सिन (प्रतिरोधक) के कारण इनके

पौष्टिक मूल्य पर उल्टा असर पड़ता है। पकाने पर यह पदार्थ नष्ट हो जाता है जिससे दाल पाचनशील बन जाती है। सभी दालों को रातभर भिगोकर प्रातः 20 से 30 मिनट तक पकाने से दाल के आवरण के रहने के नाश अधिक होता है। प्रोटीन तथा विटामिन बी को सुरक्षित करने के लिए इनको कम पानी में भाप द्वारा पकाना चाहिए। इससे ट्रिप्सिन (Trypsin) प्रतिरोधक नष्ट होकर प्रोटीन का पौष्टिक मूल्य बढ़ जाता है। अंकुरित दालों में विटामिन 'सी' की मात्रा बहुत बढ़ जाती है, नायसिन (Niacin) तथा रिबोफ्लेविन (Riboflavin) भी बढ़ जाता है, लेकिन बी-1 की मात्रा समान रहती है। अत्यधिक गर्म करने से दालों में मैलार्ड की प्रतिक्रिया (Maillard Reaction) के कारण लाइसिन की मात्रा में कमी आ जाती है।

मूँगफली—इसे सेंकने से विटामिन '$बी_1$', का नाश हो जाता है, लेकिन ट्रिप्सिन (Trypsin) प्रतिरोधक नष्ट होने से उसका पौष्टिक मूल्य बढ़ जाता है। मूँगफली के मक्खन (Peanut Butter) में 50 प्रतिशत तक पैंटोथीनिक अम्ल (Panthothenic Acid) का नाश पाया गया है। बिनौले (Cotton Seeds) में एक जहरीला पदार्थ गोपीपोल (Gossypol) होता है जो आग से अंशतः समाप्त हो जाता है।

वसा एवं तेल—तेज भाग से वसा में उपस्थित विटामिन 'ए', 'इ' और कुछ बहुत ही जरूरी वसा अम्ल का आंशिक नाश हो जाता है। मक्खन के खराब होने पर उसमें पेराक्साइड (Peroxide) पैदा हो जाता है जो विटामिन 'इ' व 'ए' को नष्ट कर देता है। खराब मक्खन के इस्तेमाल से उसमें उपस्थित पेरोक्साइड (Peroxide) आँतों में घाव हो जाने की सम्भावना रहती है।

दूध व दूध से बनी वस्तुएँ—पास्चरीकरण की क्रिया से दूध में उपस्थित 30 प्रतिशत विटामिन नष्ट हो जाते हैं। धूप के असर से दूध में उपस्थित रिबोफ्लेविन (Riboflavin), विटामिन 'ए' तथा विटामिन 'सी' नष्ट हो जाते हैं। दूध को अधिक बार गर्म करने से 40 प्रतिशत थॉयमिन, 60 प्रतिशत विटामिन सी, 60 प्रतिशत '$बी_6$' 90 प्रतिशत '$बी_{12}$' नष्ट हो जाते हैं। वाष्पीकृत तथा कण्डेन्स्ड दूध में भी विटामिन '$बी_{12}$', '$बी_1$' '$बी_6$', के 80 प्रतिशत अंश नष्ट हो जाते हैं।

दूध के पाउडर के निर्माण के समय 90 प्रतिशत विटामिन 'सी' नष्ट हो जाता है और दूसरे विटामिन 20 प्रतिशत तक नष्ट हो जाते हैं। संग्रह के समय विटामिन 'ए' का नाश धीरे-धीरे होता है।

सब्जी एवं फल—पकाने से सब्जियों का सेल्यूलोज आवरण मुलायम बन जाता है। अन्दर के भाग में जिलेटीनाइजेशन की क्रिया होती है। सब्जियों को पकाने से उनका भार बढ़ जाता है। अधिकतर सब्जियों को भाप या पानी द्वारा ही पकाया

जाता है। इस तरीके से विटामिन के कुछ अंश नष्ट होते हैं जिनमें 15 से 32% थॉयमिन 20% रिबोफ्लेविन, 45% विटामिन 'सी' शामिल हैं। कैल्शियम तथा लोहा कम समाप्त होता है। केरोटिन भी समाप्त नहीं होता। सब्जियों को सुखाने से विटामिन 'सी' 90 प्रतिशत नष्ट हो जाता है, लेकिन विटामिन 'बी$_2$' तथा केरोटिन कम ही नष्ट होता है। केरोटीन का 70 से 95% अंश सब्जियाँ अपने में ही रोक लेती हैं। थायमिन रिबोफ्लेविन की तुलना में ज्यादा समाप्त होता है।

फल—धूप में सुखाने से केरोटीन बहुत अधिक खत्म हो जाता है। इसमें भी सब्जियों की तरह विटामिन 'बी' का नाश 60 प्रतिशत तक हो जाता है। रिबोफ्लेविन का नाश कम ही होता है। डिब्बाबन्दी (Canning) के समय फलों में विटामिन 'सी' की मात्रा 40% तक खत्म हो जाती है। आग के कारण विटामिन 'बी$_1$' नष्ट हो जाता है। सन्तरे के रस की डिब्बाबन्दी में 40% विटामिन 'सी' नष्ट हो जाता हैं। आँवलों के संग्रह के समय 50% तक एस्कार्बिक अम्ल निकल जाता है मतलब फलों में सबसे अधिक खत्म होने वाला तत्त्व विटामिन 'सी' तथा सबसे कम नष्ट होने वाला तत्व केरोटीन होता है। विटामिन 'बी$_1$' इनके बीच में आता है। मुरब्बा आदि बनाने के लिए सेब, नाशपाती को शक्कर के साथ पकाया जाता है। अम्लीय फलों में विटामिन 'सी' कम समाप्त होता है। आग के असर से फलों का गूदा मुलायम हो जाता है। फलों का कच्चा खाना ही शरीर के लिए सबसे अधिक लाभप्रद होता है।

पकाने की विधियाँ

भोजन को स्वादिष्ट, पाचनशील, नर्म, हानिकारक जीवाणुओं रहित बनाने के लिए पकाना जरूरी है। पका हुआ भोजन अधिक देर तक टिकता है तथा इसलिये अनेक पाक तरीकों द्वारा खाद्य पदार्थों में विविधता पाई जा सकती है। गृहिणी को पाक कला की अनेक प्रणालियों के बारे में ज्ञान होना जरूरी है जिससे वह परिवार के लिए सुपाच्य, स्वादिष्ट व आकर्षक भोजन बना सके।

भोजन बनाने के अनेक तरीकों को निम्नानुसार विभक्त कर सकते हैं—

1. पानी के माध्यम से पकाना, जैसे—उबालना, धीमी आँच पर पकाना आदि।
2. भाप द्वारा पकाना, जैसे—प्रेशर कुकर द्वारा आदि।
3. गर्म वायु द्वारा पकाना, जैसे—भट्ठी में (Banking) आदि।
4. लोहे की या अन्य वस्तुओं के माध्यम से पकाना, जैसे—तवे पर रोटी पकाना, बालू में चने तथा मूँगफली सेंकना आदि।
5. तेल या घी के माध्यम से पकाना, जैसे—उथला व गहरा तलना।

6. प्रत्यक्ष आग पर पकाना, जैसे—आलू, बैंगन, शकरकन्द, डबलरोटी आदि को सीधी आग पर भूनना।

7. सोलर कुकिंग जिसमें सूर्य की ऊर्जा से भोजन को बहुत ही धीमे तरीके गति से बनाया जाता है।

8. माइक्रोवेव कुकिंग जिसमें माइक्रोवेव्स के द्वारा भोजन बहुत ही जल्दी गति से बन जाता है।

उपर्युक्त सभी योजना (जैसे—उबालना, धीमी आँच पर पकाना, भाप द्वारा, भट्ठी में सेंकना, तलना तथा भूनना) तरीकों की विशेषताएँ, लाभ व हानि अग्रलिखित सारणी में दर्शायी गयी है।

1. उबालना

विशेषताएँ—यह सरल विधि है। इसमें पानी का प्रयोग किया जाता है। ध्यान रखा जाता है कि ताप तीव्र नहीं हो। चावल, दाल, सब्जी. फलियाँ, दूध, चाशनी आदि को उबाला जाता है।

लाभ—रोगियों के लिए अत्युत्तम होता है। पोषक तत्त्व नष्ट नहीं होते। यदि उबले हुए पानी को प्रयोग में लाते हैं, तो उबला हुआ भोजन हल्का होता है।

हानि—स्वाद कुछ कम हों जाता है। हरी सब्जियों का रंग कुछ हद तक नष्ट हो सकता है। पकाए गए पानी को प्रयोग में नहीं लाने से पोषक तत्त्व नष्ट हो जाते हैं।

2. धीमी आँच पर पकाना

विशेषताएँ—पदार्थों को धीमी आँच पर अधिक देर तक पकाते हैं, जैसे—दाल, सब्जी आदि।

लाभ—भोजन अत्यन्त स्वादिष्ट तथा मीठा भी बनता है।

हानि—विटामिन 'ए' के नाश की सम्भावना रहती है।

3. भाप द्वारा पकाना

विशेषताएँ—यह दोनों प्रकार का होता है यथा—प्रत्यक्ष तथा अप्रत्यक्ष। पदार्थ पानी के सम्पर्क में प्रत्यक्षः नहीं आता है साधारणतः भाप की विधि में एक भगोने के अन्दर दूसरे भगोने में पदार्थ रखकर पकाते हैं या प्रेशर कुकर द्वारा (दबाव से) भोजन को पकाते हैं।

लाभ—स्वास्थ्य की दृष्टि से उत्तम है। भोजन हल्का व रोगियों के लिए लाभदायक होता है। इसका पानी से प्रत्यक्ष सम्पर्क न होने के कारण तत्त्व नष्ट नहीं होते। प्रेशर कुकिंग से ईंधन, पानी, समय व शक्ति की बचत होती है।

हानि—प्रत्यक्ष भाप की विधि में समय, ईंधन अधिक व्यय होते हैं तथा पानी की भी अधिक आवश्यकता पड़ती है।

4. भट्ठी में पकाना

विशेषताएँ—भट्ठी द्वारा भी भोजन पकाया जाता है। चारों ओर से समान गर्मी पदार्थों पर पहुँचती है। भट्ठी तथा तन्दूर द्वारा भी पका सकते हैं, बिस्कुट, केक, नानखटाई, डबल रोटी, आलू आदि को इसी विधि द्वारा पकाया जाता है।

लाभ—स्वास्थ्य की दृष्टि से उत्तम है, क्योंकि पदार्थ प्रत्यक्ष आग के सम्पर्क में नहीं आता है। इससे हल्का तथा स्वादिष्ट भोजन बनता है।

हानि—ओवेन व्यय साध्य होता है।

5. सेंकना

विशेषताएँ—यह सरल विधि है। ताजा रेत आदि के माध्यम से खाद्य वस्तुओं को सेंका जाता है, जैसे—रोटी, चने, मूँगफली आदि। गोबर के कण्डों पर बाटी, शकरकन्दी आदि को पकाया जाता है।

लाभ—गोबर कण्डों पर पकाए गए भोजन स्वादिष्ट तथा पोषक व मीठे होते हैं। यह विधि पाचनशील भी होती है।

हानि—रेत व तवे के अत्यन्त गर्म होने से तत्त्व नष्ट हो जाते हैं, अतः स्वास्थ्य की दृष्टि से भी ठीक नहीं है। ईंधन का भी अपव्यय होता है क्योंकि रेत, तवे आदि को गर्म करने में ताप अधिक लगता है अतः महँगा पड़ता है।

6. भूनना

विशेषताएँ—सीधी आग पर पकाया जाता है। जैसे—आलू, डबलरोटी, शरकन्द, बैंगन, फुलके आदि को भूनते हैं।

लाभ—पदार्थ स्वादिष्ट तथा मीठा बनता है।

हानि—विटामिन आदि पोषक तत्त्व नष्ट हो जाते हैं। ईंधन का भी अपव्यय होता है।

7. उथला तलना

विशेषताएँ—घी या तेल में पकाने को तलना कहते हैं। कम मात्रा में घी या तेल का प्रयोग किया जाता है, जैसे—आलू की टिकिया, परांठे, डोसा, पूरन, पोली आदि।

लाभ—भोजन स्वादिष्ट बनता है।

हानि—आंच तेज होने से अन्दर का भाग कच्चा रहकर ऊपरी भाग जल जाने की सम्भावना रहती है। तेज आँच से पोषक तत्त्व भी नष्ट हो सकते हैं।

8. गहरा तलना

विशेषताएँ—चपटी कढ़ाई पर धीमी आँच पर पकाते हैं। गहरे पात्र में तलते हैं तथा पर्याप्त मात्रा में तेल या घी होना जरूरी है। आँच तेज होनी चाहिए, जैसे—पूड़ी, समोसे, कचौरी पकौड़ी आदि को तलते हैं।

लाभ—भोजन स्वादिष्ट बनता है। देखने में आकर्षक लगता है, जैसे—पकौड़ी, समोसे, पूड़ी, तले हुए भोजन के खाने से वह आमाशय में अधिक देर तक रहता है। जिससे भूख नहीं लगती है। खाने में रुचिकर लगते हैं।

हानि—तेज आँच से विटामिनों के नाश की सम्भावना रहती है। पाचन संस्थान पर बुरा प्रभाव पडता हैं क्योंकि तले हुए भोजन को पचाने में देर लगती है। पेट में अव्यवस्था हो जाती है। गले में जलन उत्पन्न करता है। तले भोजन से आमाशयिक अम्ल की मात्रा बढ़ जाती है।

8. सोलर कुकिंग

विशेषताएँ—इसमें बिना किसी ईंधन के सूर्य की ऊर्जा को ऊष्मा में बदलकर भोजन पकाया जाता है।

लाभ—एक बार सोलर कुकर से लेने के बाद ईंधन का इसमें कोई खर्च नहीं रहता।

हानि—भोजन बहुत धीरे-धीरे पकता है तथा बादल होने पर इसमें खाना बनाना सम्भव नहीं रहता।

9. माइक्रोवेव कुकिंग

विशेषताएँ—इसमें माइक्रोवेव ओवन की विद्युत चुम्बकीय तरंगों के द्वारा भोजन पकता है। यह अन्य विधियों से बिल्कुल भिन्न है क्योंकि ऊष्मा का उत्पादन भोज्य पदार्थों के अणुओं की गति के कारण होता है।

लाभ—इसमें भोजन बहुत ही शीघ्र बन जाता है। कुछ पदार्थों को तो इसमें पकाने में मात्र 3-4 मिनट को ही समय लगता है।

हानि—भोजन के शीघ्रता से पकने के कारण इसमें पकाये गये खाद्य पदार्थों का फ्लेवर बहुत अच्छा नहीं रहता। साथ ही खाद्य पदार्थों में सुनहरा भूरा रंग भी उत्पन्न नहीं होता।

खाद्य पदार्थों के पौष्टिक मूल्यों को बनाए रखने के लिए निम्न निर्देश अपनाए जाने योग्य हैं–

1. छीलने की अपेक्षा सब्जियों को सख्त ब्रुश से साफ करना चाहिए।
2. क्षार का प्रयोग नहीं करना चाहिए।
3. खाने के समय से कुछ देर पहले खाना पकाना चाहिए।
4. रेफ्रिजिरेटर (Refrigerator) द्वारा संग्रह करना चाहिए।
5. गर्म संग्रह नहीं करना चाहिए।
6. सब्जियों को अधिक भिगोने की आदत को छोड़ना।
7. सब्जियों के टुकड़े बड़े हों तो ज्यादा अच्छा होता है।
8. पीतल व ताँबे के बर्तनों में नहीं पकाना चाहिए।
9. पकाए पानी का उपयोग करना चाहिए।
10. डबलरोटी को सेंकने से विटामिन '$बी_1$' नष्ट हो जाता है, अतः सेंकना नहीं चाहिए।
11. सब्जियों को अधिक गरम करने से उनमें उपस्थित विटामिन '$बी_1$', '$बी_2$' खत्म हो जाते हैं अतः अधिक तथा बार-बार गरम नहीं करना चाहिए।
12. ज्यादातर सब्जियों को कच्चे सलाद के रूप में लेना चाहिए।
13. सब्जियों को जल्दी पकाकर तथा स्वच्छ जलवायु में रखना चाहिए।
14. पदार्थों को कम पानी में तथा कम मात्रा में पकाना चाहिए।
15. भाप तथा दाब (Pressure) द्वारा पकाना चाहिए।

खाद्य पदार्थों के पोषक तत्वों को बनाए रखने की विधियाँ

1. हरी सब्जियों की पत्तियों का उपयोग करना चाहिए, मूली प्याज आदि की पत्तियों को फेंकना नहीं चाहिए।
2. खाने में बेकिंग सोडे का प्रयोग नहीं करना चाहिए क्योंकि इससे विटामिन नष्ट हो जाते हैं।
3. खाने को 15 मिनट से अधिक नहीं पकाना चाहिए।
4. पकने के तुरन्त बाद ही भोजन परोसिए। भोजन को दुबारा गरम न करें।
5. सब्जियों व फलों को रखने के लिए रेफ्रिजिरेटर का उपयोग करना चाहिए तथा खुले स्थान पर नहीं रखना चाहिए।
6. चीजों को उबलते पानी में रखना चाहिए ठण्डे में नहीं।
7. पकाने के लिए शुद्ध पानी का ही उपयोग करना चाहिए दूषित पानी का नहीं।

13

अंकुरण और खमीरीकरण

अंकुरण अथवा खमीरीकरण खाद्य पदार्थों के साथ अपनाई जाने वाली कुछ ऐसी प्रक्रियाएँ हैं जिनका माध्यम सिर्फ खाद्य पदार्थों के पोषण मूल्य में अभूतपूर्व बढ़ोत्तरी होगी। खाद्य पदार्थों में उपस्थित कुछ हानिकारक तत्त्व (Antinuitritional Factors) भी समाप्त हो जाते हैं। इनके द्वारा खाद्य पदार्थों के भौतिक व रासायनिक गुणों में कुछ वांछनीय बदलाव होते हैं। इसलिये यह स्पष्ट किया गया है कि यदि बिना किसी अतिरिक्त लागत के आहार में अतिरिक्त पोषक तत्त्वों को जोड़ना चाहें तो अंकुरण व खमीरीकरण की प्रक्रियाओं द्वारा संभव है।

अंकुरण

कुछ विशेष स्थितियों में ही बीजों का अंकुरण संभव है। अगर ये परिस्थितियाँ बीजों को मिल जाती हैं तो बीजों का सफल अंकुरण हो जाता है। उचित आर्द्रता, तापक्रम, पर्याप्त ऑक्सीजन व उचित बीज होने पर ही अंकुरण होता है।

1. आर्द्रता—बीजों के अंकुरण के लिये नमी बहुत जरूरी है। सूखे बीजों में 7-10 % तक नमी रहती है। इतनी कम नमी में बीजों में किसी भी तरह की जरूरी क्रियाएँ संभव नहीं हैं। जब जीवद्रव्य पानी से संतृप्त हो जाता है तभी वह क्रियाशील हो पाता है व अकुंरण की शुरूआत होती है।

2. तापमान—बीजों के सही अंकुरण के लिये उचित तापमान की भी जरूरत होती है। बहुत कम या बहुत अधिक तापमान पर अंकुरण नहीं हो पाता है। साधारणतयाः अनाजों व दालों के अंकुरण के लिए 66° F से 85° F तापक्रम की जरूरत होती है। सर्दी के मौसम में जब बीजों को भिगोया जाता है तो पानी का तापमान 40 से 45° C किया जाना चाहिये। इससे अंकुरण शीघ्र होता है।

3. ऑक्सीजन—एक अंकुरित होते हुए बीज को श्वसन के लिये ऑक्सीजन की जरूरत होती है। इसके द्वारा संचित भोजन का अपचय होता है और अंकुरण की क्रिया के लिये बीजों को ऊर्जा मिलती है। जीवद्रव्य भी क्रियाशील स्थिति में आ जाते हैं।

4. बीज का प्रकार—अच्छे स्वस्थ व परिपक्व बीज अंकुरण के लिये उचित माने गये हैं। यदि बीज के अंदर संचित खाद्य सामग्री कम हो अथवा बहुत पुराना हो जाता है तो उसकी अंकुरण की शक्ति कम हो जाती है।

अंकुरण की विधि

बीज से बीजांकुर का निकलना ही अंकुरण कहलाता है। अंकुरण का पहला चरण है बीजों को पानी में भिगोना। भिगोने के पहले बीजों को अच्छी तरह से पानी से धोकर साफ कर लेना चाहिये। कितने पानी में भिगोना है, यह निश्चित कर लेना चाहिए। यदि बहुत अधिक पानी भिगोया जाये तो अनाजों में स्थित घुलनशील पोषक तत्त्वों का नुकसान होता है। अतः यह जरूरी है कि उतना ही पानी लिया जाये जितना ये बीज सोख सकें। यह सिर्फ अनुभव द्वारा ही सीखा जा सकता है। पूरी तरह भीगने के लिये आम तौर पर ज्वार, बाजरा,. गेहूँ, हरी मूँग व साबुत अरहर को अपने आयतन से आधे पानी की आवश्यकता होती है। सूखे मटर व चने के लिये ज्यादा—करीब अपने आयतन के तीन-चौथाई पानी की जरूरत पड़ती है। नापकर पानी प्रयोग में लाने पर फालतू पानी नहीं बचता। बीजों को पानी में 6-12 घंटे तक भिगोकर रखा जाता है व अगले 12-24 घंटों तक अंकुरण की क्रिया सम्पन्न करवाई जाती है। सही तरह से भीग जाने के बाद पर्याप्त गर्मी व हवा से अंकुर निकल आते हैं।

अंकुरण के लिये निम्नलिखित में से किसी भी एक विधि का उपयोग किया जा सकता है—

1. भीगे हुए बीजों को एक गीले कपड़े में बाँधकर लटका दिया जाता है। जैसे-जैसे कपड़ा सूखा लगे तुरन्त उस पर पानी छिड़क दिया जाता है। बाद में कपड़ा खोलकर अंकुरित बीज निकाल लिये जाते हैं।

2. भीगे हुए बीज को गीले कपड़े में बाँधकर, इस पोटली को एक प्लेट पर रखकर ऊपर से इसे किसी बड़े भगोने से उल्टा कर ढक दिया जाता है।

3. भीगे हुए बीजों को लकड़ी की टोकरी या गीले मिट्टी के बर्तन में रखकर इसे गीले कपड़े से ढक दिया जाता है। चाहें तो ऊपर से एक बड़ा बर्तन उल्टा कर पूरी टोकरी या मिट्टी के बर्तन को ढक दें।

अंकुरण के लाभ

अंकुरण की क्रिया एकदम सीधी व आसान है, लेकिन इससे बीजों में बहुत सी रासायनिक अभिक्रियाएँ जैसे—जल-अपघटन (Hydrolysis), संश्लेषण (Synthesis) व अपचयन (Break down) आदि शुरू हो जाती हैं। बहुत से एन्जाइम क्रियाशील हो जाते हैं। जैसे—एमाइलेज, प्रोटीएज, फाइटेस तथा साइटेस इत्यादि ताकि पोषण की कीमतों में बहुत अधिक वृद्धि देखी जाती है। बीज में जमा भोज्य पदार्थ घुलनशील रूप में बदलने लगते हैं जिनका उपयोग कर अंकुर का निर्माण होता है। अंकुरण के लाभ इस तरह से हैं—

1. पोषण मूल्य में वृद्धि—अंकुरण की क्रिया से पोषण मूल्य में बहुत अधिक वृद्धि देखी जाती है। विटामिन सी' जो पूर्णतः अनुपस्थित रहता है बीजों में, वह अपनी उपस्थिति अंकुरण के बाद काफी मात्रा में दर्शाने लगता है राइबोफ्लेविन, नियासिन, कोलिन, बॉयेटिन, थाइमिन, फोलिक एसिड व अन्य 'बी' कॉम्प्लेक्स विटामिन की मात्रा में भी बढ़ोत्तरी देखी जाती है। मुक्त लौह तत्त्व (Ionisable iron) की मात्रा बढ़ जाती है। नया बनने वाला बीजांकुर प्रोटीन के माध्यम से होता है। अतः प्रोटीन की मात्रा भी बढ़ जाती है।

2. पाचनशीलता में वृद्धि—साबुत दालों व धान्यों में वायु पैदा करने का गुण उपस्थित रहता है जिससे इनका अधिक प्रयोग पाचन की दृष्टि से ठीक नहीं माना जाता। दालों में उपस्थित ओलिगोसैकराइड्स (Oligosaccharides) के कारण यह असर देखा जाता है। अंकुरण करने पर 24 घंटों के अंदर ओलिगोसैकराइड्स की मात्रा घटकर 50 प्रतिशत रह गई बल्कि 48 से 72 घंटे तक अंकुरित करने पर यह मात्रा 25 प्रतिशत से भी कम हो गई। अंकुरण के द्वारा अनाजों पर चढ़ा हुआ सैल्यूलोज का आवरण भी मुलायम हो जाता है। कुछ प्रोटीन भी जल अपघटन द्वारा सरलतम रूप में आ जाते हैं। वसा भी अपने सरलतम रूप में आ जाती है। इस प्रकार से दालों में उपस्थिति जटिल पदार्थ अपने सरलतम रूप में आ जाते हैं अतः उनकी पाचनशीलता में वृद्धि देखी जाती है।

3. नुकसानदायक तत्त्वों की मात्रा में कम—दालों उपस्थित टैनिन व फाइटेट हानिकारक तत्त्वों में गिने जाते हैं क्योंकि इनकी उपस्थित में अन्य तत्त्वों की उपलब्धता में कमी आ जाती है। अंकुरण से इन हानिकारक तत्त्वों की मात्रा घटती है लेकिन दूसरी ओर प्रोटीन व लौह तत्त्व की उपलब्धता बढ़ जाती है।

4. पकाने के समय में कमी—अंकुरित बीज काफी नर्म हो जाते हैं। उनका बाहरी आवरण पानी सोखकर फूलने के कारण फट जाता है। अतः इन्हें पकाने के लिये लगने वाला समय कम हो जाता है। इससे समय व ईंधन की बचत तो होती

ही है साथ ही आग के लिए संवेदनशील पोषक तत्त्व भी कम ही समाप्त होते हैं। विटामिन 'सी', 'बी' कॉम्पलेक्स व लाइसिन ॲमीनो अम्ल की मात्रा अंकुरित दालों को पकाने के बाद भी पर्याप्त बची रहती है।

5. आहार में विविधता–अंकुरित दालों का आहार में प्रयोग, आहार की एकरसता को नष्ट कर विविधता भी लाता है। अंकुरित दालों से सलाद, नाश्ते के पदार्थ जैसे कटलेट, पीला मूँग बड़ा या इन्हें खमीरीकृत कर ढोकला, डोसा आदि बनाया जा सकता है। मौसमी व ताजी सब्जियों की कमी में उनकी जगह पर अंकुरित दालें प्रयुक्त की जा सकती हैं। अंकुरण के बाद इन दालों को रेफ्रिजरेटर में कुछ दिनों तक सुरक्षित भी रखा जा सकता है।

उपर्युक्त वर्णन से यह स्पष्ट किया जाता है कि अंकुरण एक बहुत ही लाभप्रद क्रिया है। बिना किसी अतिरिक्त खर्च के हम इससे अनेक लाभ उठा सकते हैं।

खमीरीकरण

आजकल संसार के सभी भागों में खमीरीकृत भोजन का प्रचलन बढ़ता ही जा रहा है। इस प्रक्रिया के विकास का मुख्य उद्देश्य भोज्य पदार्थों के स्वाद में यापन लाना था, लेकिन अब पोषण विज्ञान के विकास के साथ इस बात का पता चलता है कि खमीरीकरण से पोषण मूल्य बढ़ जाता है। अतः आजकल खमीरीकरण से नये-नये भोजन तैयार करने के तरीके खोजे जा रहे हैं। खमीरीकरण की प्रक्रिया के लिये यीस्ट या कुछ विशेष तरह के बैक्टीरिया की आवश्यकता होती है। इनकी उपस्थिति में शर्करा युक्त पदार्थों से कार्बन-डाई-ऑक्साइड गैस बनती है तथा स्वयं से अणुजीव शर्करा का उपयोग कर संख्या में बढ़ते जाते हैं। खमीरीकरण की प्रक्रिया को इस तरह से परिभाषित किया जा सकता है–"अणु जीवों की उपस्थिति में जब धीरे-धीरे जटिल कार्बनिक यौगिकों का अपघटन होकर सरल पदार्थ मिलते होते हैं तो इस क्रिया को खमीरीकरण कहते हैं। " खमीरीकरण की क्रिया सफलतापूर्वक हो सके इसके लिये जरूरी है कि अणुजीवों या यीस्ट की वृद्धि तेजी से हो। यीस्ट की वृद्धि या खमीरीकरण की क्रिया अनेक बातों पर निर्भर करती है–

1. तापक्रम–यीस्ट की वृद्धि के लिये एक उचित तापक्रम की जरूरत होती है। रेफ्रिजरेटर के तापक्रम पर यीस्ट की वृद्धि में रुकावट जाती है या एकदम धीमी पड़ जाती है। 105F तापक्रम के ऊपर यीस्ट की वृद्धि 80 से 80F तापक्रम पर रावसे अच्छी होती है।

2. पी.एच (pH)–खमीरीकरण के लिये सर्वाधिक उपयुक्त पी. एच. 4 से 6 बीच है, यद्यपि खमीरीकरण की प्रक्रिया पी. एच. 2.7 से 7.4 के बीच भी होती रहती है।

3. पोषक तत्त्व—यीस्ट को• वृद्धि व विकास के लिये पोषक तत्त्वों की भी जरूरतें होती हैं। जैसे कि विटामिन, खनिज-लंवण तथा नाइट्रोजनयुक्त पदार्थ। बहुत अधिक मात्रा में नमक या शक्कर की उपस्थिति में यीस्ट में से पानी निकलने लगता है तथा उसकी अक्रयाशीलता में कमी आने लगती है।

खमीरीकरण की प्रक्रिया में काम आने वाला यीस्ट हकीकत में एककोषीय वनस्पति है। इसे सबसे पहले ल्यूवॉनहॉक (Leeuwenhock) ने 1680 में सूक्ष्मदर्शक यंत्र द्वारा देखा था। 1838 में मेयर (Meyer) ने यीस्ट द्वारा होने वाली खमीरीकरण की प्रक्रिया का अध्ययन किया। इस प्रक्रिया में यीस्ट शर्करा का उपयोग कर उसे कार्बन-डाई-ऑक्साअइड, पानी व अल्कोहल में बदल देता है। खमीरीकरण के लिये एक विशेष तरह के एन्जाइम कॉम्प्लेक्स की आवश्यकता होती है जिसे बुकनर (Buchner) ने 1897 में जाइमेज (Zymase) का नाम दिया। यीस्ट वातावरण में भूमि में शुकाणु के रूप में विद्यमान रहता है। यदि किसी खाद्य पदार्थ में यीस्ट की वृद्धि के लिये सभी वांछित चीजें उपस्थित रहती हैं जिससे वह वातावरण में रह जाता है तो उसमें यीस्ट की वृद्धि से खमीरीकरण की प्रक्रिया प्रारंभ हो जाती है। वैसे यीस्ट को बाजार से भी प्राप्त किया जाता है। बाजार में इसके दो रूप उपलब्ध रहते हैं—

1. कम्प्रैस्ड यीस्ट (Compressed Yeast)—यह केक के रूप में होता है। एक यीस्ट केक का वजन करीब 14 ग्राम होता है। यह बहुत अधिक क्रियाशील रूप है। इसमें आर्द्रता 72 प्रतिशत रहती है। 1-3°C तापक्रम पर इस यीस्ट को 5 सप्ताह तक सुरक्षित रखा जा सकता है। भोज्य पदार्थों में मिलाने से पहले इसे गुनगुने पानी में घोल लिया जाता है।

2. एक्टिव ड्राई यीस्ट—यह यीस्ट का दानेदार रूप है। इसमें नमी मात्रा 8 प्रतिशत होती है। इसे काफी लम्बे समय तक सुरक्षित रखा जा सकता है। कमरे के तापक्रम पर कुछ महीनों तक व रेफ्रिजरेटर में कुछ सालों तक इसे इकट्ठा करके रखा जा सकता है। उपयोग में लाने से पहले इसे 105 F से 115 F तापक्रम वाले पानी में घोला जाता है।

खमीरीकरण की प्रक्रिया से बनने वाले पदार्थ

अनेक ऐसे भोज्य पदार्थ हैं जो खमीरीकरण की प्रक्रिया से संक्षिप्त रूप में बनाये जा सकते हैं—

1. डबलरोटी—डबलरोटी का आटा गूँथते समय उसमें यीस्ट घोलकर मिला दिया जाता है। आमतौर पर सैकरोमाइसिस सैरिविसी यीस्ट का उपयोग किया जाता

है। डबलरोटी मिलाने में विधमानी शर्करा का उपयोग पहले यीस्ट द्वारा किया जाता है। फिर अपने जाइमेज एन्जाइम कॉम्प्लेक्स द्वारा स्टार्च का बदलाव डेक्सट्री, माल्टोज और फिर ग्लूकोज में करता है। अंत में इसी ग्लूकोज का उपयोग कर यीस्ट, कार्बन-डाई-ऑक्साइड गैस, पानी तथा अल्कोहॅल बनाता है जिससे मिश्रण फूल जाता है। इसी फूले आटा के मिश्रण को भट्ठी में सेक कर डबलरोटी तैयार की जाती है।

2. इडली—मूल रूप से दक्षिण भारत में इस व्यंजन की शुरूआत हुई, लेकिन आज पूरे भारत में यह एक लोकप्रिय व्यंजन है। इसमें चावल व उड़द की दाल (1:2) को भिगोकर अच्छी तरह से पीस लिया जाता है। फिर दोनों को अच्छी तरह से मिलाकर, स्वाद के अनुसार नमक डालकर 12 से 18 घंटे तक खमीरीकृत किया जाता है। फिर इडली के साँचों में भाप द्वारा इसे पका लिया जाता है। इडली के मिश्रण में खमीरीकरण यीस्ट व बैक्टीरिया दोनों का माध्यम होता है। इडली के मिश्रण में लेक्टोबैसिलस समूह के कई बैक्टीरिया पाये जाते हैं। 25 से 30 C पर खमीरीकरण की क्रिया उचित प्रकार से होती है। इडली के मिश्रण का पी.एच. घटकर 4.5 से 5.0 तक हो जाता है।

3. डोसा : यह भी चावल तथा उड़द की दाल के खमीरीकरण से बनने वाला पदार्थ है, लेकिन इसमें चावल का अनुपात दाल की तुलना में अधिक मात्रा में या 4:1 तक रखा जाता है। फिर इसका घोल तैयार कर खमीरीकरण के लिये रख दिया जाता है। खमीरीकरण की क्रिया इडली के मिश्रण के समान ही यीस्ट व बैक्टीरिया के जरिये होती है। फिर इसे तवे पर बना लिया जाता है व अंदर आलू या अन्य मिश्रण इच्छानुसार भर लिया जाता है।

4. ढोकला—यह चावल व चने की दाल के खमीरीकरण से बनने वाला पदार्थ है जो कि भारत के पश्चिमी भागों में विशेषतः गुजरात में बहुत ही अधिक लोकप्रिय है। खमीरीकृत घोल को थालियों में भाप के द्वारा पका लिया जाता है, फिर टुकड़ों में काटकर इसका तड़का दिया जाता है।

5. खमीरीकृत सोयाबीन पदार्थ—सोयाबीन को खमीरीकृत कर बहुत से पदार्थ तैयार किये जा सकते हैं जैसे—सोया सॉस, सोयाबीन पेस्ट, टेम्पी (Tempe), नाट्टो (Natto) तथा हामनाट्टो (Hamanatto) ये खमीरीकृत सोयाबीन पदार्थ मुख्य रूप से जापान, चीन आदि में सर्वाधिक बनाये जाते हैं। इन पदार्थों को तैयार करने के लिये विभिन्न तरह के फंगस, बैक्टीरिया व यीस्ट का उपयोग कर पदार्थ को खमीरीकृत किया जाता है।

6. अन्य पदार्थ—खमीरीकरण के जरिये गन्ने के रस से सिरका, दूध से दही, चावल के पानी से कांजी, जौ, मक्का, चावल, गुड़ या शर्करा से मद्यादि युक्त पेय-पदार्थ (Alcoholic Beverage) भी बनाये जाते हैं।

खमीरीकरण का प्रभाव

खमीरीकरण का असर खाद्य पदार्थों पर भौतिक व रासायनिक दोनों ही रूपों में पड़ता है ताकि खाद्य पदार्थों का रूप व आकार तो प्रभावित होता ही है, साथ ही साथ पोषण मूल्य पर भी बहुत अधिक असर पड़ता है। ख़मीरीकरण के निम्नांकित प्रभाव देखे गये हैं–खमीरीकरण द्वारा मिश्रण का आयतन दुगुना या उससे भी अधिक हो जाता है। खमीरीकृत खाद्य पदार्थों को पकाने पर उनमें गैस का प्रसारण (Expansion) होता है ताकि बनने वाले पदार्थ का आयतन बहुत बढ़ जाता है–

(1) खाद्य पदार्थों का न केवल आयतन बढ़ता है बल्कि बनने वाला पदार्थ बहुत नर्म व स्पंजी हो जाता है।

(2) खाद्य पदार्थों की अम्लीयता बढ़ जाती है। इससे एक अलग तरह का वांछित खट्टा स्वाद इन पदार्थों में पैदा हो जाता है।

(3) नॉन प्रोटीन नाइट्रोजन (Non Protein Nitrogen) की मात्रा खमीरीकरण से बढ़ती है।

(4) खमीरीकृत पदार्थ हल्के होने के कारण पचाने में बहुत ही आसान हो जाता हैं। अपनी स्पंजी रचना के कारण उन पर पाचक रसों की क्रिया बड़ी सरलता से हो जाती है।

(5) 'बी' कॉम्प्लेक्स विटामिन, विशेषकर राइबोफ्लेविन, नियासिन तथा कुछ हद तक थायमिन की मात्रा खमीरीकरण से बढ़ जाती है।

(6) हानिकारक तत्त्व जैसे–फाइटेट व ट्रिप्सीन इन्हीबीटर की मात्रा खमीरीकरण से कम हो जबकि लौह तत्त्व प्रोटीन की उपलब्धता बढ़ जाती है।

(7) आवश्यक ॲमीनो अम्ल की उपलब्धता भी खमीरीकरण से बढ़ जाती है। अतः प्रोटीन का पोषण की कीमत इस क्रिया से बढ़ती है।

इस प्रकार से यह स्पष्ट होता है कि खमीरीकरण की क्रिया भी अंकुरण के समान ही हमारे लिये एक बहुत ही लाभप्रद क्रिया है। अतः इन दोनों प्रक्रियाओं का अधिक से अधिक उपयोग कर हम अपने आहार को तो पौष्टिक बना ही सकते हैं, साथ ही साथ आहार में पर्याप्त अन्तर भी पैदा कर सकते हैं।

14

भोजन पकाने का उनके पौष्टिक तत्त्वों पर प्रभाव

भोजन बनाने की कला में थोड़ा-बहुत परिवर्तन सदैव होते रहे हैं। आज जब हम 21वीं शदी में प्रवेश कर चुके हैं, भोजन-निर्माण की विधियों में विविध परिवर्तन आ चुके हैं। एक समय था जब मानव आग से भी परिचित नहीं था। वह वनस्पति पशु जगत् के विभिन्न भोज्य पदार्थों को कच्चा ही खाता था। आग के आविष्कार के साथ खाना बनाना सीखा। पहले और आज की भोजन बनाने की तकनीक में जमीन-आसमान का अन्तर है। आज प्रयत्न रहता है, भोजन स्वादिष्ट होने के साथ-साथ पौष्टिक भी हो।

पौष्टिकता का ज्ञान विशेषकर पोषण विज्ञान के आविष्कार के बाद हुआ। आज लोग अपने भोजन की पौष्टिकता के लिये सदैव सतर्क रहते हैं। आज यह भी ध्यान दिया जाता है कि भोजन की पौष्टिकता के साथ-साथ उसका रूप भी आकर्षक दिखाई दे ताकि उसे देखकर भूख भी जागे। देखने में सुन्दर तथा आकर्षक ढंग से परोसे गये, भोजन से भूख शान्त होने के साथ-साथ एक मानसिक सांवेगिक सन्तुष्टि भी प्राप्त होती है।

भोजन बनाने को पाक विज्ञान भी कहते हैं, अर्थात् यह कला और विज्ञान का संगम है। कला क्योंकि भोजन बनाते समय कला के तत्व रंग, आकार, बनावट का ध्यान रखा जाता है तथा इन सबका प्रभाव उस व्यक्ति पर पड़ता है जो भोजन ग्रहण करता है। उसकी क्षुधा की तृप्ति के साथ-साथ उसे शारीरिक, मानसिक, सांवेगिक सन्तुष्टि भी प्राप्त होती है और विज्ञान इसलिये है चूँकि भोजन बनाते समय भोजन के पौष्टिक रंग-रूप को बनाये रखने के लिये कुछ वैज्ञानिक सिद्धान्तों का पालन आवश्यक है।

मनुष्य जैसे-जैसे अपने स्वास्थ्य, रंग-रूप के प्रति सचेत होता जा रहा है, पाक विज्ञान के क्षेत्र में नित्य नये-नये प्रयोग हो रहे हैं। आज जिन्दगी की भाग दौड़ में जहाँ घर की गृहिणी को भी घर की आर्थिक जिम्मेदारियों को पूरा करने हेतु घर से बाहर जाना पड़ता है। अब वो रसोई में उतना ज्यादा समय नहीं दे पाती जितना पहले की गृहिणियाँ दिया करती थीं। आज वह रसोईघर में भोजन बनाने के उपकरण, भोजन बनाने में उपयोग किये जाने वाले ईंधन के प्रकार भी बदल गये हैं। आज भोजन बनाने की उन विधियों का विकास हो गया है जिनमें भोजन बनाने में समय की बचत होती है। भोजन के पौष्टिक तत्व नष्ट नहीं होते हैं।

भोजन पकाने के विभिन्न फायदे

(1) भोजन का सुपाच्य हो जाना—कच्चे भोज्य पदार्थ को पचाना काफी मुश्किल काम होता है। अपने कच्चे रूप में वे कड़े होते हैं। पकाने से नरम पड़ जाते हैं। उदाहरण के तौर पर मांसाहारी भोजन में संयोजक तन्तु होते हैं जिन्हें कच्चे रूप में पचाना आसान नहीं होता। यही संयोजक रेशे पकाने पर मुलायम हो जाते हैं ताकि आसानी से पच जाते हैं। इसी प्रकार शाकाहारी भोज्य पदार्थों में सब्जियों, फलों, दालों, अनाजों में उपस्थित सैल्यूलोज भी पकाने पर गल जाते हैं। अतः सरसता से पच जाते हैं। आलू, शकरकन्दी आदि कुछ ऐसे भोज्य पदार्थ हैं, जिन्हें कच्चा खाया जाये तो उन पर पाचक रसों का प्रभाव नहीं पड़ता अतः उन्हें पकाकर खाना जरूरी है। कच्चे रूप में भोजन करने से पाचन संस्था में आमाशय तथा आँत में घाव होने लगते हैं, जिससे पेट में दर्द तथा अपचन की शिकायत हो जाती है।

(2) हानिकारक जीवाणु का नष्ट हो जाना—भोज्य पदार्थों में कई ऐसे जीवाणु आ जाते हैं जो उन्हें दूषित कर देते हैं। जीवाणुओं द्वारा दूषित भोज्य पदार्थ खाने से नुकसान होता है, किन्तु भोज्य पदार्थ पकाने से यह हानिकारक जीवाणु नष्ट हो जाते हैं, जिससे भोजन कोई नुकसान नहीं पहुँचाता है।

(3) भोजन के रूप, रंग, गन्ध, स्वाद आदि में परिवर्तन—पकाने से भोजन का आकर्षण, स्वाद, गन्ध आदि बढ़ जाता है। फलतः भोजन रुचिकर हो जाता है।

(अ) बनावट में परिवर्तन—पाक विज्ञान में बनावट का अर्थ है भोजन का चबाने पर महसूस होना। चबाने पर जीभ को उसका स्पर्श कड़ा, लचीला, मुलायम, कुरकुरा, रेशेदार या स्पंजदार महसूस होता है, यही बनावट है।

किसी भी भोज्य पदार्थ की बनावट किस तरह की होगी यह मूल रूप से तीन बातों पर निर्भर करता है—

(1) पौष्टिक तत्वों की भौतिक स्थिति।

(2) भोज्य पदार्थ में पाये जाने वाले पौष्टिक तत्व।

(3) भोज्य पदार्थों में उपस्थित वायुकोश का आकार।

भोज्य पदार्थों की बनावट में अन्तर जानने के लिये पोषण तथा पाक विज्ञान जानने की आवश्यकता नहीं है वह सामने नजर आता है।

उदाहरणार्थ—कन्द वाली सब्जियाँ जैसे—गाजर, आलू, मूली आदि कड़ी होती हैं, पकाने पर मुलायम हो जाती हैं। मुलायम भोज्य पदार्थ तलने पर कुरकुरे हो जाते हैं।

(ब) गन्ध तथा स्वाद में परिवर्तन—कच्चे रूप में भी कुछ भोज्य पदार्थ स्वाद तथा गन्ध युक्त होते हैं। पर ज्यादातर भोज्य पदार्थ कच्चे रूप में गन्ध, स्वादहीन होते हैं। भोजन बनाने से उनमें जो सोंधापन आ जाता है। वह हमारे पाचक रसों की ग्रन्थियों को ज्यादा उत्तेजित करता है और भोज्य पदार्थ आसानी से पच जाते हैं। अच्छे गन्ध तथा स्वाद वाला भोजन दूसरों के दिल-दिमाग को जीतने में मनोवैज्ञानिक रूप से प्रभाव डालता है।

दो प्रकार से पाक क्रियाएँ गन्ध, स्वाद में बदलाव लाती हैं—

(1) भोजन बनाते समय उसमें उपयोग में लाए जाने वाले घी, मसाले स्वाद में परिवर्तन लाते हैं तथा गन्धयुक्त पदार्थों का प्रयोग उन बने भोज्य पदार्थों की गन्ध में वृद्धि करते हैं। जैसे—विभिन्न गन्ध वाले एसेन्स, तेजपत्ता, इलायची, केसर आदि।

(2) कच्चे भोज्य पदार्थों की वह अनचाही गन्ध जो मौलिक होती है, पर अच्छी नहीं लगती। वह पकाने से नष्ट हो जाती है जैसे—कच्चे मांस, मछली की मौलिक गन्ध पकाने पर नष्ट हो जाती है।

(स) आकार तथा रूप में बदलाव—हर भोज्य पदार्थ को बनाने पर उसमें बदलाव आ जाता है। भोजन बनाते समय उसे जितना सुन्दर रूप व आकार दिया जाता है, वह बनने के बाद उतना ही आकर्षक और रुचिकर हो जाता है।

आलू जो सब्जियों का राजा होता है एवं जो अमीर-गरीब हर व्यक्ति के भोजन में स्थान पाता है, इसके रूप-आकार से परिवर्तन आसानी से समझा जा सकता है। आलू तलकर बनाना है पर आकार में अन्तर गोल, पतले, लम्बे, चौकोर अलग-अलग आकार में काट सकते हैं। रूप में परिवर्तन आलू उबालकर, तलकर, रसेदार बनाना उसके अलग-अलग रूप हैं।

(द) रंग में परिवर्तन—दो प्रकार के रंग भोज्य पदार्थों में होते हैं—(1) प्राकृतिक रंग, (2) कृत्रिम रंग।

प्राकृतिक रंग—भोज्य पदार्थों में प्राकृतिक रंग उसके रंग वर्णकों के कारण होता है। यह रंग वर्णक 4 होते हैं जो भोज्य पदार्थों को रंग प्रदान करते हैं—

(1) **कैरोटीनआइड**–सब्जियों के फलों का पीला, लाल, नारंगी रंग इसी के कारण होता है।

(2) **क्लोरोफिल**–भोज्य पदार्थों में (वनस्पति भोज्य पदार्थों) उपस्थित हरा रंग इसके कारण होता है। यह फलों, सब्जियों में उपस्थित रहता है।

(3) **एन्थोसायनिन**–सब्जियों तथा फलों में पाया जाने वाला नीला, बैंगनी कालासाही रंग इसी वर्ण के कारण होता है।

(4) **फैलेवान तथा फैलेवसाल**–ये सब्जियों को सफेद, पीला रंग देता है। अलग-अलग प्रकार के व्यंजन, विशेषकर, मिठाई, आइसक्रीम बनाने में विभिन्न खाने के रंगों का प्रयोग किया जाता है, किन्तु यह रंग स्वाद के लिये लाभदायक नहीं होते। अतः इनका प्रयोग कम से कम करना चाहिये।

(5) **भोजन में विभिन्नता लाना**–एक ही भोज्य पदार्थ को अलग-अलग विधियों से बनाकर हम अपनी आहार नलिकों में परिवर्तन कर उसे रुचिकर बना सकते हैं।

(5) ज्यादा समय तक भोजन बनाकर सुरक्षित रखा जा सकता है जबकि कुछ भोजन पदार्थ कच्चे रूप में अधिक समय तक नहीं रखे जा सकते हैं। जैसे–मांस, मछली आदि।

(6) वृद्ध, बीमार, कमजोर व्यक्ति जिनकी पाचन-शक्ति कमजोर होती है, वह कच्चे भोज्य पदार्थों को नहीं पचा सकते हैं उनके लिये बना हुआ भोजन सुपाच्य होता है।

भोजन पकाने की विधियाँ

दैनिक जिन्दगी में हम जो भोजन बनाते हैं, वह है–भूनना, तलना, सेंकना, उबालना आदि। इन विधियों से भोजन बनाते समय विभिन्न माध्यमों का प्रयोग होता है। जैसे–भूनने-सेंकने में गर्म हवा का, तलने में वसा का, उबालने में जल, प्रेशर कुकिंग–वाष्प के द्वारा।

इस तरह भोजन बनाने की 4 विधियाँ होती हैं–

1. जल द्वारा।
2. हवा द्वारा।
3. वाष्प द्वारा।
4. वसा द्वारा।

1. जल द्वारा भोजन तैयार

जल से भोजन बनाने में जल की मात्रा ज्यादा होती है तथा भोजन पानी जिसमें भोजन पकता है उसका तापक्रम एक-समान रहने के कारण भोज्य पदार्थ जल्दी गल

जाते हैं। 100 से. या 212 फॉ. पर जल उबलता है। इसे भोजन बनाने की आर्द्र विधि भी कहा जाता है। इस माध्यम से भोजन बनाने की अलग-अलग विधियों में पानी की मात्रा तथा तापक्रम के अन्तर के आधार पर इसे 3 भागों में विभाजित किया गया है–

(1) उबालना,

(2) खदकना,

(3) स्टूइंग।

(1) उबालना–अपने दैनिक जीवन में हम चावल, दाल, रसेदार सब्जी आदि इस विधि से पकाते हैं।

इस विधि का उपयोग करने का सही तरीका यही है कि भोज्य पदार्थ जिस बर्तन में पकायें उसमें पानी की मात्रा ज्यादा डालें तथा खाना तेज आँच पर पकना चाहिये। पानी उबलने पर बर्तन की निचली सतह गर्मी पाकर तेजी से ऊपर उठता है और ऊपरी सतह पर आकर बुलबुलों के रूप में फूटता है, यही उबलने की प्रक्रिया है। पानी का तापक्रम इस समय 100 से. या 212 फॉ. हो जाता है। एक बार जब पानी उबलने लगे तो तापक्रम उबलने के बिन्दु पर आ जाता है और भोज्य पदार्थ के पौष्टिक रंग, तत्व, गन्ध पानी में घुलकर उस भोजन पदार्थ को स्वादिष्ट बनाते हैं।

कार्य–(1) भोजन जो इस विधि स बनता है वह सुपाच्य होता है।

(2) समस्त पौष्टिक तत्व भोज्य पदार्थ इसमें आ जाते हैं।

(3) भोजन जल्दी पकता है, अतः खर्च कम आता है।

सावधानियाँ–इस विधि द्वारा भोजन बनाते समय निम्नलिखित सावधानियाँ रखना जरूरी हैं–

(1) एक बार पानी उबलने के साथ आँच धीमी कर दें, अन्यथा भाप के साथ-साथ पौष्टिक तत्व निकल जाते हैं।

(2) बीच में ठंडा पानी न डालें चूँकि बर्तन के पानी का तापक्रम कम हो जाता है। इसलिये भोज्य पदार्थ चारों ओर से ठीक से नहीं गलता।

(3) अगर पानी और डालना है तो अलग से गर्म करके डालें।

(4) उचित मात्रा में भोज्य पदार्थ होना चाहिए ताकि पानी कम-ज्यादा न हो।

(5) भोजन बनाते समय अगर पानी अधिक हो जाये तो उसे फेंकें न। दाल, सब्जी, चावल के पानी का प्रयोग सूप के समान करें। इस रस में समस्त पौष्टिक तत्व होते हैं।

(6) भोज्य पदार्थ जैसे–चना, राजमा आदि उबालते समय सोडे का प्रयोग न करें। उससे भोजन के पौष्टिक तत्व नष्ट हो जाते हैं।

(7) वे भोज्य पदार्थ जिन्हें छिलके सहित उबाल सकते हैं, उन्हें छिलके सहित उबालना चाहिये जिससे उनके पौष्टिक तत्व निकलकर पानी में न आ जायें। जैसे—आलू, गाजर, सलाद का पत्ता इत्यादि।

(2) खदकना—भोजन बनाने के लिये इस विधि से पानी का तापक्रम उबलने के बिन्दु से कम रखा जाता है। अतः पानी में बनने वाले बुलबुदे ऊपर आने से पहले ही फूट जाते हैं तथा पानी में भाप भी धीरे-धीरे बनती है। बुलबुले बनने-फटने पर हल्की-हल्की खद्-खद् की आवाज आती है।

इस विधि द्वारा भारत में भोजन बनाने में कम ताप का प्रयोग किया जाता है, जबकि विदेशों में इसका प्रयोग थोड़ा अलग होता है। वहाँ एक बड़े बर्तन में पानी रखकर दूसरे छोटे बर्तन में भोज्य पदार्थ रखकर पकाते हैं।

लाभ—(1) भोजन इस विधि से धीरे-धीरे बनता है, अतः भोजन का रंग, स्वाद नष्ट नहीं होता।

(2) वे भोज्य पदार्थ जिनमें प्रोटीन होते हैं। उनके लिये यह लाभदायक होता है। क्योंकि इन्हें तेज आँच पर पकाने से इनका प्रोटीन कड़ा हो जाता है तथा भीतर से ये भोज्य पदार्थ कच्चे रह जाते हैं।

(3) इस विधि में कम पानी की जरूरत होती है, इसलिए साग सब्जियाँ, पत्ते वाली सब्जियों के लिये उत्तम विधि है।

हानि—धीमी विधि होने के कारण थोड़ी महँगी पड़ती है।

सावधानियाँ—भोजन बनाने समय इसे ढककर रखना चाहिये।

(3) स्टूइंग—भोजन बनाने के लिये इस विधि में पानी कम मात्रा में प्रयोग किया जाता है तथा तापक्रम खदकने की विधि के तापक्रम से भी कम होता है। तापक्रम 180 फॉ. या उससे कम होता है। कम तापक्रम होने के कारण भोजन पकने में समय ज्यादा लगता है पर धीरे-धीरे कम आँच पर पका यह भोजन स्वादिष्ट एवं ज्यादा सुपाच्य होता है। सूखी सब्जियाँ तथा मांस फलों का स्टू इसी विधि से बनाया जाता है। इस विधि से भोजन बनाने के लिये बन्द बर्तन का प्रयोग किया जाता है। अतः पौष्टिक तत्व बिल्कुल नष्ट नहीं होते हैं। हल्के ताप पर भोजन बनने से उसके जलने की सम्भावनाएँ कम रहती हैं। किन्तु इस विधि से एक हानि होती है। यह विधि खर्चीली होती है। धीरे-धीरे भोजन बनने से ईंधन अधिक खर्च होता है।

2. हवा द्वारा भोजन तैयार करना

भोजन बनाने के लिये इस विधि में गर्म हवा का प्रयोग किया जाता है। भोज्य पदार्थ इस विधि में सीधे आग पर रखकर या आग और भोज्य पदार्थ के बीच माध्यम

का भी प्रयोग किया जाता है। गर्म हवा भोज्य पदार्थों के कणों के बीच जाकर उन्हें भूनती या सेंकती है। इसके अन्तर्गत 3 विधियों का उपयोग में लाया जाता है।

(1) बर्तन में भूनना

(2) भूनना या सेंकना

(3) बेकिंग

(1) भूनना या सेंकना—इस विधि में भूनने के लिये माध्यम बर्तन होता है। आग से बर्तन गरम होता है, उसकी गर्मी से भोजन भुनता है। तवे पर रोटी सेंकना, जीरा, धनिया, दलिया, कढ़ाई या गर्म तवा पर भूनना इसी विधि के अन्तर्गत आते हैं।

भूनने या सेंकने की विधि से लाभ—इस विधि से निम्नलिखित लाभ हैं—

(क) इसमें भोज्य पदार्थ जितनी धीमी आँच में भूने जाते हैं, उतने स्वादिष्ट व गन्धयुक्त होते हैं।

(ख) इसमें भोज्य पदार्थ को चारों ओर से एक-सा तापक्रम पर भूनते हैं, जिसमें चारों ओर से भोज्य पदार्थ एक समान पक जाता है।

(ग) इस विधि से भोज्य पदार्थों की पौष्टिकता कम नहीं होती क्योंकि उनके पौष्टिक तत्व भाप के साथ उड़ नहीं पाते हैं। अधिक्रतर साबुत छिलके सहित होने के कारण भी छिलकों के अन्दर पौष्टिकता बनी रहती है।

(2) भूनना या सेंकना—यही विधि शायद भोजन को पकाकर खाने को जन्म देने वाली है। भूनने अथवा सेंकने की प्रक्रिया भी दो तरह से होती है।

(1) प्रत्यक्ष, (2) परोक्ष।

प्रत्यक्ष रूप से भूनना या सेंकना—भोज्य पदार्थ इस विधि से भूनने पर सीधा आग में रखकर पकाया जाता है। भूनते समय भोज्य पदार्थ को चारों ओर से घुमाया जाता है, जिससे वह हर ओर से समान रूप से पक जाये। आग की गर्म हवा में भोज्य पदार्थ अन्दर तक पककर गल जाता है। बैंगन, आलू, शकरकन्दी मांस के टुकड़े, भुट्टा इसी तरह से पकाया जाता है। अंगारों पर या सीधे आग पर रोटी सेंकना भी इसी विधि में आता है।

परोक्ष रूप से भूनना या सेंकना—भोज्य पदार्थ इस विधि में सीधे आग में नहीं रखे जाते। गर्म हवा भोज्य पदार्थों तक माध्यम से पहुँचाई जाती है कहने का तात्पर्य यह है कि आग तथा भोज्य पदार्थ के बीच एक माध्यम होता है, उसी माध्यम को गर्म कर गर्म हवा भोजन तक पहुँचाई जाती है।

उदाहरणार्थ—चना, मूँगफली आदि भूनने के लिये आग में नहीं डाले जाते। और डबलरोटी, मांस के टुकड़े आदि भूनने के लिये सीधे आँच पर न रखकर इन्हें सलाखों में लगाकर भूनते हैं। इसे ग्रिलिंग भी कहते हैं।

(3) **बेकिंग**—भोज्य पदार्थों को बेक करने के लिये भट्ठी या तन्दूर का प्रयोग करते हैं। पहले यह भट्ठी तथा तन्दूर दोनों में लकड़ी जलाकर उन्हें गर्म किया जाता था, पर अब बिजली के तन्दूर (ओवन), गैस तन्दूर भी आ गये हैं। बड़ी भट्ठियों को भी विद्युत से गर्म किया जाता है।

गर्म हवा इस विधि में एक स्थान से दूसरे पर संवाहित होती है, जब भट्ठी पूरी तरह से गर्म हो जाती है तब उस बेकिंग ट्रे में भोज्य पदार्थ को रखते हैं। अलग-अलग प्रकार के भोज्य पदार्थ को बेक करने के लिये भिन्न-भिन्न तापक्रम का प्रयोग किया जाता है।

भट्ठियों के कार्य करने का तरीका—भट्ठियाँ दो तरह से कार्य करती हैं, जो अग्रलिखित हैं—

1. वर्तमान में बिजली से चलने वाली भट्ठियाँ प्रचलन में हैं जिन्हें ओवन अथवा कुकिंग रेग के नाम से जाना जाता है। इनमें ऊष्मा उत्पादक तार होते हैं। जो गर्म होकर ओवन के अन्दर की हवा को गर्म करते हैं, जिस गर्म हवा से भोज्य पदार्थ बनते हैं, इन बिजली के यन्त्रों में ताप नियन्त्रण के लिए ताप नियन्त्रक लगे रहते हैं। कुछ ओवन में ताप नियन्त्रक नहीं होते वे सस्ते मिलते हैं, उनमें समय का ध्यान रखना जरूरी होता है। इन ओवन में चार प्रकार के ताप पर नियन्त्रण होता है—

मन्द तापक्रम = 250-350

मध्यम = 350-400

उच्च = 400-450

अत्यधिक उच्च = 450-500

व्यंजन साधारण तथा मन्द ताप पर बेक किये जाते हैं। ब्रेड के लिये ज्यादा तेज ताप का प्रयोग किया जाता है। बाजार में वर्तमान समय में गैस तन्दूर और बिजली के तन्दूर भी मिलते हैं। जिससे रोटी गर्म दीवारों पर बनाई जाती है। बीच में जालीदार प्लेट होती है जिस पर रखकर चीजें बेक कर सकते हैं। मुर्गा भून सकते हैं।

2. जो भट्ठियाँ ईंटों की बनी होती हैं, इसके अन्दर लकड़ी डालकर इन्हें गर्म किया जाता है। लकड़ी जलकर कोयले में बदलकर भी जलती रहती है। इनमें बिस्कुट केक, ब्रेड आदि बेक करने के लिये अलग-अलग आकार की भाप की टिन ट्रे होती है। उसमें रखकर भट्ठी के अन्दर ट्रे रखकर भट्ठी का रास्ता बन्द कर दिया जाता है, एक खास समय पर खोलकर भोज्य पदार्थ निकाले जाते हैं। इसी सिद्धान्त पर तन्दूर भी काम करता है, उसमें लकड़ी या कण्डे जलाये जाते हैं। जब उस आग

से वह चारों ओर से ऊँचाई तक गर्म हो जाता है तो उसकी दीवारों पर रोटी चिपकाई जाती है। दीवारों की प्राप्त गर्मी से रोटियाँ सिंकती हैं।

बेकिंग ग्रिलिंग के समय की सावधानियाँ—बेकिंग ग्रिलिंग के समय की प्रमुख सावधानियां निम्नलिखित हैं—

1. ओवन, भट्ठी बार-बार नहीं खोलना चाहिये। तापक्रम में अन्तर आ जाता है।

2. आवश्यकता से अधिक तापक्रम भोज्य पदार्थों को नुकसान पहुँचाता है। तेज ताप से भोज्य पदार्थ ऊपर से पक जाते हैं पर बीच में कच्चे रह जाते हैं।

3. भोज्य पदार्थों को बेकिंग ट्रे में रखने से पहले बेकिंग ट्रे में चिकनाई लगा लेनी चाहिये ताकि भोज्य पदार्थ उसमें चिपके नहीं।

4. बेकिंग ट्रे या बर्तन की ऊँचाई इस अनुपात में होनी चाहिये कि उसमें रखे भोज्य पदार्थ को फूलकर फैलने के लिये पर्याप्त स्थान मिले, बाहर न गिरे।

5. मांस, सब्जी ग्रिल करने के पहले इन भोज्य पदार्थों को उबाल लेना चाहिये ताकि ग्रिलिंग में समय अधिक न लगे। ग्रिल करने के बाद हमेशा ग्रीज अवरोधक पेपर में लपेटकर रखना चाहिये।

6. भट्ठी या ओवन को गर्म कर बाद में उसमें भोज्य पदार्थ रखें।

7. ओवन, भट्ठी का तापक्रम एक-सा रखना चाहिये।

3. वाष्प द्वारा भोजन बनाना

पानी का गैस रूप वाष्प होती है, अतः वाष्प का तापक्रम वही होता है। जो पानी के उबलने का तापक्रम होता है अर्थात् 100°C। पानी के उबलने पर वाष्प बनती है, यदि इस वाष्प को बर्तन ढँककर उड़ने न दिया जाये तो इस वाष्प के बढ़ते हुए दबाव में भोजन बनता है। इस माध्यम से दो प्रकार से भोजन बनाया जाता है—(1) प्रत्यक्ष, (2) अप्रत्यक्ष।

(1) प्रत्यक्ष विधि—इस विधि में बर्तन में पानी गर्म करते हैं इस बर्तन में एक जाली या बर्तन रखकर भोज्य पदार्थ उसमें रखा जाता है। बर्तन में रखा पानी उबलने पर भाप बनती है और उसकी भाप से उस पर रखा भोज्य पदार्थ पकता है। बर्तन को ऊपर से ढक दिया जाता है। ढोकला, पकौड़ें आदि इसी विधि से बनाते हैं। इडली भी इसी विधि से बनाते हैं, पर इडली बनाने के लिये विशेष प्रकार का स्टैण्ड होता है, जिसमें छेददार छोटी-छोटी कटोरियाँ होती हैं। इन कटोरियों में भोज्य पदार्थ (चावल + दाल का पिसा पेस्ट) डालते हैं। इस स्टैंड को जिस बर्तन में रखते हैं, उसमें नीचे पानी उबलता है, उसके वाष्प से इडली पक जाती है।

(2) अप्रत्यक्ष विधि—इस विधि में भोज्य पदार्थ प्रत्यक्ष रूप से वाष्प के सम्पर्क में नहीं आते हैं। इसमें एक बड़े बर्तन के अन्दर छोटे बर्तन में भोज्य पदार्थ रखकर उसे रखते हैं, पर छोटा ढका होना चाहिये। बड़े बर्तन में पानी होता है, उसके उबलने पर छोटा बर्तन गर्म होता है, उसके ताप से उसके अन्दर रखा भोज्य पदार्थ पकता है। जैसे—पुडिंग।

वाष्प द्वारा भोजन पकाने का मूल्यांकन—इसके प्रमुख मूल्यांकन अग्रलिखित है—

(1) भोज्य पदार्थों की पौष्टिकता कम से कम नष्ट होती है।

(2) इस विधि से पके भोज्य पदार्थ सुपाच्य होते हैं, कमजोर पाचन शक्ति वालों के लिये अच्छे होते हैं।

(3) इस विधि में चिकनाई का प्रयोग न होने के कारण गरिष्ठ नहीं होते हैं।

(4) इस विधि से नुकसान यह है कि इसमें समय अधिक लगता है।

(5) वसा का प्रयोग न होने के कारण गन्ध, स्वाद की कमी रहती है।

प्रेशर कुकिंग द्वारा भोजन बनाना भी इसी विधि के तहत आता है। इस विधि द्वारा भोजन बनाने के लिये जिस बर्तन का प्रयोग किया जाता है। उसे प्रेशर कुकर कहते हैं। इसकी बनावट इस प्रकार की होती है कि वह वायुरोधक होता है। इसके अन्दर की भाप बाहर नहीं निकल पाती। अतः उस वाष्प का दबाव बढ़ जाता है। इस बर्तन में एक समय में एक चीज या एक साथ 3-4 चीजें भी बनाई जा सकती हैं।

3-4 भोज्य पदार्थ एक साथ पकाने के लिये इस कुकर में नीचे थोड़ा पानी डालते हैं और डिब्बों में भोज्य पदार्थ रखकर इन डिब्बों को कुकर में रखा जाता है। अब इस कुकर क बन्द कर दिया जाता है, अन्दर रखे पानी के वाष्प से भोजन पकता है। यदि एक ही भोज्य पदार्थ पकाना होता है तो छोटे डिब्बों का प्रयोग नहीं किया जाता है। प्रेशर कुकर में ही भोज्य पदार्थ तथा जरूरत के अनुसार पानी डालकर पकाया जाता है।

प्रेशर कुकिंग का लाभ—इसके प्रमुख लाभ निम्नलिखित हैं—

(1) पौष्टिक तत्व नष्ट नहीं होते हैं।

(2) भोजन जल्दी पकता है, अतः समय, शक्ति व धन की बचत होती है।

(3) एक से अधिक भोज्य एक साथ पक जाते हैं।

4. वसा द्वारा भोजन तैयार करना

इस विधि में माध्यम वसा या चिकनाई होती है जिस भी चिकनाई घी, तेल

का प्रयोग किया जाता है, वह ऊष्मा पाकर गर्म होता है अर्थात् पहले ऊष्मा चिकनाई द्वारा प्राप्त की जाती है, जिससे उस चिकनाई का तापक्रम बढ़ जाता है और उसके माध्यम से भोज्य पदार्थ तक पहुँचती है। चिकनाई की मात्रा जितनी ज्यादा होगी वह उतना ही मजबूत माध्यम होगा। वसा द्वारा भोजन पकाने की मुख्य तीन विधियाँ हैं और ये विधियाँ इस पर आधारित होती हैं कि वसा की कितनी मात्रा का प्रयोग किया जा रहा है।

(क) शुष्क विधि
(ख) उथली विधि
(ग) गहरी विधि

(क) शुष्क विधि—शुष्क विधि इसलिये कहा जाता है चूँकि इसमें बाह्य चिकनाई का प्रयोग नहीं किया जाता है। भोज्य पदार्थ के गर्म होने पर उसमें निहित वसा स्वयं निकलकर बर्तन में आ जाती है जिससे भोज्य पदार्थ बर्तन में चिपकता नहीं है और उनकी वसा निकलकर बर्तन में आ जाती है।

(ख) उथली विधि—इस विधि के अन्तर्गत बर्तन जिसमें भोज्य पदार्थ बनोया जाता है, वह भी उथला होता है और बहुत ज्यादा नहीं होता तथा बहुत अधिक चिकनाई का प्रयोग नहीं किया जाता है। इस विधि में भोजन बनाते समय धीमी आँच का प्रयोग किया जाता है वरना भोज्य पदार्थ जलने की संभावना रहती है। 0चिकनाई का प्रयोग इतना होता है कि भोज्य पदार्थ बर्तन में चिपके नहीं। इसके लिये तवा, फ्राईपैन का प्रयोग किया जाता है। डोसा, पराठा, आमलेट, पापड़ इस विधि से तैयार किये जाते हैं। पहले भोज्य पदार्थ की एक ओर चिकनाई लगाकर तला (सेंका) जाता है फिर दूसरी ओर से।

(ग) गहरी विधि—यह उथली विधि तलने की विधि के ठीक उल्टी है। इसमें इतनी चिकनाई का प्रयोग किया जाता है कि भोज्य पदार्थ उसमें डूब जायें। चिकनाई में भोज्य पदार्थ डालने के पहले उस चिकनाई को तेज गर्म कर लिया जाता है। यदि चिकनाई तेज गर्म नहीं होती तो भोज्य पदार्थ द्वारा ज्यादा मात्रा में अवशोषित कर ली जाती है। इस तरह भोज्य पदार्थ ज्यादा गरिष्ठ हो जाते हैं तथा उन्हें खाने पर चिकनाई का स्वाद प्रमुख हो जाता है। कढ़ाई या गहरे बर्तन में तेल या घी डालकर उसे तेज गर्म कर भोज्य पदार्थ तले जाते हैं। जैसे—पकौड़ी, समोसे आदि।

सावधानियाँ—गहरी तलने की विधि द्वारा भोजन बनाते समय निम्नांकित ध्यान रखना चाहिये—

(1) बर्तन में भोज्य पदार्थ न डालें क्योंकि उसमें उसे पलटने में मुश्किल होती है तथा एक साथ अधिक मात्रा में डालने से चिकनाई का तापक्रम कम हो जाता है।

(2) चिकनाई तेज गर्म हो जिससे भोज्य पदार्थ अधिक मात्रा में अवशोषित न करें।

(3) अगर तलने वाली सामग्री छोटी है जैसे—बूँदी, चिड़वा आदि तो उसे चिकनाई वाले बर्तन में डालकर धातु की छलनी में रखकर उस छलनी को गर्म वसा में डालें।

(4) इस विधि से बने भोज्य पदार्थ काफी गरिष्ठ होते हैं, उनकी गरिष्ठता कम करने के लिये भोज्य पदार्थ कढ़ाई से निकालकर बासी होते हैं,

(5) तलने की विधि का प्रयोग करते समय यह ध्यान रखें कि एक साथ लगातार तेज ताप पर गर्म न करें। ऐसा करने से वह अपनी न्यूनतम इकाई फैटी एसिड एवं ग्लिसरॉल में परिणित हो जाती है।

(6) तेज आँच पर गर्म करने से एक्रोलीन नामक विषैला पदार्थ बनता है, जिससे धुआँ निकलता है तथा गले में खराश होती है।

भोजन बनाते समय तथा भोजन बनाने के पूर्व सावधानियाँ—भोजन बनाने की तैयारी करते समय तथा उसके बाद भोजन के समय कुछ सावधानियों को ध्यान में रखना जरूरी है ताकि स्वादिष्ट भोजन के साथ-साथ पौष्टिक स्वास्थ्यवर्धक, स्वास्थ्य की रक्षा करने वाला भोजन प्राप्त हो—

(1) अगर छिलके सहित सब्जियों को बना सकें तो वैसे बनाना चाहिये, क्योंकि उनमें पर्याप्त मात्रा में पौष्टिक तत्व होते हैं।

(2) छिलके उतारने हों तो मोटे छिलके न उतारें।

(3) पत्तेदार सब्जियाँ (समस्त साग) पहले धोकर बाद में काटना चाहिये। काटकर धोने से धोने की प्रक्रिया में काफी पौष्टिक पदार्थ नष्ट हो जाते हैं।

(4) भोज्य पदार्थ अगर पानी में भिगोकर रखें तो उस पानी को फेंकना नहीं चाहिये। भोज्य पदार्थ उसी पानी में बनाना चाहिये।

(5) खाने के सोडे का प्रयोग न करें वह 'जीवन सत्व 'बी' समूह को नष्ट कर देता है।

(6) ज्यादा चिकनाई तथा मसालों का प्रयोग नहीं करना चाहिये।

(7) सब्जियों के बहुत छोटे टुकड़े नहीं काटने चाहिये उससे भी पौष्टिक तत्व नष्ट होते हैं।

(8) भोज्य पदार्थ उतनी देर तक पकायें जब तक वे गल न जायें बहुत समय तक नहीं पकाना चाहिये।

(9) बार-बार पके भोज्य पदार्थ को गर्म नहीं करना चाहिये। जितना भोज्य पदार्थ खाने के लिये चाहिये उतना छोटे बर्तन में निकाल कर गर्म कर लेना चाहिये। बार-बार गर्म करने पर स्वाद में अन्तर आता है। पौष्टिकता कम होती है।

(10) भोजन ढककर बनाना चाहिये। खोलकर बनाने से भाप के साथ पानी में घुलनशील तत्त्व नष्ट हो जाते हैं।

(11) प्रोटीनयुक्त खाद्य पदार्थ को तेज आँच पर न पकायें अन्यथा ये पदार्थ कड़े हो जाते हैं।

(12) भोजन बनाने के बर्तन, स्थान तथा बनाने वाले की स्वच्छता का ध्यान रखें अन्यथा इन तीनों माध्यमों से भोजन तक हानिकारक जीवाणु पहुँच सकते हैं।

पाक क्रियाओं का पौष्टिक तत्वों पर तथा अन्य प्रोटीन पर प्रभाव—प्रोटीन पर पाक क्रियाओं का लाभप्रद तथा अलाभप्रद दोनों तरह का प्रभाव पड़ता है।

लाभप्रद—दालों को पकाने पर उनका प्रोटीन सुपाच्य हो जाता है तथा उसका पोषक मूल्य बढ़ जाता है, चूँकि दालों को पकाने से उनका ट्रिपसिन इनहिबिटर पदार्थ जो ट्रिपसिन पाचक रस की क्रिया कम करता है, नष्ट हो जाता है अतः प्रोटीन का पूर्ण पाचन होकर पोषक मूल्य बढ़ जाता है।

अहितकर—प्राणी जगत् की प्रोटीन पककर सिकुड़ जाती है, थक्के के रूप में जम जाती है। प्रोटीन कण सख्त हो जाने के कारण उनका पचना कठिन हो जाता है तथा पोषण महत्त्व भी कम हो जाता है।

पाक क्रियाओं का कार्बोहाइड्रेट्स पर प्रभाव—कच्चे कार्बोज की तुलना में पका कार्बोज पदार्थ जल्दी ही पच जाता है। कार्बोज पकाने से स्टार्च के कणों के चारों ओर आवरणं मुलायम होकर हट जाता है, जिससे स्टार्च कण मुलायम हो जाते हैं, इसे जैलीकरण की संज्ञा दी जाती है। इससे भोजन सुपाच्य हो जाता है।

पाक क्रियाओं का वास पर प्रभाव—वास पर तेज ताप का प्रभाव पड़ता है इससे वसा के वसीय अम्ल नष्ट हो जाते हैं जिससे आवश्यक वसीय अम्ल भी नष्ट हो जाते हैं। तेज ताप से वसा से जो धुआँ निकलता है उसमें अक्रोलिन (विषैला) पदार्थ होता है जो हानिकारक होता है।

पाक क्रियाओं का खनिज लवण पर प्रभाव—खनिज लवण पानी में घुलनशील होते हैं। इस तरह भोजन को बनाते समय यह उस पानी में घुल जाते हैं। यदि उस पानी को फेंक दिया जाता है, जो कैल्शियम, लौह लवण, सोडियम, पोटैशियम आदि खनिज लवण उसके साथ निकल जाते हैं।

इसके विपरीत सही विधि का प्रयोग कर खनिज लवणों की मात्रा में वृद्धि भी की जा सकती है। उदाहरण के लिए—लोहे के चाकू से सब्जियाँ काटने से उनमें लौह लवण की मात्रा बढ़ जाती है। कठोर जल में सब्जियाँ बनाने से उसका कैल्शियम सब्जियों में आ जाता है। नमक का प्रयोग, सोडियम, क्लोरीन की मात्रा बढ़ाता है।

पाक क्रियाओं का विटामिन पर प्रभाव—पाक क्रियाओं का विटामिन पर निम्नलिखित प्रभाव पड़ता है—

विटामीन 'A'—यह जल में घुलनशील नहीं है। इस प्रकार अगर पानी फेंक दें तो भी जीवन सत्व 'A' पर प्रभाव नहीं पड़ता, किन्तु यह वसा घुलनशील है अतः घी, तेल में भूनने, तलने पर यह अवश्य नष्ट होता है।

विटामिन 'B'—विटामिन B_1 (थॉयमिन) पानी में घुलनशील होता है। इसलिए सब्जियों को धोते व पकाते समय यह नष्ट होता है। अगर भाप द्वारा इसे पकाया जाता है, तब यह बहुत कम नष्ट होता है। लेकिन अगर उबालने की विधि से बनाने पर बर्तन खुला रहे तो वाष्प के साथ निकल जाते हैं। यदि सोडे का प्रयोग किया गया है तो यह पूरी तरह ही नष्ट हो जाता है। 10-50% नष्ट।

विटामिन B_2 (रिबोफ्लेविन) अगर भोज्य पदार्थ जिस पानी में पका रहे हैं वह फेंक दिया जाये तो जल में घुलनशील विटामिन नष्ट हो जाता है। सोडे का प्रयोग करने पर भी यह नष्ट हो जाता है। यह जीवन सत्व सूर्य की रोशनी तथा ताप से भी नष्ट हो जाता है।

विटामिन B पानी में घुलनशील है इसलिए अगर भोज्य पदार्थ बनाते समय अधिक पानी का प्रयोग कर उस पानी को फेंक दिया जाये तो जीवन सत्व 'बी' समूह के विटामिन निकोटिनिक अम्ल, पेन्टाथीनिक अम्ल, नॉयसिन, पॉयरिडक्सिन, फोलिक एसिड, $बी_{12}$ भी नष्ट हो जाते हैं।

विटामीन 'C'—यह जीव सत्व भी पानी में घुलनशील है इसलिए अगर भोजन बनाते समय अधिक पानी का प्रयोग करें और बाद में वह पानी फेंका जाये तो यह विटामिन नष्ट हो जाता है क्योंकि यह भोज्य पदार्थ से निकल कर उस जल में आ चुका होता है। 10-60% नष्ट।

अगर जीवन सत्व 'सी' युक्त भोज्य पदार्थ खुली हवा में पकाये जाते हैं तो जीवन सत्व 'सी' का ऑक्सीकरण हो जाता है जिससे वह नष्ट हो जाते हैं।

भोज्य पदार्थों के पौष्टिक तत्त्वों के अलावा भोज्य पदार्थों के रंग, गन्ध बनावट में भी अन्तर आ जाता है।

भोज्य पदार्थों के रंग पर पाक क्रियाओं का प्रभाव—भोज्य पदार्थों में जो चार रंग वर्णक पाये जाते हैं उन्हीं में बदलाव आता है।

(A) एन्थोसाइनिन—इसी वर्ण के कारण सब्जियों में लाल तथा बैंगनी रंग विद्यमान होते हैं। अम्लीय माध्यम में भोजन होने पर यह हल्के लाल रंग में जबकि क्षारीय माध्यम होने पर नीला रंग ले लेता है।

(B) क्लोरोफिल—क्लोरिफल के कारण हरा रंग सब्जियों को मिलता है। यदि भोजन अम्लीय माध्यम में है तो हरे रंग में रासायनिक क्रिया के कारण पीलापन आ जाता है। इसके विपरीत यदि क्षारीय माध्यम है तो हरा रंग और चटक हो जाता है।

(C) फ्लोवोन्स—सब्जियों में सफेद रंग इसके कारण होता है। क्षारीय वातावरण में इनका रंग पीला हो जाता है।

(D) केरोटीन—यह फलों व सब्जियों को पीला नारंगी रंग प्रदान करता है इस पर पाक क्रियाओं का कोई प्रभाव नहीं पड़ता है। इसके अतिरिक्त स्टार्च का ताप पर प्रभाव पड़ता है, उसका रंग भूरा हो जाता है चूँकि स्टार्च डेक्सट्रिन में बदल जाता है। शक्कर गर्म करने से उसका रंग भी हो जाता है। ताप होने पर जल जाती है जिसे कैरामलाइजेशन (Caramalization) कहते हैं।

गन्ध पर पाक क्रियाओं का प्रभाव—भोजन की गन्ध पर पाक क्रियाओं का दो प्रकार से प्रभाव पड़ता है—कुछ कच्चे भोज्य पदार्थों की गन्ध जो अच्छी लगती है पकाने पर नष्ट हो जाती है। जैसे—प्याज, मछली, लहसुन, शलजम आदि। कुछ भोज्य पदार्थों की गन्ध पकने के साथ ही बढ़ जाती है। जैसे—विभिन्न प्रकार की सब्जियाँ आदि।

भोज्य पदार्थों की बनावट पर पाक विधियों का प्रभाव—पकाने पर कड़ा भोज्य पदार्थ मुलायम हो जाता है। यह परिवर्तन कार्बोजयुक्त भोज्य पदार्थों में आता है। पकाने पर उनके स्टार्च के कण मुलायम हो जाते हैं, जिससे कड़ी बनावट वाले भोज्य पदार्थ मुलायम हो जाते हैं। इसके विपरीत मुलायम भोज्य पदार्थों की प्रोटीन पककर कड़ी हो जाती है। जैसे—अण्डे की सफेदी।

भोजन बनाते समय हमेशा याद रखना चाहिये कि हम भोज्य पदार्थों की प्रवृत्ति क्या है। भोज्य पदार्थों की प्रकृति के अनुरूप ही पाक क्रियाओं का प्रयोग करना चाहिये जिससे भोज्य पदार्थों की पौष्टिकता और रंग, रूप, गन्ध में वृद्धि हो जिससे वे भोज्य पदार्थ हमारे लिये लाभदायक हो सकें।

15

भोज्य पदार्थों में मिलावट

खाद्य पदार्थों में मिलावट एक ऐसा कारण है जो खाद्य पदार्थों को नष्ट करने व उनकी पौष्टिकता में कमी के लिए जिम्मेदार हैं। मिलावट भोज्य पदार्थ को विषाक्त तो करते ही हैं साथ ही साथ उसके पौष्टिकता में कमी ला देते हैं जिससे शरीर पर हानिकारक प्रभाव पड़ता है। **मिलावट** का तात्पर्य है भोज्य पदार्थ के मूल रूप तथा गुणों में अन्तर लाना। जहाँ तक प्रश्न पौष्टिकता का है वह तो मिलावट से कम अथवा नष्ट हो जाती है और जहाँ तक भोज्य पदार्थ के स्वरूप का प्रश्न है तो कई बार मिलावट से भोज्य पदार्थों का रूप अधिक अच्छा दिखाई देने लगता है। निम्नांकित परिस्थिति में खाद्य पदार्थों में मिलावट की जाती है–

(1) संरक्षित करते समय पैकिंग के समय लापरवाही या अस्वस्थकारी स्थिति से खराब हो गया हो।

(2) संरक्षण हेतु मिलाये गये संरक्षित तत्वों की मात्रा अधिक हो गई हो या जिन संरक्षण तत्वों की मनाही हो, उन्हें मिला दिया जाये।

(3) जिसमें पैकिंग की गई है, उसमें विषैला पदार्थ निकल जाने पर।

(4) वस्तु अपने मौलिक आकार, रूप, गन्ध वाली न हो।

(5) उस भोज्य वस्तु का सार तत्व निकाल लिया गया हो।

(6) उस भोज्य पदार्थ में कीड़े या घुन लगे हों।

(7) खाद्य पदार्थ में हानिकारक विषैल तत्व मिले हों।

(8) खाद्य पदार्थ में हानिकारक तत्व (जैसे हानिकारक जीवाणु) स्वयं उत्पन्न हो गये हों या उत्पन्न कर दिये गये हों।

(9) खाद्य पदार्थ वजन बढ़ाने हेतु उसमें सस्ते निम्नकोटि के तत्व मिला दिये गये हों।

मिलावट के उद्देश्य

खाद्य पदार्थों में मिलावट के प्रमुख उद्देश्य निम्नलिखित हैं—

(1) **लाभ की मात्रा बढ़ाना**—मिलावट मूल रूप से लाभ की मात्रा को बढ़ाने के लिए किया जाता है। मिलावट करने से वस्तु का भार अधिक हो जाता है, जिससे लाभ का प्रतिशत भी बढ़ जाता है।

(2) **माँग और पूर्ति में सामंजस्य स्थापित करने के लिए**—माँग के अनुरूप पूर्ति न होने पर उस कमी को दूर करने के लिये भी मिलावट की जाती है।

मिलावट की विधियाँ

मिलावट की प्रमुख विधियाँ निम्नलिखित हैं—

(I) बाह्य पदार्थों की मिलावट—कभी-कभी अनजाने में अथवा लापरवाही के कारण कुछ बाह्य अवांछित पदार्थ खाद्य पदार्थों में मिल जाते हैं। लेकिन कभी कभी यह कार्य विक्रेता लाभ अधिक कमाने के लिए पूरे होश-हवास में जान-बूझकर करता है। इसके लिए निम्नलिखित कार्य किया जाता है—

(1) दूध में जल मिलाकर उसे दूषित किया जाता।

(2) खोये की मिठाइयों में चावल की मांड़, बासी रोटी, पूड़ी भिंगोकर, पीसकर मिलाना। रंगदार मिठाई के लिये विषैले रंगों का प्रयोग करना।

(3) अनाज में, दालों में, मसालों में मिट्टी, कूड़ा-करकट, बालू आदि मिलाना। इस मिलावट से जहाँ कई बीमारियाँ होती हैं, वहीं आन्तरिक अंगों को नुकसान पहुँचता है, दाँत के भी टूटने का डर रहता है।

(4) शक्कर का वजन बढ़ाने के लिये उसमें सैक्रीन मिलाया जाता है। फल की मिठास बढ़ाने के लिये उसमें सैक्रीन और फल का रस बढ़ाने के लिये पानी के इन्जेक्शन लगाये जाते हैं।

(II) धातु की मिलावट—भोज्य पदार्थों में कई हानिकारक धातुओं की भी मिलावट की जाती है। जैसे—चाँदी के वर्क के स्थान पर एल्युमीनियम के सस्ते वर्क का प्रयोग करना। इससे पाचन संस्थान, उत्सर्जक संस्थान को नुकसान होता है।

आगे तालिका में बताये गये मिलावट के अलावा भी और कई तरह की मिलावट की जाती है, इस सारिणी में दिये गये मिलावट तो महज कुछ उदाहरण मात्रा हैं। कुछ मिलावट थोक विक्रेता, फुटकर विक्रेता अथवा स्वयं निर्माता के द्वारा की जाती है।

निम्नलिखित तालिका के द्वारा विभिन्न भोज्य पदार्थों में की जाने वाली मिलावट को व्यक्त किया जा रहा है—

भोज्य पदार्थों में मिलाये जाने वाले पदार्थों की सूची

भोज्य पदार्थ	मिलावट
अनाज	मिट्टी कंकड़, रेत।
सूजी	रेत या बालू
मिठाई	चावल की मांड़, बासी रोटी, हानिकारक रंग
शक्कर	धूल, सफेद बालू, रवा
नमक	सफेद बालू
पिसी मिर्च	ईंट का चूरा, रंग वाला बुरादा
काली मिर्च	पपीते के सूखे बीज
हींग	गोंद, राल
पिसा धनिया	घोड़े की लीद, स्टार्च
मक्खन	चर्बी, स्टार्च
शुद्ध घी	वनस्पति घी
वनस्पति घी	पशु जगत् से प्राप्त चर्बी
सरसों का तेल	खनिज तेल, आर्गीमोनी तेल
शहद	गुड़ की चाशनी
चाय पत्ती	उपयोग की हुई चाय की पत्ती पुनः सुखा कर या काले चने की भूसी
मैदा, आटा	खड़िया मिट्टी स्टार्च
हल्दी	लेड क्रोमेट चूरा
केसर	पटसन के रंगे रेशे
कॉफी पाउडर	चिकौरी के पिसे बीज, भुनी इमली के बीज पीसकर
अरहर तथा चने की दाल	केसरी दाल

भोज्य पदार्थ मिलावट परीक्षण

पाठ के आरंभ में ही बतला दिया गया है कि मिलावट भोजन को विषाक्त बनाने के साथ-साथ उसकी गुणवत्ता को भी कम कर देता है। मिलावट का बुरा असर

मानव स्वास्थ्य पर पड़ता है इसलिए भोज्य पदार्थ के मिलावट का हमें परीक्षण करना चाहिये। मिलावट से बचने के लिये हमें सरकार द्वारा प्रमाणित चिह्नों का ध्यान रखना चाहिये। सरकार भोज्य पदार्थों की गुणवत्ता की जाँच कर ही अपना प्रमाणित चिह्न देती है। मिलावट परीक्षण के लिए हमें निम्नलिखित बिन्दुओं पर ध्यान देना चाहिये–

1. एगमार्क–किसी वस्तु को बाजार में भेजने से पहले उसकी भौतिक और रासायनिक गुणों की जाँच की जाती है। जब वस्तु की गुणवत्ता पूर्ण रूप से प्रमाणित हो जाती है तब एगमार्क दिया जाता है। अतः बाजार से खरीदते समय एगमार्क को अवश्य देखना चाहिये।

2. I.S.I. मार्क–वस्तुओं की गुणवत्ता को प्रमाणित करने के लिए 1952 ई. के प्रमाण चिह्न कानून के तहत इस मार्क को शुरू किया गया। जिन चीजों की गुणवत्ता प्रमाणित हो जाती है, उस सामान पर इस चिह्न को लगाने की व्यवस्था होती है। उस संस्था के अधिकारी वस्तुओं की गुणवत्ता का निरीक्षण वस्तु के उत्पादन के समय करते हैं। आज यह बाजार में वस्तु की श्रेष्ठता का सूचक बन गया है। अतः वस्तुओं के क्रय के समय इस मार्क का ध्यान अवश्य रखना चाहिये।

3. घी तथा मक्खन–घी और मक्खन की शुद्धता की जांच के लिए एक चम्मच पिघला घी अथवा मक्खन लें, उसमें एक चम्मच हाइड्रोक्लोरिक एसिड डाल दें। इसमें ½ चम्मच शक्कर डालें और 1 मिनट तक हिलाने के बाद 10 मिनट तक रखें। अगर मिलावट होगी तो घी या मक्खन का रंग लाल हो जायेगा।

4. तेल–तेल में कई प्रकार से मिलावट की जाती है इसलिए तेल का परीक्षण करने के लिए एक Test tube में ईथर और तेल मिलाकर नमक मिली बर्फ में ठण्डा करना चाहिये। ऐसा करने के 5 से 6 मिनट तक अगर तेल का नमूना गन्दला धुँधला दीखे तो इसका तात्पर्य है कि उसमें अरण्डी का तेल मिला है। अब तेल में तीव्र नाइट्रिक अम्ल मिलाकर नमूने को हिलायें। अगर अम्ल डालने पर ऊपरी पर्त का रंग बदलकर लाल अथवा भूरा हो जाये तो इसका तात्पर्य है कि तेल में आर्गीमीनो की मिलावट है।

5. दूध–दूध में ज्यादातर लोग पानी मिला देते हैं अतः उसकी शुद्धता की जाँच करने के लिए दूध के नमूने से मक्खन निकालना चाहिये। अगर 1 किलो गाय के दूध से 50-60 ग्राम गक्खन प्राप्त होता है, या 1 किलो भैंस के दूध से 80-100 ग्राम मक्खन प्राप्त होता है तो दूध शुद्ध है। दूध की शुद्धता के की जांच के लिए उससे पनीर भी निकाल सकते हैं। यदि 1 किलो दूध से 150-160 ग्राम पनीर प्राप्त होता है तो भी दूध शुद्ध है।

6. पिसी लाल मिर्च—पिसी लाल मिर्च में ईंट का चूरा, पिसी खड़िया, रंगीन बुरादा आदि मिलावट के तौर पर डाला जाता है। इसके परीक्षण के लिए गिलास में पानी लेकर लाल मिर्च का पाउडर डालना चाहिये। ऐसा करने से बुरादा हल्का होकर ऊपर तैरने लगेगा और ईंट का चूरा, खड़िया भारी होकर नीचे तली में बैठ जायेगा।

7. काली मिर्च—काली मिर्च में मिलावट के लिए पपीते के बीज डाले जाते हैं। इसकी शुद्धता के लिए काली मिर्च के नमूने के गंध की जांच करनी चाहिये। मिलावट से मिर्च की गन्ध कम हो जाती है, खाने पर उसका तीखापन महसूस नहीं होता है।

8. हल्की—पिसी हल्दी में सामान्य रूप से मिलावट के लिए हाई मेटिनल मिलाते हैं यदि Test tube में थोड़ा हल्दी पाउडर लेकर उसमें तीव्र हाइड्रोलोरिक एसिड डालें तो, उसका रंग बैंगनी हो जायेगा। अब इसमें पानी डालें यदि पानी डालने पर भी रंग बैंगनी ही रहे तो मिलावट है और पानी डालने पर बैंगनी रंग उड़ जाये तो मिलावट नहीं है।

9. हींग—हींग में सामान्य रूप से गोंद और राल मिलायी जाती है। हींग के परीक्षण के लिए उसे पानी में घोला जाता है। अगर हींग में मिलावट नहीं हो तो वह पानी में आसानी से घुल जाती है और घोल का रंग दूधिया होता है। अगर मिलावट की होती है तो हींग तो घुल जाती है, लेकिन गोंद, राल आदि नीचे बैठ जाती है।

16

खाद्य पदार्थों का संदूषण

भोजन जिसे कि जीवनदायक माना जाता है, मृत्युदाता भी हो जाता है अगर वह किसी भी तरह से दूषित हो जाये। यह जरूरी नहीं है कि इस दूषित भोजन का परिणाम हमेशा मृत्यु हो, यह कभी-कभी मानव के स्वास्थ्य को भी प्रभावित करता है। दूषित भोजन करने से भोजन शरीर में जाकर अपने कार्य कभी पूरे नहीं कर पाता बल्कि अपने साथ लिए गये हानिकारक तत्त्वों के कारण नाना प्रकार की बीमारियाँ मनुष्य को दे जाता है। इन बीमारियों के ठीक होने में जो समय लगता है वे मनुष्य के शरीर को कमजोर करती हैं। साधारण रूप में शारीरिक वृद्धि की गति में अवरोध पैदा करता है। दूषित भोजन का प्रभाव भोज्य विषाक्तता के रूप में परिलक्षित होता है।

खाद्य पदार्थों के संदूषण के कारण

खाद्य पदार्थों के संदूषण के प्रमुख कारण निम्नलिखित हैं–

1. खाद्य किण्वणों की क्रियाएँ–एन्जाइम एक ऐसा रासायनिक पदार्थ होता है जो अन्य वस्तुओं के गुणधार्मों में बदलाव ला देता है। ये एन्जाइम कई प्रकार के होते हैं तथा इनकी प्रक्रिया से वस्तुओं में बदलाव भी कई तरह के हो जाते हैं।

एन्जाइम की क्रिया मूल रूप से दो कारकों पर आश्रित होती है–1. वायु से संसर्ग और 2. अनुकूल तापक्रम।

2. सूक्ष्मजीवों की प्रतिक्रियाएँ–सूक्ष्मजीव हर तरह के भोजन में अपनी उपस्थिति रखते हैं, क्योकि वायु और मिट्टी में इनका प्रमुख निवास रहता है और यहीं पर इनकी वृद्धि भी होती है। सूक्ष्मजीवों की भूमिका लाभकारी या हानिकारक दोनों ही तरह की होती है, लेकिन भोजन संदूषण के विषय में मूल रूप से तीन तरह के सूक्ष्मजीवों का वर्णन कि जा सकती है–

(क) **जीवाणु**—खाद्य पदार्थों को दूषित करने वाले ये हानिकारक जीवाणु मिट्टी, हवा, धूल, पानी में रहते हैं और यह विभिन्न माध्यमों द्वारा भोजन तक पहुँच कर उसे दूषित करते हैं। अणुजीव और जीवाणु दोनों भोजन को दूषित कर खाने योग्य नहीं छोड़ते हैं। उदाहरण के लिए डायरिया, कालरा, टायफाइड, डिफ्थीरिया, वायरल, बुखार ये सब पानी और भोजन के दूषित होने से फैलते हैं। बाजार में बिना ढका रखा खाना खाने, बीमार जानवर का दूध या बीमार जानवर का मांस दूषित होता है। कई बार एन्जाइम अपनी प्रतिक्रिया कर भोज्य पदार्थों को दूषित कर देते हैं तो कई बार अणु जीव (Micro organism) के कारण भोजन दूषित हो जाता है।

(ख) **फफूँदी**—फफूँदी या फफूंद एक मुलायम भूरे, हरे या नीले रंग का पदार्थ होता है जो किसी भोज्य पदार्थ की ऊपरी सतह या भोज्य पदार्थ के रखे जाने वाले बर्तन के किनारों पर दाग-धब्बों जैसे पर्त के रूप में दिखता है। इसकी संरचना रूई के प्रकार की उभरी होती है। ये पूर्णरूप से वायु जीव होते हैं तथा इनकी वृद्धि के लिए कि अधिकता उपलब्ध हो, वे फफूँदी के आश्रयस्थल होते हैं। इसी कारण जैम, जैली, अचार आदि के ऊपर इनका प्रभाव शीघ्र होता है।

(ग) **खमीर**—यह भी एक प्रकार की फफूँदी ही होता है जिनका ज्यादातर उपयोग शराब बनाने या पावरोटी के तैयार करने में होता है। इनकी अभिवृद्धि और गुणन विशेष रूप से अम्लीय वातावरण में होता है अथवा जहाँ चीनी और जल का परिवेश मिलता है। फलों के रस तैयार करने में भी इसका उपयोग होता है। लाभकारी होने पर भी इसकी अधिक मात्रा हानिकारक हो सकती है।

3. कीड़े-मकोड़े—इनका ज्यादातर प्रभाव अनाज, फल और सब्जियों पर परिलक्षित होता है। एक सर्वेक्षण से पता चला है कि कीड़े-मकोड़े 5 से 50 प्रतिशत तक की हानि के जिम्मेदार होते हैं।

4. परजीवी—कुछ ऐसे जीव होते हैं जो दूसरे जीवों पर आश्रित होते हैं इन्हें ही परजीवी कहा जाता है। इसका उदाहरण मांसाहारी जीव हैं। जिस भोजन को जानवर खाते हैं, उसमें कई तरह के जीव जानवर के शरीर में प्रवेश पा लेते हैं। जब इन जानवरों का मांस मनुष्य या अन्य पशु खाते हैं तो इन जीवयुक्त भोजन को ही अपने भोजन का अंग बनाता है। सही मायने में यह भोजन संदूषित होता है।

5. कृण्तक प्राणी—इस श्रेणी में कुतर कर खाने वाले प्राणी आते हैं जैसे—चूहे। ये भोजन संदूषण के लिए विशेष रूप से जिम्मेदार होते हैं।

6. तापक्रम और नमी—भोजन को संदूषित करने में ताप और नमी की महत्वपूर्ण भूमिका होती है। लगभग 10 डिग्री सेंटीग्रेट ताप पर पदार्थों के रासायनिक प्रक्रियाओं में बदलाव उत्पन्न हो जाता है। जहाँ अत्यधिक ताप से वस्तुओं की प्रोटीन

की मात्रा में कमी, विटामिन्स का नाश, नमी की कमी से सूखापन तथा आकृति में बदलाव जैसी दशा पैदा हो जाती है। नमी भी भोजन संदूषण का कारण बनते हैं, क्योंकि नमी के कारण रासायनिक संक्रिया और सूक्ष्म जीवाणुओं की संख्या में वृद्धि होती है।

7. वायु, प्रकाश और समय—भोजन के विघटन में वायु और ऑक्सीजन के दोनों मिलकर कई विनाशकारी परिवर्तन ला देते हैं। इन परिवर्तनों के परिणाम स्वरूप भोजन के रंग, खुशबू, स्वाद आदि में बदलाव आ जाता है। प्रकाश भोजन में विद्यमान विटामिन-ए और सी को नष्ट कर देता हैं। भोजन के संदूषण में समय की भी महत्वपूर्ण भूमिका है।

भोजन के संदूषण से बचाव

भोजन के संदूषण से बचाव के प्रमुख उपाय निम्नलिखित हैं–

1. खाना बनाने वाले व्यक्ति की व्यक्तिगत सफाई का ध्यान जरूरी है।
2. बर्तन की सफाई जरूरी है।
3. खाद्य पदार्थों का भण्डारण पूर्ण रूप से सुरक्षित तरीके से करना जरूरी है।
4. बचा हुआ खाना वायुरोधक बर्तनों में रखा जाना जरूरी है।
5. शीत उपकरणों में भोजन को रखा जाना जरूरी है।
6. शीत उपकरणों में रखे जाने वाले भोजन का ताप लगभग 4 डिग्री सेंटीग्रेट होना चाहिये।
7. रसोईघर व वहाँ का फर्नीचर साफ व स्वच्छ होना चाहिये।

भोज्य विषाक्तता

जैसा कि पाठ के आरम्भ में बतलाया गया है कि भोजन संदूषण सन्तुलित भोजन के महत्व को नष्ट कर देता है। भोजन का संदूषण भोजन में जहरीला प्रभाव पैदा करता है इसी जहरीले प्रभाव को भोज्य विषाक्तता की संज्ञा दी जाती है। यह विषाक्त अथवा संदूषित भोजन अनेक रोगों को जन्म देकर, मनुष्य के स्वास्थ्य को प्रभावित करते हैं। इससे रोगी को शारीरिक रूप से कमजोर हो जाता है। कुछ भोज्य विषाक्तता का परिणाम मृत्यु भी है।

भोजन विषाक्तता के कारण

भोजन की विषाक्तता के कारणों को दो वर्गों में विभक्त किया जा सकता है—

— **(A) बाह्य कारण**—बाह्य कारणों में जीवाणु, अणुजीव आदि आते हैं जो भोजन को विषाक्त बनाते हैं।

(B) आन्तरिक कारण—इस श्रेणी में वे सभी कारण आते हैं जो स्वयं भोज्य पदार्थ में उपस्थित होते हैं और भोजन को विषाक्त करते हैं।

(A) बाह्य कारण—भोजन विषाक्तता के लिए जिम्मेदार प्रमुख बाह्य कारणों निम्नलिखित हैं—

(a) जीवाणु—जीवाणु विभिन्न माध्यम से भोज्य पदार्थों अथवा मनुष्य तक पहुँचते हैं। ये भोज्य पदार्थों को विषाक्त करते हैं। इन जीवाणुओं से विषाक्त भोजन को खाने से उनका हानिकारक प्रभाव स्वास्थ्य पर पड़ता है। गर्मी के मौसम में यह बैक्टीरिया अधिक प्रभावी होते हैं, क्योंकि ये वातावरण में तभी मिल पाते हैं जब यह पूर्णतया शुष्क हो, गीली अवस्था में यह वातावरण में नहीं मिल पाते। इसलिए आर्द्रता वाले मौसम में नहीं फैल पाते हैं। बैक्टीरिया धूल, पानी, मिटटी, हवा द्वारा भोजन तक पहुँचते हैं। भोजन खुला रखने पर उसमें हवा या धूल द्वारा ये पहुँच जाते हैं। इसके अलावा बर्तन धुले बिना सब्जियों को खाने से ये जीवाणु मनुष्य के शरीर में आ जाते हैं। अगर ये बैक्टीरिया भोजन को दूषित कर देते हैं और उस भोजन को मनुष्य खाता है तो पेटदर्द, उल्टी, दाँतदर्द, सिरदर्द, बुखार, मांसपेशियों में ऐंठन आदि की शिकायत होती है। शरीर में इन जीवाणुओं के प्रवेश के 2 से 36 घण्टे के भीतर इसके लक्षण दिखाई देने लगते हैं। भोजन विषाक्त करने वाले प्रमुख हानिकारक जीवाणुओं को 4 प्रमुख श्रेणियों में विभक्त किये जा सकते हैं—(क) कलाईस्ट्रीडियम, (ख) सालमोनेल्ला, (ग) स्टेफलीकोकाई, (घ) बोटयूलिजम।

(क) कलाइस्ट्रीडियम वेलकोर्ड—इस श्रेणी के जीवाणु ज्यादातर बासी भोजन में पाये जाते हैं, इनकी वृद्धि 30-50°C तापक्रम पर होती है। ये मिट्टी, वायु, पानी, मनुष्य जानवरों के मल में उपस्थित रहते हैं। ये भोजन में मक्खियों तथा मनुष्य के गन्दे हाथों से पहुँचते हैं। इन जीवाणुओं के शरीर में पहुँचने के 8 से 24 घण्टे के अन्दर इस विषाक्तता के लक्षण दिखाई देते हैं। इसमें पेट में दर्द, दस्त तथा मांसपेशियों में ऐंठन होती है। कभी-कभी जी का मचालना तथा उल्टी भी होती है।

(ख) सालमोनेल्ला—इस श्रेणी के जीवाणु डायरिया, टाइफाइड आदि रोग फैलाते हैं। इन जीवाणुओं का आवास मूल रूप से मनुष्य, जानवर और पक्षियों की आँतें हैं। इसलिए इन जीवित प्राणियों द्वारा जो मल विसर्जित किया जाता है। ये उनमें रहते हैं और वहाँ से संक्रमक होते हैं। ये जीवाणु मनुष्य, जानवर के मल के अलावा मांस और अण्डों में भी पाये जाते हैं। इस श्रेणी के तहत कई जातियों के बैक्टीरिया पाये जाते हैं, लेकिन सबसे अधिक हानिकारक जीवाणु **सालम टाइफीम्यूरियम** होता है।

ये जीवाणु शरीर में पहुँचकर कितनी देर में अपना प्रभाव डालेंगे, यह जीवाणुओं की संख्या और व्यक्ति विशेष की रोगरोधी क्षमता पर निर्भर करता है। इन जीवाणुओं के शरीर में पहुँचने के कुछ घण्टों के उपरांत ही ये अपना कार्य शुरू कर देते हैं और योग्य विषाक्तता के लक्षण दिखने प्रारम्भ हो जाते हैं। इसके प्रमुख लक्षण—पेट में दर्द, दस्त, उल्टी, सिरदर्द, शारीरिक कमजोरी आदि हैं। इसमें कभी-कभी बुखार भी आ जाता है।

इन जीवाणुओं से रक्षा के लिये खाने वाली कच्ची भोज्य सामग्री, फल, सब्जियों को भली प्रकार से धोना चाहिये। मांस को भी भली प्रकार से धोकर प्रयोग में लाना चाहिये। धोने के लिये प्रयोग किये जाने वाले पानी को भी प्रयोग करें वह साफ होना चाहिये।

(ग) स्टैफलीकोकाई समूह—इस श्रेणी के जीवाणु मूल रूप से मनुष्य के बाल, नाक, त्वचा, फोड़े, फुन्सियों, घाव में होते हैं। इन स्थानों की श्लेष्मा तथा घावों से निचली मवाद में इनकी बहुत अधिक मात्रा पाई पाती है। नमीयुक्त भोज्य पदार्थों को अगर उष्णता वाले स्थान पर रखा जाये तो भी यह जीवाणु पैदा हो जाते हैं। जिन भोज्य पदार्थों में यह जीवाणु पहुँच जाते हैं, उनके स्वाद, गन्ध में विभिन्नता आ जाती है।

सामान्य ताप पर यह भोज्य पदार्थ नष्ट नहीं होते लेकिन उच्च तापक्रम पर ये नष्ट हो जाते हैं। इस श्रेणी के जीवाणु से विषाक्त भोजन खाने के 1-5 घण्टे के भीतर भोज्य विषाक्तता के लक्षण दिखाई देने लगते हैं। इस विषाक्तता के कारण उल्टी, दस्त, पेट में दर्द आदि की शिकायत होती है। लगभग 2 दिन में रोगी उचित उपचार से ठीक हो जाता है। उच्च तापक्रम पर भोजन पकाने से ये जीवाणु स्वयं नष्ट हो जाते हैं।

(घ) बोटयूलिजम—इस श्रेणी की भोज्य विषाक्तता बोटयूलिजम, क्लोस्ट्रीडियम एवं एनाराब जीवाणुओं के कारण होता है। ये जीवाणु धूल, मिट्टी, पानी में पाये जाते हैं। इन्हीं माध्यमों से ये खाद्य पदार्थों में प्रवेश कर जाते हैं। ये जीवाणु बदबूदार गैसें पैदा करते हैं जिसे संरक्षित भोज्य पदार्थ विषाक्त हो जाते हैं। अगर इन भोज्य पदार्थों का प्रयोग करें तो इन्हें पुनः उच्च तापक्रम पर गर्म करना चाहिये, क्योंकि ये जीवाणु उच्च तापक्रम पर नष्ट हो जाते हैं। इन जीवाणु की विशेषता है कि ये बिना वायु के भी जीवित रहते हैं। इसलिये सील बन्द भोज्य पदार्थों में भी इनकी वृद्धि सम्भव रहती है।

ये जीवाणु शरीर के अन्दर प्रवेश कर कब्ज की शिकायत करते हैं तथा 12 से 24 घण्टे के भीतर विषाक्तता के लक्षण स्पष्ट होते हैं। सिरदर्द, चक्कर आना,

बेचैनी महसूस करना, मांसपेशियों का कमजोर होना, गले की स्नायु का लकवाग्रस्त होना जैसे लक्षण स्पष्ट होते हैं। इस बोटयूलिजम विषाक्तता में पैदा होने वाले विष के कारण स्नायु संस्थान कमजोर हो जाते हैं। श्वसन और हृदय को भी लकवा होने की प्रबल सम्भावना होती है। इस विषाक्तता के प्रभाव के 3 से 6 दिन के भीतर लगभग 70% रोगी की मृत्यु हो जाती है। अब इस विषाक्तता में एन्टीटाक्सिक सीरम का इन्जेक्शन दिया जाता है। इस विषाक्तता में कोई भी भोज्य पदार्थ ग्रहण नहीं करना चाहिये। पेट को बिल्कुल खाली कर देना चाहिये।

जीवाणुओं को नष्ट करने के उपाय—भोजन को विषाक्त करने वाले जीवाणुओं को नष्ट रकने के प्रमुख उपाय निम्नलिखित हैं—

(1) **उच्च ताप**—भोजन को विषाक्त करने वाले हानिकारक जीवाणु उच्च ताप पर नष्ट हो जाते हैं। इन हानिकारक जीवाणुओं को नष्ट करने के लिये 104° F तापक्रम की जरूरत होती है।

(2) **नमी दूर करना**—भोजन को विषाक्त करने वाले प्रमुख हानिकारक जीवाणु नमी में तेजी से वृद्धि और गुणन करते हैं। इसलिए सूर्य की तेज रोशनी में सुखाकर इनकी नमी दूर करने से नष्ट हो जाते हैं।

(3) **रासायनिक विसक्रामक पदार्थ**—कुछ ऐसे रासायनिक पदार्थ हैं जिनके प्रयोग से भी जीवाणु नष्ट हो जाते हैं।

(4) **भोजन बनाने वाले और परोसने वाले की सफाई**—इन जीवाणुओं के संचरण का माध्यम स्वयं भोजन बनाने वाला व्यक्ति भी हो सकता है। इसलिए भोजन बनाने वाले व्यक्ति की—

(क) हाथों की सफाई का विशेष ध्यान रखना चाहिए।

(ख) मैले, गन्दी वस्तुएँ, धूल-मिट्टी को छूने के तुरन्त बाद साफ पानी तथा साबुन से हाथ साफ करने चाहिये।

(ग) मल-मूत्र त्यागने के बाद हाथ अच्छी तरह से साफ करना चाहिये।

(घ) भोजन बनाने वाले के कपड़े साफ होने चाहिये क्योंकि कपड़ों की धूल, गन्दगी में भी जीवाणु होते हैं जो भोजन में चले जाते हैं। इसलिए वस्त्रों की धुलाई पर ज्यादा ध्यान देना चाहिए।

(ङ) बालों को साफ रखना भी उतना जरूरी है जितना हाथ, कपड़े को साफ रखना।

(च) खाना बनाते और परोसते समय बीड़ी-सिगरेट अथवा अन्य किसी तरह का धूम्रपान नहीं करना चाहिये।

(छ) अगर खाना बनाने वाले को सर्दी-जुकाम आदि की शिकायत है, खाना

नहीं बनाना चाहिये क्योंकि छींकने, खाँसने से भोजन में हानिकारक जीवाणु प्रवेश कर जायेंगे।

(ज) हाथ में घाव अथवा त्वचा सम्बन्धी रोग होने पर भी भोजन पकाने और परोसने का काम नहीं करना चाहिये।

(5) रसोई के बर्तन तथा घर की स्वच्छता—भोजन बनाने वाले व्यक्ति की सफाई के साथ ही उन बर्तनों की तथा उस स्थान की सफाई पर भी ध्यान देना जरूरी है जहाँ भोजन बनाया जा रहा है। रसोईघर और उसके आस-पास के स्थान की सफाई भी जरूरी है जिसके लिये—

(क) रसोईघर का फर्श साफ होना चाहिये।

(ख) दीवारों पर से धूल, जाले आदि हटा देने चाहिये।

(ग) बर्तन राख से माँजकर साफ पानी से धोकर साफ कपड़े से पोंछना चाहिये।

(घ) भोजन बनाने के पहले भोज्य पदार्थों को अच्छे से साफ पानी से धो लेना चाहिए।

(ङ) पके भोजन को खुला नहीं छोड़ना चाहिये। उसे ढककर रखना चाहिये।

पके भोज्य पदार्थों को जीवाणुओं से बचाने के लिये निम्नलिखित उपाय करने चाहिये—

(क) भोज्य पदार्थों को जालीदार आलमारी में ढककर रखें।

(ख) भोज्य पदार्थों को साफ कपड़े से ढँकें।

(ग) भोज्य पदार्थ लपेटने के लिये मोमदार कागज का प्रयोग करें।

(घ) फ्रिज की व्यवस्था होने पर भोज्य पदार्थ फ्रिज में रखें। फ्रिज के अभाव में ठण्डे स्थान पर भोज्य पदार्थों को रखें।

(ङ) गन्दे बर्तन में जूठन न रहने दें। उसमें भी घर के जानवर मुँह डालते हैं अथवा चूहे, तिलचट्टे, मक्खी, मच्छर इनके द्वारा जीवाणु फैलते हैं।

(च) घर के कूड़े-करकट को भी ढ़ाँककर रखना चाहिये जिससे कि वहाँ गन्दगी से जवाणु भोजन तक न पहुँच पायें।

(b) वायरस—जीवाणुओं के समान ही वायरस भी भोजन को विषाक्त करते हैं। इनका भी उतना ही योगदान है जितना कि विभिन्न समूहों के जीवाणुओं का। ये वायरस मनुष्यों तथा जानवरों के गले और पाचन संस्थान में रहते हैं और मनुष्य और जानवर के मल के द्वारा उनके शरीर से बाहर निकलते हैं और उस मल से जल में मिलकर ये अन्य माध्यमों जैसे—हवा, मक्खी, कीड़ों-मकोड़ों आदि द्वारा फिर से हमारे भोजन में पहुँच जाते हैं और भोजन को विषाक्त कर देते हैं।

भोज्य पदार्थों को उच्च तापक्रम पर गर्म करने से ये नष्ट हो जाते हैं। इन्हें नष्ट करने के लिए 55°C पर लगभग आधा घण्टे तक गर्म किया जाता है। वायरस द्वारा विषाक्त भोजन पोलियो रोग को फैलाते हैं। विज्ञान ने इस बीमारी से बचने के लिये पोलियों के ड्राप्स निकाले हैं जिनकी तीन खुराकें जन्म के 3 माह से दी जाती हैं।

(c) परजीवी कृमि—परजीवी कृमि मूल रूप से मनुष्य तथा जानवरों की आँतों तथा मांसपेशियों में पाये जाते हैं। ये परजीवी कृमि हानिकारक और अहानिकारक दोनों श्रेणियों के होते हैं। इन परजीवी कृमि के अण्डे मनुष्य, जानवर के मल में पाये जाते हैं। ये मक्खियों के माध्यम से भोजन तक पहुँच जाते हैं और उस भोजन के माध्यम से मनुष्य के शरीर में प्रवेश कर जाते हैं।

परजीवी कृमि पाचन संस्थान पर असर डालते हैं। ये पाचन संस्थान में जाकर चिपक जाते हैं। वहाँ अण्डे देते हैं और इनकी वृद्धि होती है। मनुष्य के शरीर में टेपवर्म, राउन्डवर्म, एसकेरिस, ट्राइचिनोसिस परजीवी पाये जाते हैं। मिट्टी के द्वारा भी परजीवी मनुष्य के शरीर तक पहुँचते हैं, जो बच्चे मिट्टी खाते हैं उनके शरीर में भी ये सरलता से पहुँच जाते हैं। मनुष्य के शरीर में भी ये आसानी से पहुँच जाते हैं। मनुष्य के शरीर में नाना प्रकार के परजीवी कृमि पाये जाते हैं। इन सबमें एण्टामीबा हिस्टोलिका परजीवी भोजन के विषाक्त करने में सबसे अधिक मददगार होता है।

(d) कृतक प्राणी—बांह्य कारकों में कृतक प्राणी के रूप में चूहा प्रमुख है जो बड़ी मात्रा में अनाज नष्ट करता है। चूहे की लार में हानिकारक जीवाणु होते हैं। जब चूहा भोजन को खाता है तो बहुत अधिक अनाज कुतर कर फेंकता है जिसमें चूहे की लार से हानिकारक जीवाणु प्रवेश कर जाते हैं। चूहे अनाज के ढेरों मल-मूत्र भी करते हैं। इनके मल-मूत्र में सालमौनिला समूह के जीवाणु होते हैं। इसलिए सालमौनिला समूह के जीवाणु पाये जाते हैं।

घरेलू पालतू जानवर भी भोजन को विषाक्त करने वाले बाह्य कारणों में से एक हैं। जानवरों की लार में भी सालमौनिला समूह के जीवाणु पाये जाते हैं।

(B) आन्तरिक कारण—भोजन को विषाक्त करने वाले प्रमुख आन्तरिक कारण निम्नलिखित हैं—

(a) जहरीले पेड़-पौधे—पेड़-पौधों की कुछ जातियाँ जहरीली होती हैं। वे हमारे खाये जाने वाली पत्तेदार सब्जियों—पालक, मेथी, सलाद आदि से मिलती-जुलती हैं और धोखे से खा ली जाती हैं। ये पौधे क्षारीय विषैले होते हैं। कुकुरमुत्ते की भी एक जाति विषैली होती है। इन विषैली जाति के पेड़-पौधों की सब्जियों का प्रयोग करने

से विषैला प्रभाव उत्पन्न होता है, जो विषाक्त उत्पन्न करता है, इनके विष का प्रभाव पाचन संस्थान एवं स्नायुविक संस्थान पर पड़ता है।

इसी प्रकार आलू को यदि नमी वाली जगह पर रखें तो उसमें अंकुर निकलने लगते हैं जो आलू को विषाक्त कर देते हैं। जिसके प्रभाव के कारण इन अंकुरित आलुओं को खाने से उल्टी-दस्त की शिकायत हो जाती है। इसी प्रकार आलू में हरापन में होना उसके विषाक्त होने का लक्षण है। आलू के इस हरे भाग में सोलेनाइन विष होता है, जिसके प्रभावस्वरूप सिर में दर्द, चक्कर का आना, उल्टी, दस्त बेचैनी होती है।

केसरी दाल जो अरहर की दाल जैसे दिखती है। डायमिनो एसिड (Diamino acid) की उपस्थिति के कारण विषाक्त होती है, जिसके अधिक प्रयोग से लैथीरिज्म अर्थात् पैरों का लकवा रोग हो जाता है।

इसी प्रकार यदि कच्ची मूँगफली आर्द्रता वाले जगह पर रखी जाती है। तो उसमें मोल्ड, फग्स उत्पन्न हो जाती है, जिसका विषाक्त प्रभाव होता है।

(b) जहरीले जानवर—घोंघा जाति की मछली तथा कुछ अन्य विषैली मछलियाँ भी होती हैं, जिनके तन्तु वाले भाग में विषैला अंश जो कि क्षारीय होता है, पाया जाता है। ये मछलियाँ अधिकतर जापान में होती हैं, इन मछलियों को खाने से पाचन संस्थान सम्बन्धी दोष उत्पन्न होते हैं। उल्टी, दस्त की शिकायत होने लगती है। प्रभाव तीव्र होने पर स्नायिक संस्थान पर प्रभाव पड़ता है, जिससे व्यक्ति बेहोश हो जाता है।

(c) रेडियोएक्टिव फैलावट—अर्थात् अणु बम के विस्फोट से वातावरण में आइसोटोप्स की संख्या अधिक हो जाती है, जो कि धीरे-धीरे भूमि की ऊपरी सतह वनस्पति, पानी को दूषित कर देते हैं और ये रेडियोएक्टिव फैलावट जानवर, वनस्पति, दूध द्वारा मनुष्य के शरीर में प्रवेश कर जाते हैं। यह रेडियो आइसोटाप्स यूँ भी वातावरण में रहते थे तब इनका सम्बन्ध मनुष्य, जानवर, वनस्पति से था पर एक सीमा के अन्दर अणु बम विस्फोट से इनकी मात्रा वनस्पति में बढ़ गई है, यदि इन तत्वों की शरीर में मात्रा बढ़ जाये तो कैंसर हो जाता है।

(d) मिलावट—मिलावट के विषय में विस्तृत जानकारी हम अगले अध्याय से प्राप्त करेंगे। यहाँ इतना जान लेना आवश्यक है कि भोजन को गन्ध, रंग, स्वाद देने वाले मसालों में कई प्रकार की मिलावट की जाती है। जैसे—हल्दी, मिर्ची को तेज रंग देने के लिये उसमें लेड ऑक्साइड (सीसा) मिलाया जाता है। यह सीसा शरीर में इकट्ठा हो जाने पर इसका विषैला प्रभाव किडनी और रक्त धमनियों में बदलाव और रक्ताल्पता पैदा करता है।

(e) रासायनिक भोज्य विषाक्तता—कभी-कभी हमारे भोजन में रासायनिक विषैले पदार्थ मिल जाते हैं, जो भोजन को विषाक्त कर देते हैं। **जैसे**—अगर अम्लीय भोज्य पदार्थों की पीतल के बर्तन में पकाया जाये तो पीतल से अम्लीयता के रासायनिक क्रिया के कारण विषैला पदार्थ पैदा होकर भोजन को जहरीला बनाता है। एल्युमीनियम और जस्ते की चमक वाले बर्तन में भोजन से भी विषाक्त प्रभाव पैदा होता है। टिन में बन्द संरक्षित भोज्य पदार्थ टिन में जंग लगने के कारण विषाक्त हो जाते हैं।

अगर घर में चूहे, तिलचट्टे, मक्खी, मच्छर मारने के लिये दवा का छिड़काव अथवा गोली के रूप में भी करें तो ध्यान रहे कि खाने की वस्तुओं से इनका सम्पर्क न हो अन्यथा इनका प्रभाव भोज्य पदार्थों को विषाक्त कर देगा।

17

भोजन परिक्षण

कुछ भोज्य पदार्थ, जैसे—फल, एक विशेष मौसम में ही मिलते हैं। फसल के समय अधिक मात्रा में तथा सस्ते भी मिलते हैं। गर्मियों की तुलना में सर्दियों में भैसें ज्यादा दूध देती हैं। अनेक पदार्थों की फसल वर्ष में एक ही बार होती है। मानव अपनी भोजन सम्बन्धी आदतों के कारण मौसम के अनुसार स्वयं को समायोजित नहीं कर पाता है, अतः इस समस्या के समाधान के लिए उसने भोजन के परिरक्षण के तरीकों का आविष्कार किया ताकि पदार्थ मौसम के अलावा अन्य समय में भी मिल सकें। परिरक्षित भोज्य पदार्थों को एक जगह से दूसरे जगह को सुगमतापूर्वक भेज सकते हैं। इसके अतिरिक्त परिरक्षित पदार्थों का स्वाद व सुगन्ध की परिरक्षणों से बढ़ जाता है। जैसे—जैसी आदि में भोज्य पदार्थों का परिमाण (Bulk) भी कम हो जाता है।

भोजन खराब होने में सहायक कारक

सामान्य भोजन खराब हो जाने के कारण योग्य नहीं रह जाता है। खराब होने के मुख्य कारण निम्नांकित हैं—

1. एंजाइम की क्रिया से भोजन में उपस्थित एंजाइम के कारण रासायनिक बदलाव आ जाते हैं जो कभी-कभी अच्छा परिणाम भी दे देते हैं, जैसे—फलों के पकते समय, मांस के मुलायम होते समय तथा पनीर (Cheese) बनते समय होने वाला रासायनिक परिवर्तन आदि। फलों का सड़ना अण्डे का बिगड़ जाना, सब्जियों का सड़ना आदि बुरे बदलाव हैं। इसके परिरक्षण के लिए ठीक तापक्रम की जरूरत होती है। जिसको कम या अधिक करने से एंजाइम निष्क्रिय अथवा समाप्त हो जाते हैं। फलों या सब्जियों पर तेल की पर्त के चढ़ाने से भी ये निष्क्रिय हो जाते हैं।

2. फफूँदी खमीर (Mould) तथा जीवाणुओं से भी भोजन बिगड़ जाता है। खमीर डबलरोटी के लिए लाभदायक होने पर भी फल, शर्बत, गोली मिठाई आदि

को बिगाड़ देता है, क्योंकि खमीर मिठाइयों को शक्कर को एल्कोहल में बदल देता है।

3. कीड़े-मकोड़ों की वजह से भी भोजन बिगड़ जाता है, यथा—छिपकली आदि के सम्पर्क से भोजन जहरीला बन जाता है।

4. अनेक धातुओं, जैसे—सीसा (Lead), ताँबा (Copper) आदि के सम्पर्क से भी भोजन जहरीला बन जाता है।

भोजन के परिरक्षण के सिद्धान्त

ताप को ज्यादा या कम करके भोज्य पदार्थों को सड़ने से बचा सकते हैं। पदार्थों में उपस्थित पानी की मात्रा को कम करने से वे ज्यादा दिन तक टिक सकते हैं। प्रकृति स्वयं यह कार्य करती है—दाल, अनाज आदि सूखे हुए फल हैं। हम अंजीर, अंगूर आदि को सुखाकर परिरक्षित कर सकते हैं। ऑक्सीजन की उपस्थिति में सड़ने का अक्सर बढ़ जाता है। इसलिए कुछ फलों पर मोम लगाकर भी रखते हैं। जलांश के निकल जाने पर भोजन टिक सकता है यथा—दूध, मटर, पाउडर, सोयाबीन, हरी मिर्च (मिर्च के पाउडर के रूप में) आदि अधिक दिन तक संरक्षित रह सकते हैं।

परिरक्षण की प्रक्रियाएँ या विधियाँ

परिरक्षण वह प्रक्रिया होती है जोकि भोज्य पदार्थों को अधिक या लम्बे समय तक संग्रहीत किया जाता है। भोजन के परिरक्षण की निम्नांकित विधियाँ हैं—

(1) निर्जलीकरण द्वारा,

(2) शक्कर व नमक द्वारा परिरक्षण, यथा—डिब्बाबन्दी, बोतलों द्वारा संरक्षण,

(3) अम्ल द्वारा,

(4) तेल तथा मसालों द्वारा,

(5) रासायनिक पदार्थों द्वारा,

(6) किरणों द्वारा,

पकाना तथा निर्जलीकरण

भोजन में उपस्थित पानी की मात्रा को कम करने की प्रक्रिया निर्जलीकरण कहा जाता है। इससे भोजन के स्वाद व पौष्टिक मूल्य में अधिक बदलाव नहीं होता। यह पुराने परिरक्षण के तरीके हैं। कच्ची फलियाँ, कच्चा आम, आँवला, अंगूर, अंजीर (किशमिश), जड़दार सब्जियाँ हरे पत्तेदार सब्जियों, मछलियों आदि को इस प्रक्रिया

द्वारा परिरक्षित किया जाता है। कभी-कभी आधे पके भोजन को भी सुखाया जाता है, यथा–पापड़, बैंगन, चिप्स, करेला। इस प्रक्रिया में नमी के कारण जीवाणु पैदा नहीं हो पाते हैं। प्रकृति स्वयं ही अनाज, दाल आदि को सुखा देती है। नमी के हट जाने से उनमें शक्कर की मात्रा बढ़ जाती है जो भोजन को संरक्षित करती है। निर्जलीकरण दो तरीकों द्वारा किया जाता है। जैसे–

(1) प्राकृतिक निर्जलीकरण, जैसे धूप द्वारा तथा (2) कृात्रम निर्जलीकरण, आधुनिक उपकरणों द्वारा।

भोज्य पदार्थ जैसे–सब्जी-मछली, फल आदि सूर्य की किरणों द्वारा निर्जलीकृत हो जाते हैं।

आजकल मछली, मांस, दूध, अण्डा, सब्जियों आदि को कृत्रिम उपकरणों द्वारा सुरक्षित रखा जाता है। दूध को पाउडर अथवा कन्डेंन्सड दूध के रूप में, अण्डों को पाउडर के रूप में, मछलियों को आटे (Fish Flour) के रूप में मांस को सूखे मांस की कीमा (Meat Meal) व सब्जियों को सूखी सब्जियों के रूप में संरक्षित करते हैं। नियन्त्रित दशाओं में सूखी (Compressed) ठण्डी हवा को इन वस्तुओं पर जोर देकर चलाने से ये पदार्थ सूख जाते हैं।

शक्कर तथा नमक द्वारा संरक्षण

कुछ पदार्थों को (जैसे सब्जियों) नमक के घोल में डुबोकर रख सकते हैं। खट्टे फल, आँवला, आम, सब्जियों आदि को सांद्र नमक के घोल या नमक के साथ मिलाकर रख सकते हैं। नमक के कारण जीवाणुओं को नमी नहीं मिल पाती है क्योंकि जीवाणुओं के कोषों में उपस्थित रस की सांद्रता से बाह्य नमक के घोल के रस की सांद्रता अधिक होने के कारण वे नमी को शोषित नहीं कर पाते हैं। इसके विपरीत जीवाणुओं के कोषों के रस ही, बाह्य सांद्रता को बराबर होती है जिसे रसाकर्षण की प्रक्रिया (Osmosis) कहा जाता है जिससे आम आदि नमक के घोल में सिकुड़ जाते हैं। मांस, मछलियों आदि पर नमक डाल कर उन्हें सुखाते हैं।

इसी तरह की प्रक्रिया शक्कर के साथ भी होती है। शक्कर का उपयोग जैम, जैली, मार्मलेड, मुरब्बों आदि में किया जाता है। इसमें भी रसाकर्षण दबाव के कारण रस फलों से बाहर निकल आता है।

विसंक्रमण

इस तरीके के द्वारा फफूँदी की बढ़ोत्तरी को कम कर सकते है। यह डिब्बाबन्दी अथवा बोतलों द्वारा संरक्षण की स्थिति में किया जाता है। इसके लिए डिब्बा, ढक्कन

तथा उपकरण, यथा—संड़सी, तख्ता आदि तथा आहार को विसंक्रमित (Sterlization) करना बहुत जरूरी है। विशेषतः गीले भोजन, जैसे—टमाटर की चटनी को संरक्षित करते समय बोतलों को गर्म पानी में ज्यादा देर तक रखना चाहिए, लेकिन ताप में अचानक बदलाव नहीं होना चाहिए। जैम, अचार आदि को भरने के लिए बोतलों को पहले साबुन व पानी से अच्छी तरह धोना चाहिए तथा उसके बाद धूप में उन एक तौलिया या साफ प्लेट को ढक्कर सुखा सकते हैं। इनकों तब तक सुखाना चाहिए जब तक वे गर्म न हो जाएँ। जैम आदि को जल्दी बोतलों में भरना चाहिए। हाथ साफ होने चाहिए और भरने के बाद भी बीच-बीच में जैम का निरीक्षण करते रहना चाहिए। यदि फफूँदी लगने की सम्भावना हो तो जल्दी निकाल कर उबाल कर दूसरी बोतल में भरना चाहिए। अचार पर हमेशा तेल की पर्त होनी चाहिए।

एक विशेष जीवाणु, जिसे क्लोस्ट्रीडियम बोट्यूलीनम (Clostridium Botulinum) कहा जाता है, अम्लरहित तथा आंशिक अम्लीय (Semi Acid) पदार्थों में पाया जाता है, यथा—मटर, मांस में, हरी सेमी की फली। यह एक खतरनाक (Deadly) जहर पैदा करता है। इससे बचाने के लिए भोजन को 116 डिग्री सेंटीग्रेड तापमान पर एक घण्टे तक प्रेशर कुकर द्वारा गर्म करना चाहिए।

बन्द डिब्बों तथा बोतलों में विद्यमान भोजन उच्च ताप की कमी के कारण तथा हवा में खुला (Expose) रखने के कारण बिगड़ जाता है। तब डिब्बों तथा बोतलों के ढक्कन ऊपर की ओर फूल जाते हैं, क्योंकि उनमें गैस की उत्पत्ति, बदबू, भोजन का काला तथा मुलायम हो जाना आदि बदलाव होते हैं।

डिब्बाबन्दी तथा बोतलों द्वारा संरक्षण

ताजा फल तथा सब्जियाँ उत्तम होनी चाहिए। वे कच्ची नहीं होनी चाहिए। आकार, रंग व परिपक्वता के अनुसार फलों को छाँटना चाहिए और उनको अच्छी तरह से धोकर पोंछना चाहिए।

शक्कर द्वारा—फलों के टुकड़ों को चाशनी में पकाकर, मुलायम होने के बाद परिरक्षित किया जा सकता है। उसके बाद इन्हें गर्म, विंसक्रमित बोतलों या डिब्बों में डालकर सील (Seal) करना चाहिए तथा शीतयुक्त स्थान में संग्रह करना चाहिए।

लेमन स्क्वेश—पूर्णतया ताजे तैयार नींबओं को ठण्डे पानी में धोकर फिर गर्म पानी में कुछ समय तक भिगोना चाहिए। उन्हें स्टील के चाकू से काटकर रस निकालना चाहिए। एक कप रस के लिए 1-2 कप शक्कर तथा 3-4 कम पानी से छान लेना चाहिए या जिसको अधिक मीठा पसन्द है उसे 2 कम शक्कर तथा 3 कप पानी लेना चाहिए। सबसे पहले शक्कर को पानी में मिलाकर तथा उबालकर

कपड़े से छान लेना चाहिए और फिर उबालकर धीमी आँच पर 10 मिनट रखकर नींबू के रस को मिलाकर एक उबाल आने के बाद उतार लेना चाहिए। गर्म विसंक्रमित बोतलों में डालकर कर्क लगाकर मोम से सील (Seal) कर देना चाहिए। इस मिश्रण में केसर तथा इलायची का पाउडर भी डाल सकते हैं।

जैम—फल के गूदे को शक्कर मिलाकर पकाना पड़ता है। पानी की मात्रा फल की अम्लीयता पर आश्रित होती है। आम, पपीता आदि के लिए एक कप फल के गूदे के लिए दो कम शक्कर लेनी चाहिए। नींबू का रस मिलाकर फिर उतनी देर तक पकाना चाहिए जब तक मिश्रण चम्मच से अलग नहीं हो जाता। पेंचदार, विसंक्रमित बोतलों में भरकर इकट्ठा करना चाहिए। आम के जैम को बनाने के लिए फल का गूदा यदि एक कप है तो कप शक्कर, 16 छोटे चम्मच नींबू का रस लेना चाहिए।

टमाटर जैम के लिए बराबर मात्रा में फल मा गूदा तथा शक्कर होनी चाहिए। नींबू का रस भी डालना चाहिए।

जैली—पेक्टीनयुक्त फलों के साफ (Clear) रस में जैली बनती है। फलों के रस में उचित में पेक्टिन (Prectin) तथा अम्ल होना चाहिए, जो पेक्टीनयुक्त फल है, उनसे अच्छी जैली बन जाती है बल्कि पेक्टीनरहित फलों को जैली बनाने हेतु उनको पेक्टनीनुयक्त फलों के साथ मिलाकर बनाना चाहिए अथवा बाजार में उपलब्ध पेक्टीन पाउडर, रस आदि भी मिला सकते हैं।

विधि—एक चम्मच (Tea Spoon) फलों के रस को एक चाय के चम्मच एल्कोहल के साथ मिलाकर हिलाने पर यदि एक बड़ा जैली का टुकड़ा बनता है, तो उस फल में पेक्टीन की मात्रा ज्यादा है। यदि छोटे-छोटे अस्थिर टुकड़े बनते हैं, तो मध्यम तथा यदि टुकड़े नहीं बनते हैं तो वह फल पेक्टीनरहित है।

अमरूद की जैली बनाने हेतु फल खत्म होने चाहिए। ज्यादा पके हुए फलों में जैली जम नहीं पाती है। अमरूदों को धोकर छोटे-छोटे टुकड़ों में काट कर पानी में डुबो कर रखते हैं तथा एक घण्टे तक मंदी आँच पर तब तक पकाते हैं जब तक वह चिपचिपा नहीं बन जाता है। दो कपड़ों की तहों द्वारा छान कर फिर उस रस का एक चौथाई भाग पानी डाल कर दुबारा छाना जाता। इसके साथ तीन चौथाई कप शक्कर डालकर गर्म करों अब नींबू का रस या साइट्रिक अम्ल (Citric Acid) डालकर तब तक धीमी आँच पर पकाओ जब तक वह चम्मच से डालने पर एक शीट (Sheet) जैसा नहीं गिरता है। अब गर्म विसंक्रमित बोतलों में डालकर सील कर दो।

बोतल उपलब्ध न होने पर छोटे-छोटे कुल्हड़ या मटकों को उपयोग में ला सकते है। मटकों को धाकर धीमी आँच पर अन्दर व बाहर गर्म करके सुखा लेने

चाहिए। जैली अथवा जैम डालकर ढक्कन पर पिघला मोम डालकर बन्द कर देना चाहिए। मटकों के ऊपर भी पतले मोम की तरह (Coating) जमा देने से छेद बन्द हो जाते हैं ताकि हवा अन्दर नहीं जा सकती यह तरीका सस्ता व आसान पड़ता है तथा विसंक्रमण के लिए ज्यादा समय भी नहीं लगाना पड़ता।

सब्जियों को सुखाकर परिरक्षित कर सकते हैं। आम (कच्चा) को काटकर नमक मिलाकर सुखाओ। करेले को काटकर धूप में सुखाएँ। सेम की फली, हरी मिर्च, नीम के फूल आदि को 10-14 मिनट तक भाप द्वारा पकाकर 12-14 घण्टों तक नमकयुक्त मट्ठे में भिगोकर रखना चाहिए व बाद में धूप में सुखाना चाहिए।

इन सब्जियों को तलकर भी उपयोग में ला सकते हैं। चिप्स बनाने के लिए पानी में नींबू का रस, हरी मिर्च के टुकड़े, हींग व नमक डालकर आलुओं को गोल पतला-पतला काटकर 2 से 5 मिनट तक पकाना चाहिए। उसके बाद थालियों में रखकर सुखाना चाहिए (शक्करकन्द से भी चिप्स बना सकते हैं)।

अम्ल द्वारा परिरक्षण

जब आहार को तीव्र अम्लीय परिस्थितियों में रखा जाता है। तब 90 प्रतिशत जीवाणु मर जाते हैं। अचार के लिए सिरके (Vinegar) को उपयोग किया जाता है। टमाटर चटनी, टमाटर सांस आदि में सिरके का उपयोग किया जाता है जिसमें अम्ल की मात्रा अत्यधिक रहती है।

तेल तथा मसालों द्वारा परिक्षण

मसालों यथा—मिर्च, मेथी, काली मिर्च आदि जीवाणुओं के लिए असुविधाजनक वातावरण पैदा करते हैं। मसालों के उपयोग से भोजन का स्वाद बढ़ जाता है तथा जीवाणुओं की वृद्धि भी रुक जाती है। भोज्य-पदार्थों पर तेल की पर्त के कारण भोजन के साथ वातावरण के कीटाणुओं का प्रत्यक्ष सम्पर्क नहीं हो पाता है। फलों यथा—नींबू आदि पर तेल के आवरण से वे कई दिनों तक ताजे रह सकते हैं। गुजरात में मूँग तथा अरहर की दालों पर तेल लगाने का रिवाज है।

रासायनिक वस्तुओं द्वारा परिरक्षण

बेन्जोइक अम्ल या बेंलोएट, सल्फर-डाई-ऑक्साइड को सावधानीपूर्वक उपयोग में लाना चाहिए क्योंकि कुछ सीमा तक वे हानिकारक नहीं हैं, लेकिन अधिक सांद्रता पर जहर पैदा कर सकते हैं। गेहूँ, फल-सब्जियाँ, दाल आदि पर अक्सर निसंक्रामक फुव्वारा (Spray) छिड़कते हैं। लेकिन अधिक सांद्रता पर वे भोज्य पदार्थों को विषाक्त

बना सकते हैं। महाराष्ट्र व गुजरात में बाजरे पर अत्यधिक निसंक्रामक पदार्थों के उपयोग से कई व्यक्तियों की मृत्यु हो गई। अन्य रासायनिक पदार्थों, जैसे–सेलिसिलिंक अम्ल, सोडियम मेटाबाईसल्फाइड (Salicylic Acid, Sodium Metabisulphide) आदि से भी जीवाणुओं की वृद्धि कम हो जाती है।

जल्दी क्षयशील भोज्य पदार्थों के संग्रहीकरण के समय को बढ़ाने के लिए 'गामा' किरणों का प्रयोग किया जा रहा है। इन किरणों की मदद से विसंक्रमण साधारण तापमान पर ही नहीं, अपितु शीत संग्रह की स्थितियों में भी सफलतापूर्वक हो सकता है। इससे भोज्य की खुशबू व स्वाद में कोई विशेष बदलाव नहीं आता है।

सबसे पहले कोबाल्ट-60 से गामा किरणों को पैदा किया जाता है। ये पदार्थों की मात्रा अधिक होने पर भी उनमें आसानी से प्रवेश कर जाती हैं। किरणीकृत भोजन में अधिक रेडियो-एक्टितवा (Radio-activity) भी नहीं पाई जाती है। इसके अलावा उससे निम्नांकित लाभ होते हैं–

पौष्टिक मूल्यों में विशेष बदलाव नहीं आता है अर्थात् उनका कम से कम नाश होता है।

(a) अधिक से अधिक जीवाणु एवं कीटाणुओं का नाश हो जाता है।

(b) विष पैदा करने वाली दवाइयों से मुक्त रहता है।

(c) आम, सेब, केला, प्याज, आलू आदि को किरणों की मदद से निम्न तापमान पर ज्यादा समय तक संगृहीत कर सकते हैं। गामा किरणों के कारण आम तथा केले देर से पकते हैं तथा बिना सड़े काफी समय तक रह सकते हैं। भोज्य पदार्थों पर उपस्थित कीड़ों एवं अण्डों के लिए किरणें मारक बन जाती हैं। मेवे, तेलयुक्त बीज तथा अनाज वर्षों तक किरणों की मदद से ताजे रह सकते है।

एण्टीबायोटिक्स द्वारा परिरक्षण

अनाज तथा दालों के कणों के अन्दर व बाहर कई तरह के कीटाणु पाए जाते हैं जिन्हे फंगाई (Fungi) कहते हैं। इनके कुछ उदाहरण हैं–एस्परगिलस फ्लेवस (Aspergillus Flavus), पेनिसिलयिम इस्लेण्डिकम (Penicillium Islandicum)। ये पदार्थों में जहर पैदा करने लगते हैं। मूँगफली में यह जहर पाया जाता है जिसे एफ्ला टॉक्सीन (Afla Toxin) कहा जाता है। इनके नाश के लिए एण्टीबॉयोटिकस को उपयोग में ला सकते हैं।

उच्च ताप के स्थान पर एण्टोबॉयोटिक्स का उपयोग सफलातापूर्वक हो सकता है। 26 प्रकार के एण्टीबॉयोटिक्स पर अनुसन्धान हो चुका है कि वे सफलता पूर्वक

जीवाणुओं के अण्डों (Spores) को समाप्त कर सकते हैं पर उनकी गन्ध के कारण भोजन बाद में बेकार हो सकता है। दो प्रमुख एण्टीबॉयोटिक्स जिन्हें सुरक्षापूर्वक काम में ले सकते हैं वे हैं–सटिलिन (Subtilin) तथा नाइसिन (Nicin)। नाइसिन प्राकृतिक रूप से कुछ पनीर में होता है। अन्य जो कि फलों व सब्जियों के परिरक्षण के लिए उपयोग में ला सकते हैं, इस तरह हैं–प्रोपाइलिन ऑक्साइड (Propylean Oxide), डाइ एपॉक्सी ब्यूटेन (Di-Epoxy Butane) आदि। कुछ पदार्थों के लिए टेरामाइसिन (Terramycine) तथा आरियोमाइसिन (Aureomycine) का उपयोग कर सकते हैं। सामान्यतः एण्टीबॉयाटिक्स ताप की उपस्थिति में समाप्त हो जाते हैं।

माइक्रोव द्वारा पकाना

इसके लिए एक माइक्रो वेव जनित्र का प्रयोग किया जाता है। यह इलेक्ट्रॉसिक साधन होता है। इसमें एक इलेक्ट्रॉन नलिका होती है जो कि एक चुम्बकीय क्षेत्र में उच्च तरंगीय ऊर्जा पैदा करती रहती है। इसके अन्दर एक लोहे का पंखा होता है, जो माइक्रो वेव को सम्पूर्ण कक्ष (Cabinet) में बांटता हैं। भोज्य पदार्थ ओवन में पैदा माइक्रो वेव से तुरन्त पक जाता है। ब्रेड, बिस्कुट आदि बना सकते है। भोज्य पदार्थों के निर्जलीकरण, एन्जाइम निष्क्रियता, शुष्क बनाना, पास्चुरीकरण विसंक्रमण आदि के लिए माइक्रो वेव एक वरदान के रूप में सिद्ध हुआ है। क्योंकि बहुत कम समय में अधिक से अधिक भोज्य पदार्थ पूर्णतः पक जाते हैं, लेकिन मानव के कोषों एवं आँखों पर इन किरणों का बुरा असर पड़ता है।

संग्रहीकरण

'संग्रहीकरण" वह प्रक्रिया होती है जिसमें भोज्य पदार्थों को कम समय तक संग्रह करते हैं। संग्रहीकरण करने के मुख्यतः तीन तरीके हैं–

(1) शीत संग्रहीकरण द्वारा,

(2) अत्यधिक गर्म करके, जैसे–पास्चुरीकरण तथा

(3) गैस द्वारा संग्रहीकरण।

अनाज की बोरियों में भरकर सुरिक्षत रख सकते हैं, लेकिन चूहों के कारण आहारों का ज्यादातर भाग समाप्त हो जाता है, अतः हाल में केन्द्रीय आहार एवं तकनीकी अनुसन्धान संस्था, मैसूर (CFTRI) द्वारा चूहा-विरोधी (Rodent Proof) पदार्थ का आविष्कार हुआ है, जिसको बोरियों पर पोतने से अनाज चूहों से सुरक्षित रहते हैं। अनाजों के संग्रहीकरण से पहले भण्डारों को चूहों से रहित व सल्फर धुआँ

द्वारा निःसंक्रमित कर लेना चाहिए। CFTRI द्वारा निर्मित उड़ने वाले (Volitile)रासायनिक पदार्थ को पुड़िया बनाकर अनाजों की बोरियों या टकियों में रखते हैं और अनाज को उपयोग में लेते समय निकाल सकते हैं। उस पदार्थ के कारण घुन आदि कीड़े बिल्कुल नहीं लगते हैं।

ग्रामीण क्षेत्रों में मेथी की पत्तियाँ , नीम की पत्तियाँ तथा राख डालकर गेहूँ को सुरक्षित रखा जाता है। उचित प्रकार के एण्टीऑक्सीडेन्ट्स (Antioxidants) अथवा ऑक्सी-प्रतिरोधक, जैसे विटामिन *E* मिलाकर तेल, मक्खन, घी आदि को खराब होने से बचाया जा सकता है।

अनाजों के डिब्बों या टंकियों के ढक्कन हवाबन्द होने चाहिए। तरल पदार्थों, यथाः—सब्जी, कढ़ी, दूध आदि को अधिक देर तक रखने के लिए पहले बर्तनों को गर्म करना चाहिए। उसके ढक्कन को विसंक्रमित करके ढक कर दुबारा 10 मिनट और गर्म करना चाहिए जिससे बर्तन मं उपस्थित पूरी हवा नष्ट हो जाएगी। अब बर्तन को ठण्डे स्थान में रखना चाहिए तथा ढक्कन को तभी खोलना चाहिए जब भोजन का उपयोग किया जाए।

दाल के बच जाने पर उसमें इमली का नमक पानी तथा पिसी हुई लाल मिर्च डालकर अच्दी तरह उबाल लेना चाहिए तथा उपयुर्क्त तरीके द्वारा सुरक्षित करना चाहिए। पके चावलों को सुरक्षित रखने के लिए, यदि अधिक बच गए हैं तो उनके कणों को ढीला करके उन पर गर्म पानी डालकर (चावलों के ऊपर 2" तक पानी होना आवश्यक है) 24-48 घण्टों तक सुरिक्षत रखा जा सकता है। निथारा हुआ पानी (इसका स्वाद, खमीरीकृत जौ के पानी की तरह होता है) काली मिर्च, नमक डालकर पिया जा सकता है। मद्रास में चावलों को इसी विधि के जरिऐ ही सुरक्षित रखा जाता है। खमीरीकृत चावलों को मद्रास में मंजूर वर्ग नाश्ते के रूप में उपयोग में लोते हैं।

फुलकों के बच जाने पर इनकों अधिक सेंककर पापड़ ती तरह बना कर सुरक्षित रख सकते हैं।

दही व मट्ठे में चूने को कम मात्रा में मिलाकर रखने में खट्टा नहीं होता हैं। गोभी को अखबार के कागज में लपेट कर रखने से अधिक समय तक ताजी रहती है।

1. शीत संग्रहीकरण—0°C से कुछ अधिक ताप पर फल तथा सब्जियों को सुरक्षित रखा जाता है। इससे जीवाणु निष्क्रिय हो जाते हैं। 0°F से कम तापमान पर प्राणित पदार्थ, यथाः—मांस, मछलियाँ, अण्डे आदि रखे जा सकते हैं, लेकिन अधिक दिन तक रखने पर सब्जी व फलों व रंग में बदलाव आ जाता हैं, तथा सब्जियाँ बहुत कड़ी हो जाती हैं। कुछ फल, जैसे—नाशपाती आदि जल्दी खराब होते हैं। आलू तथा सेव अधिक समय तक ताजे रहते हैं।

2. पास्चुरीकरण विधि द्वारा–इसमें भोजन को कुछ निश्चित तापक्रम तक गर्म करके कुछ निश्चित समय के बाद तुरन्त ही ठण्डा कर लिया जाता है। इस प्रकार से संग्रहीत पदार्थें को अधिक देर तक रख सकते हैं। इस तरीके से खमीरीकरण की क्रिया बन्द हो जाती है। यदि विधि ज्यादातर दूध तथा बीयर के लिए प्रयोग में लाते हैं। दूध में उपस्थित सभी बैक्टीरिया (95% Bacteria) इस विधि द्वाराा नष्ट हो जाते हैं।

दूध को पास्चुरीकृत बनाने के लिए सर्वप्रथम 145°F (62.70° C) तक गर्म किया जाता है तथा उसी ताप पर 30 मिनट तक रेखा जाता है। इसकों होल्डिग प्रक्रियाँ (Holding Process) कहते है। दूसरी विधि जिसे अल्पावधि उच्च तापमान विधि कहते हैं में 15 सैकिण्ड तक उसी ताप पर रखकर तुरन्त ठण्डा किया जाता है। दोनों विधियों में दूध को तुरनत ठण्डा (50°F या 10°C) किया जाता हैं बड़े-बड़े केन्द्रों में साधारणतः दूसरी विधि द्वारा ही पास्चुरीकरण किया जाता है।

दूध पर पास्चुरीकण का प्रभाव–दूध के संगठन पर उच्च तापक्रम के कारण कोई असर नहीं पड़ता है। इसके विटामिन भी कम ही समाप्त होते हैं।

कंडेन्सड दूध में 15 प्रतिशत शक्कर मिलाने के पश्चात् उसको इतना गर्म किया जाता है कि उसकी मात्रा एक तीहाई हो जाती है। शक्कर दूध को खराब होने से बचाती है। दूध का पाउडर बनाने के लिए रोलर (Roller) प्रक्रिया में दूध को गर्म धातु के बेलनों पर फव्वारे के रूप में स्प्रे किया जाता है।

● ● ●